大学物理学
习题讨论课指导

（第2版）

沈慧君　王虎珠

清华大学出版社
北京

内容简介

本书为大学物理习题讨论课教学用书,是根据教育部高等学校物理基础课程教学指导委员会制订的大学物理教学基本要求,集作者数十年大学物理习题讨论课教学实践经验撰写而成。内容分力学(含狭义相对论)、静电学、稳恒电流磁场、热学、振动与波、光学和量子物理共七章。全书共收入各种类型的题目600多道,题题有详解。选题内容覆盖全部大学物理理论课教学要点,具有代表性。

上册各章节有简炼的"内容提要"和明确的"教学要求"。选题类型有围绕课程重点、难点、基本概念的课内讨论题、计算题,还有供读者复习选用的课后练习题。选题难易层次分明,能满足不同程度的教学需要。书后对课后练习题做了解答,可供参考。

下册内容是对上册的课内讨论题、计算题所做的详细解答。全书解题思路清晰、方法简炼,力求启发、引导、一题多解,并对学生多发性错误进行分析,注重培养逻辑思维及综合分析能力。

本书可供各类高校物理课师生使用,还可作为大学非物理专业、电大及成人自学考试物理课的辅助教材。

版权所有,侵权必究。举报:010-62782989,beiqinquan@tup.tsinghua.edu.cn。

图书在版编目(CIP)数据

大学物理学习题讨论课指导.下册/沈慧君,王虎珠编写.—2版.—北京:清华大学出版社,2006.8(2024.1重印)
ISBN 978-7-302-13200-4

Ⅰ.大… Ⅱ.①沈… ②王… Ⅲ.物理学-高等学校-习题 Ⅳ.O4-44

中国版本图书馆CIP数据核字(2007)第014708号

责任编辑:朱红莲 赵从棉
责任印制:沈 露

出版发行:清华大学出版社
  网 址:https://www.tup.com.cn,https://www.wqxuetang.com
  地 址:北京清华大学学研大厦A座 邮 编:100084
  社总机:010-83470000 邮 购:010-62786544
  投稿与读者服务:010-62776969,c-service@tup.tsinghua.edu.cn
  质 量 反 馈:010-62772015,zhiliang@tup.tsinghua.edu.cn
印 装 者:天津鑫丰华印务有限公司
经 销:全国新华书店
开 本:140mm×203mm 印张:11.125 字 数:289千字
版 次:2006年8月第2版 印 次:2024年1月第9次印刷
定 价:32.00元

产品编号:018775-04

第 2 版前言

大学物理课程对培养有自主创新能力的科技人才起着重要作用。自 20 世纪 80 年代中期以来,大学物理习题讨论课日益受到师生们的关注,它已成为学习大学物理课程不可或缺的重要组成部分。在习题讨论课中,学生通过独立思考、讨论和互相启发,可加深对概念和原理的理解。

《大学物理学习题讨论课指导》上、下册(第 1 版)是 1991 年正式出版的,十几年来前后重印了近二十次,被很多院校采用作为物理课的辅助教材。第 2 版在保持原有体系和特点的基础上,考虑到近年来物理课的发展,做了修改和补充。为了满足不同读者的要求,我们增补了多道新的题目,供大家选用。

本书由沈慧君统稿,在编写过程中,许多老师给予了热情帮助,陈惟蓉、吴念乐教授提供了他们开讨论课使用的题目,林静老师提供了部分新增题目并参加了编写。在此表示诚挚的感谢。

编　者
2006 年 3 月于清华园

第1版前言

大学物理课是大学理工科的一门重要的基础理论课程。为了适应现代科学技术发展的需要,国内外各大学都在更新教学内容及改革教学方法方面做了不少努力。历年的教学经验证明"物理习题讨论课"这一教学环节对学生明确课程重点,掌握主要概念,基本定理、定律及其灵活运用诸方面,起着举足轻重的作用。然而,目前国内外尚无适用于物理讨论课的教材。为此,我们编写本书,以供物理教师作为教学参考,同时也可供学生作为辅导自学用书。

本书参照工科大学物理基本要求而编写,其选题是在参考了国内外著名教材,经过多次筛选,反复推敲后编辑的。许多综合分析讨论题在知识内容、解题方法及对重要概念的理解、运用方面都具有典型意义。

全书分上、下两册。上册包括大学物理各章节的内容提要、教学要求、讨论题、计算题及课后练习等,共收入选题约 500 个左右。选题具有典型性、综合性,难易层次分明,选题目的明确,便于教师根据学生实际情况和不同教学要求选择使用。同时,还附有全部课后练习题的参考题解及计算题的参考答案供师生们参阅。下册内容是上册课内选题的详细题解。我们编写题解时,努力做到启发、引导、一题多解,并针对学生多发性错误进行分析,以期对培养学生提出问题、分析问题的能力,深入钻研问题及解题能力方面有所裨益,且望有助于教师改进教学方法。

本书初稿曾以讲义形式在清华大学工科物理课中试用,受到物理教师及学生的欢迎。现经编者修改、补充，重新编写。第2,4,5,6章由沈慧君执笔，第1,3,7章由王虎珠执笔，全书由沈慧君统稿。编写过程中，张三慧教授审阅了全部稿件，逐题进行了校核修改。借此机会向在教学中试用本书初稿的师生们表示衷心的感谢。书中不妥之处，恳请读者批评指正。

编 者

1989年12月于清华园

目 录

第1章 力学 ······ 1
- 1.1 运动学 ······ 1
- 1.2 牛顿定律 ······ 14
- 1.3 功、动能、动量、角动量定理 ······ 36
- 1.4 动量守恒定律、角动量守恒定律、机械能守恒定律及其综合应用 ······ 47
- 1.5 刚体定轴转动 ······ 61
- 1.6 狭义相对论运动学 ······ 73
- 1.7 狭义相对论动力学 ······ 93

第2章 静电学 ······ 101
- 2.1 电场强度 ······ 101
- 2.2 电势 ······ 111
- 2.3 静电场中的导体 ······ 121
- 2.4 静电场中的电介质和电容 ······ 133

第3章 稳恒电流磁场 ······ 149
- 3.1 磁感应强度 B、毕奥-萨伐尔定律 ······ 149
- 3.2 安培环路定理 ······ 159
- 3.3 磁力 ······ 169
- 3.4 电磁感应 ······ 181
- 3.5 磁介质、自感、互感 ······ 198

3.6 位移电流、麦克斯韦方程组 ………………………………… 209
*3.7 电磁场的相对性 ……………………………………………… 217

第4章 热学 …………………………………………………………… 222
4.1 气体动理论 …………………………………………………… 222
4.2 热力学第一定律 ……………………………………………… 237
4.3 热力学第二定律 ……………………………………………… 252

第5章 振动与波 ……………………………………………………… 268
5.1 简谐振动及其合成 …………………………………………… 268
5.2 机械波的产生与传播 ………………………………………… 284
5.3 波的叠加与干涉 ……………………………………………… 294

第6章 光学 …………………………………………………………… 305
6.1 光的干涉 ……………………………………………………… 305
6.2 光的衍射 ……………………………………………………… 313
6.3 光的偏振 ……………………………………………………… 327

第7章 量子物理 ……………………………………………………… 338

第1章 力 学

1.1 运动学

讨论题

1. **选题目的** 深入理解质点曲线运动加速度的物理意义。

解 （1）变化。$\dfrac{\mathrm{d}v}{\mathrm{d}t}$ 是质点加速度 $\boldsymbol{g}$ 在抛物线轨道上各点切线方向的分量大小，即切向加速度 $\boldsymbol{a}_t$ 的大小（$a_t = g\sin\alpha$，α 为 $\boldsymbol{g}$ 与轨迹法线的夹角）。由于在轨道上不同点 α 角不同（例如：在起点 α 角等于 θ（θ 为发射角），在最高点 α 为零，下落时 α 角逐渐变大），所以切向加速度也随之变化。这也可理解为质点在作抛体运动时其速度大小是非均匀变化的，所以 $\dfrac{\mathrm{d}v}{\mathrm{d}t}$ 也变化。但如果将 $\dfrac{\mathrm{d}v}{\mathrm{d}t}$ 理解为质点运动的加速度 $\boldsymbol{a}$，就会得出错误的结论。

（2）不变。质点作抛体运动时加速度 $\dfrac{\mathrm{d}\boldsymbol{v}}{\mathrm{d}t} = \boldsymbol{g}$，即等于重力加速度，为一常矢量。

（3）变化。法向加速度 $\boldsymbol{a}_n$ 是质点加速度在轨道上各点沿法向的分量（$a_n = g\cos\alpha$），由于 α 角变化，所以法向加速度大小也是变化的。

（4）因法向加速度 $a_n = \dfrac{v^2}{\rho} = g\cos\alpha$，故在轨道起点和终点（$\alpha = \theta$）$a_n$ 值最小，在最高点（$\alpha = 0$）$a_n = g$ 其值最大。而在起点和终点

$v=v_0$,值最大,在最高点 $v=v_0\cos\theta$,值最小。由 $\rho=\dfrac{v^2}{a_n}$ 看出,在起点和终点曲率半径 ρ 值一定最大,在最高点 ρ 值最小。

考虑在起点(或终点)的 ρ 值,

$$|a_n|=\frac{v_0^2}{|\rho|}=g\cos\theta$$

则有

$$|\rho|=\frac{v_0^2}{g\cos\theta}$$

2. **选题目的** 正确区分速度矢量导数的模与速度矢量模的导数在物理意义上的不同。

解 $\left|\dfrac{\mathrm{d}\boldsymbol{v}}{\mathrm{d}t}\right|=0$ 即 $|\boldsymbol{a}|=0$,是加速度为零的运动,也就是速度大小与方向均不变化的运动——匀速直线运动。

$\dfrac{\mathrm{d}|\boldsymbol{v}|}{\mathrm{d}t}=0$ 表示速度大小不变的运动,即 $a_t=0$ 的运动,但速度方向可以变化,如匀速率圆周运动等。

3. **选题目的** 正确区别矢径导数之模与矢径模的导数在物理意义上的不同。

解 r 为矢径的模,$\dfrac{\mathrm{d}r}{\mathrm{d}t}$ 表示的是质点运动过程矢径大小的变化率,所以除直线运动外,它不是质点的速率。$\dfrac{\mathrm{d}^2r}{\mathrm{d}t^2}$ 也不是质点的加速度。例如,质点以坐标原点为圆心作圆周运动时,质点的速度与加速度均不为零。但由于质点的矢径(即圆的半径)大小不变,从而 $\dfrac{\mathrm{d}r}{\mathrm{d}t}=0$ 及 $\dfrac{\mathrm{d}^2r}{\mathrm{d}t^2}=0$,这显然不对。正确的计算方法为后者,即先求矢径各分量对时间的导数,再求 v 和 a 的模。只有这样,才能正确反映速度与加速度的矢量性。

常出现的问题是,虽知道 $\dfrac{\mathrm{d}r}{\mathrm{d}t}$ 和 $\dfrac{\mathrm{d}^2 r}{\mathrm{d}t^2}$ 不是质点的速度与加速度,但不明确它们和矢量 v,a 的关系。

4. 选题目的　正确区分矢量差与矢量模之差在物理意义上的不同。

解　Δr 是 r_2 与 r_1 两矢量之差,即 $\Delta r = r_2 - r_1$。而 Δr 是二矢量长度之差(矢量模之差)即 $\Delta r = |r_2| - |r_1|$,如图 1.1(a)所示。同理 $\Delta v = v_2 - v_1, \Delta v = |v_2| - |v_1|$。

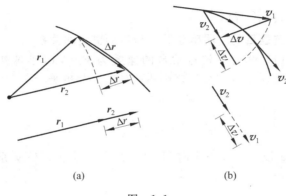

图　1.1

5. 选题目的　正确区分位移矢量模的积分与位移矢量积分的模以及位移矢量模的增量与位移矢量的增量。

解　(1) $\mathrm{d}r$ 代表元位移,$\displaystyle\int_{(A)}^{(B)} \mathrm{d}r$ 是质点从 A 到 B 过程中各元位移之和,即该过程中的总位移,所以 $\left|\displaystyle\int_{(A)}^{(B)} \mathrm{d}r\right|$ 为总位移的模,即总位移的大小。如图 1.2 中直线段 $\overline{AB} = |r_B - r_A|$。

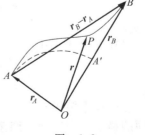

图　1.2

(2) $|d\boldsymbol{r}|=dS$ 表示与元位移相应的路程，$\int_{(A)}^{(B)}|d\boldsymbol{r}|$ 是质点从 A 到 B 沿曲线 $\overset{\frown}{APB}$ 所经历的总路程。如图 1.2 中曲线 $\overset{\frown}{APB}$ 的总长度。

(3) r 为矢径 $\boldsymbol{r}$ 的模，即 $r=|\boldsymbol{r}|$。dr 是微小位移时矢径大小的变化（或增量），即 $dr=r(t+dt)-r(t)$。则 $\int_{(A)}^{(B)}dr$ 是质点从 A 到 B 时矢径大小的增量，即 $\int_{(A)}^{(B)}dr=r_B-r_A$。如图 1.2 中 $\overline{A'B}=\overline{OB}-\overline{OA'}(\overline{OA'}=\overline{OA})$。

*6. **选题目的** 明确参照系与运动描述的关系。

解 (1) 设火车相对站台的速度为 $\boldsymbol{V}=V\hat{\boldsymbol{x}}$，小球初速度为 $\boldsymbol{v}_0=v_0\hat{\boldsymbol{y}}$，则在 $x'O'y'$ 坐标系中小球的运动方程为

$$x'=-Vt$$
$$y'=v_0 t-\frac{1}{2}gt^2$$

(2) 由以上二式消去时间 t 后，则为小球在 $x'O'y'$ 系中的运动轨迹方程

$$y'=-\frac{v_0}{V}x'-\frac{g}{2}\frac{x'^2}{V^2}$$

(3) 在 xOy 系中

$$a_x=0$$
$$a_y=-g \quad (\text{方向向下})$$

在 $x'O'y'$ 系中

$$a'_x=0$$
$$a'_y=-g \quad (\text{方向向下})$$

由以上结果看出，在不同参照系中小球的运动表现不同，有不同的描述。但若两参照系相对作匀速直线运动，小球的加速度是相同的。

7. 选题目的 深入理解曲线运动的法向加速度与切向加速度的物理意义。

解 （1）正确（在轨道的拐点处除外）。

（2）结论前半部分正确，最后一句话不正确。因为虽然速度的法向分量为零，但并不能由此推出法向加速度必定为零。只要速度方向有变化，其法向加速度就一定不为零。

计算题

1. 选题目的 用微积分方法由质点运动加速度求解质点速度与位置。

解 由题意可知，加速度和时间的关系为

$$a = a_0 + \frac{a_0}{\tau}t$$

根据直线运动加速度的定义，有

$$a = \frac{\mathrm{d}v}{\mathrm{d}t}$$

$$\mathrm{d}v = a\mathrm{d}t$$

$$v = \int a\mathrm{d}t = \int \left(a_0 + \frac{a_0}{\tau}t\right)\mathrm{d}t$$

$$v = a_0 t + \frac{a_0}{2\tau}t^2 + C_1$$

式中的积分常数 C_1 可由初始条件定出，由 $t=0$ 时 $v=0$ 得 $C_1=0$，则有

$$v = a_0 t + \frac{a_0}{2\tau}t^2$$

根据直线运动的速度定义，有

$$v = \frac{\mathrm{d}x}{\mathrm{d}t}$$

$$\mathrm{d}x = v\mathrm{d}t$$

$$x = \int v dt = \int \left(a_0 t + \frac{a_0}{2\tau} t^2 \right) dt$$

$$= \frac{a_0}{2} t^2 + \frac{a_0}{6\tau} t^3 + C_2$$

由 $t=0$ 时 $x=0$ 得 $C_2=0$，则有

$$x = \frac{a_0}{2} t^2 + \frac{a_0}{6\tau} t^3$$

2. 选题目的 加速度与速度定义的灵活应用计算。

解 首先讨论如下问题，明确收绳速率 v_0 与绳的速度以及船的速度三者区别与联系。

(1) 现取绳上的两点 A 和 B。对地面参照系说，在收绳使船前移过程中，经过一段时间 Δt，A 运动到 A' 处，B 运动到 B' 处，如图 1.3 所示。二者移动的距离不同，位移的方向也不同，但时间间隔是相同的，因此绳上各点的移动速度均不相等。而 v_0 是绳上各点沿绳方向运动的速率，它不代表绳上各点的运动速率。

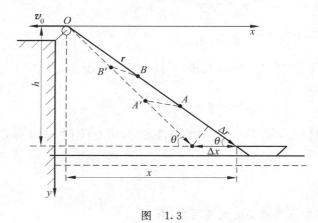

图 1.3

(2) 如果认为 v_0 是船头的速率，运动方向沿着绳，则船沿水面运动的速度是这一速度的水平分量。设绳与水平方向夹角为

θ,船的水平速度为
$$v = v_0\cos\theta < v_0$$
显然这个结论是错误的。由图 1.3 看出,当船行走了 Δx 后,绳与水平面夹角由 θ 变为 θ',而绳缩短了 Δr,其关系为 $\dfrac{\Delta r}{|\Delta x|} = \cos\theta$。由于 $|v| = \dfrac{|\mathrm{d}x|}{\mathrm{d}t}$,$v_0 = \left|\dfrac{\mathrm{d}r}{\mathrm{d}t}\right|$,所以应有 $v_0 = v\cos\theta$,而不是 $v = v_0\cos\theta$。

(3) 建立如图 1.3 所示的坐标(设滑轮为质点),视船为一质点。从图中看出,在收绳拉船过程中绳与水平面的夹角是逐渐增大的($\theta' > \theta$),$\cos\theta$ 值减小,由关系式 $\dfrac{\Delta r}{|\Delta x|} = \cos\theta$ 可知 $\dfrac{\Delta r}{|\Delta x|}$ 的值是减小的。若取同样的时间间隔,Δr 相同,则 $|\Delta x|$ 必然增大,可见船的速率 v 增大。船并不是以 v_0 速率均匀地移动,所以 $v_0 \neq \left|\dfrac{\mathrm{d}\boldsymbol{r}}{\mathrm{d}t}\right|$。

通过上述讨论,已基本明确了 v_0 的物理意义。v_0 是 $\left|\dfrac{\mathrm{d}r}{\mathrm{d}t}\right|$,即矢径大小的变化率,也就是绳子长短的变化率,可称为收绳速率。

解法一 由图 1.3 看出,船的位矢为
$$\boldsymbol{r} = x\hat{\boldsymbol{x}} + h\hat{\boldsymbol{y}}$$
而
$$x = \sqrt{r^2 - h^2}$$
由速度定义有
$$\boldsymbol{v} = \frac{\mathrm{d}\boldsymbol{r}}{\mathrm{d}t} = \frac{\mathrm{d}x}{\mathrm{d}t}\hat{\boldsymbol{x}} + \frac{\mathrm{d}h}{\mathrm{d}t}\hat{\boldsymbol{y}}$$
$$= \frac{\mathrm{d}x}{\mathrm{d}t}\hat{\boldsymbol{x}} + 0 = v_x\hat{\boldsymbol{x}}$$

$$v_x = \frac{dx}{dt} = \frac{d}{dt}\sqrt{r^2 - h^2} = \frac{r}{\sqrt{r^2-h^2}}\frac{dr}{dt}$$

因绳子变短，故将 $\dfrac{dr}{dt} = -v_0$ 代入上式有

$$v_x = -\frac{r}{\sqrt{r^2-h^2}}v_0 = -\frac{\sqrt{x^2+h^2}}{x}v_0$$

故

$$\boldsymbol{v} = -\frac{\sqrt{x^2+h^2}}{x}v_0\hat{\boldsymbol{x}}$$

负号表示 $\boldsymbol{v}$ 的方向与正 x 方向相反。

根据加速度定义

$$a_x = \frac{dv_x}{dt} = -v_0\frac{d}{dt}\left(\frac{\sqrt{x^2+h^2}}{x}\right)$$

$$= v_0\frac{h^2}{x^2\sqrt{x^2+h^2}}\frac{dx}{dt} = \frac{-v_0^2 h^2}{x^3}$$

$$a_y = 0$$

故

$$\boldsymbol{a} = -\frac{v_0^2 h^2}{x^3}\hat{\boldsymbol{x}}$$

负号表示 $\boldsymbol{a}$ 的方向与 x 正方向相反，但由于 $\boldsymbol{v}$ 与 $\boldsymbol{a}$ 同向，所以船是加速靠岸的。

解法二 因

$$\frac{|\Delta \boldsymbol{r}|}{|\Delta x|} = \cos\theta$$

则有

$$|\Delta x| = \frac{|\Delta \boldsymbol{r}|}{\cos\theta}$$

$$\frac{|dx|}{dt} = \frac{\dfrac{|d\boldsymbol{r}|}{dt}}{\cos\theta}$$

即
$$|v_x| = \frac{|v_0|}{\cos\theta}$$

因
$$\cos\theta = \frac{x}{\sqrt{x^2+h^2}}$$

考虑到 v_x 方向,所以
$$v_x = -\frac{v_0\sqrt{x^2+h^2}}{x}$$

而
$$v_y = 0$$

a 的解法同上。

解法三 根据 v_0 的物理意义
$$\begin{aligned}v_0 &= -\frac{\mathrm{d}r}{\mathrm{d}t} = -\frac{\mathrm{d}}{\mathrm{d}t}\sqrt{x^2+h^2}\\&= -\frac{x}{\sqrt{x^2+h^2}}\frac{\mathrm{d}x}{\mathrm{d}t}\\&= -\frac{x}{\sqrt{x^2+h^2}}v_x\end{aligned}$$

所以有
$$v_x = -\frac{\sqrt{x^2+h^2}}{x}v_0$$

3. 选题目的 位移和加速度相对性的应用。

解 (1) 分别设 a' 与 g 为螺帽相对升降机和地面的加速度,a_0 为升降机相对地面的加速度,根据加速度相对关系有
$$a' = g - a_0$$

建立如图 1.4 所示的坐标,则有
$$a' = g + a_0$$

所以

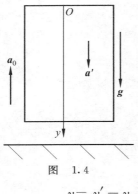

图 1.4

$$y_2 - y_1 = \frac{1}{2}a't^2$$

$$y_2 - y_1 = h$$

$$t = \sqrt{\frac{2h}{g+a_0}} = \sqrt{\frac{2 \times 2.74}{1.22+9.8}}$$

$$= 0.705\text{s}$$

(2) 分别设 y' 与 y 为螺帽相对升降机与地面的位移,y_0 为升降机相对地面的位移,根据位移相对关系有

$$y = y' - y_0 = h - \left(v_0 t + \frac{1}{2}a_0 t^2\right)$$

$$= h - \left[v_0 t + \frac{1}{2}(a'-g)t^2\right]$$

$$= h - v_0 t - h + \frac{1}{2}gt^2$$

$$= \frac{1}{2}gt^2 - v_0 t$$

$$= \frac{1}{2} \times 9.8 \times 0.705^2 - 2.44 \times 0.705$$

$$= 0.715\text{m}$$

本题易出现的问题是:不能正确地写出对不同参照系的加速度(或位移)的表示式及其正负号与坐标的关系。

4. 选题目的 有关抛体运动的练习。

解 设枪口瞄准靶的仰角为 θ,靶的悬挂位置为 $P(x_1, y_1)$,如图 1.5 所示。子弹沿抛物轨道到达靶的正下方点 (x_1, y) 所需的时间为 t。根据抛体运动的规律有

$$x_1 = v_0 \cos\theta \cdot t$$

$$y = v_0 \sin\theta \cdot t - \frac{1}{2}gt^2$$

当子弹射离枪口时,靶开始自由下落,设靶在 t 时刻的纵坐标

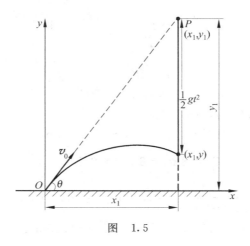

图 1.5

为 y',则

$$y' = y_1 - \frac{1}{2}gt^2 = x_1\tan\theta - \frac{1}{2}gt^2$$

$$= v_0\cos\theta \cdot t \cdot \tan\theta - \frac{1}{2}gt^2$$

$$= v_0\sin\theta \cdot t - \frac{1}{2}gt^2$$

可见有

$$y' = y$$

正好是子弹在 t 时刻所到达的位置,所以正好打中靶。

本题又被称为"猎人打猴子",意思是说:猎人用枪对准树上的猴子,当猎人开枪时,猴子正好由树上落下,猎人总能恰好击中猴子。

若误认为必定在抛物轨道的最高点才能击中靶,就难以得证。

5. **选题目的** 圆周运动的速度与加速度及线量与角量的计算。

解 首先确定常数 K。已知 $t=2$s 时,$v=32$m/s,则有

$$K = \frac{\omega}{t^2} = \frac{v}{Rt^2} = \frac{32}{2 \times 2^2} = 4\text{s}^{-3}$$

故
$$\omega = 4t^2$$
$$v = R\omega = 4Rt^2$$

当 $t=0.5$s 时，
$$v = 4Rt^2 = 4 \times 2 \times 0.5^2 = 2.00\text{m/s}$$
$$a_t = \frac{dv}{dt} = 8Rt = 8 \times 2 \times 0.5 = 8.00\text{m/s}^2$$
$$a_n = \frac{v^2}{R} = \frac{2^2}{2} = 2.00\text{m/s}^2$$
$$a = \sqrt{a_t^2 + a_n^2} = \sqrt{8^2 + 2^2} = 8.25\text{m/s}^2$$
$$\theta = \arctan\frac{a_n}{a} = \arctan\frac{2}{8.25} = 13.6°$$

6. **选题目的** 正确理解与应用伽利略速度变换式。

解 设 v_0 为火车静止时观察到的雨滴速度，已知其倾角为 θ_0（这也是雨滴相对地面的速度与倾角）。设火车以 v_1 行驶时，雨滴相对火车的速度为 v'，已知其倾角为 θ_1，根据伽利略速度变换有
$$\boldsymbol{v}' = \boldsymbol{v}_0 - \boldsymbol{v}_1$$

又设火车以 v_2 行驶时，雨滴相对火车的速度为 v''，已知其倾角为 θ_2，同理有
$$\boldsymbol{v}'' = \boldsymbol{v}_0 - \boldsymbol{v}_2$$

根据以上两个矢量式分别画出如图 1.6(a)，(b) 所示的矢量图。

从图 1.6(a) 看出
$$v'\sin\theta_1 = v_1 - v_0\sin\theta_0 \qquad ①$$
$$v'\cos\theta_1 = v_0\cos\theta_0 \qquad ②$$

同理，由图 1.6(b) 看出
$$v''\sin\theta_2 = v_2 - v_0\sin\theta_0 \qquad ③$$

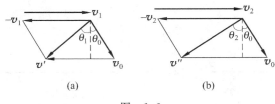

图 1.6

$$v''\cos\theta_2 = v_0\cos\theta_0 \qquad ④$$

从①,②式消去 v' 后,有

$$\tan\theta_1 = \frac{v_1 - v_0\sin\theta_0}{v_0\cos\theta_0}$$

$$v_1 = v_0(\cos\theta_0\tan\theta_1 + \sin\theta_0)$$

从③,④式消去 v'' 后,有

$$\tan\theta_2 = \frac{v_2 - v_0\sin\theta_0}{v_0\cos\theta_0}$$

$$v_2 = v_0(\cos\theta_0\tan\theta_2 + \sin\theta_0)$$

于是,火车加快前后速度之比为

$$v_1 : v_2 = (\cos\theta_0\tan\theta_1 + \sin\theta_0) : (\cos\theta_0\tan\theta_2 + \sin\theta_0)$$

用伽利略速度变换画出矢量图是求解本题较简便的方法。

7. 选题目的 伽利略速度变换式的应用。

解 (1)设岸上的人看到 A 船与 B 船的速度分别是 $\boldsymbol{v}_A,\boldsymbol{v}_B$。$A$ 船看到 B 船的速度为 $\boldsymbol{v}$,由伽利略速度变换有

$$\boldsymbol{v} = \boldsymbol{v}_B - \boldsymbol{v}_A$$

矢量关系图如图 1.7(a)所示。

由图很容易得出

$$v_B = \sqrt{v_A^2 + v^2} = \sqrt{3^2 + 4^2} = 5.00\,\text{m/s}$$

$$\tan\theta = \left|\frac{\boldsymbol{v}_A}{\boldsymbol{v}}\right| = \frac{3}{4}$$

$$\theta = 36.9°$$

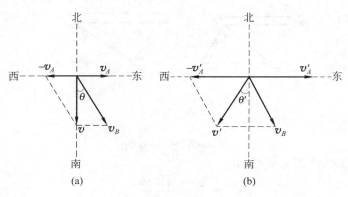

图 1.7

即向南偏东 36.9°方向行进。

(2) 设 A 船速度为 v'_A,在 A 船上看 B 船的速度为 v',其矢量图为图 1.7(b),由于 $v'_A = 2v_A$,所以很容易证明。

$$v' = v_B = 5.00 \text{m/s}$$
$$\theta' = 36.9°$$

即方向变为向南偏西 36.9°。

1.2 牛顿定律

讨论题

1. **选题目的** 深入理解牛顿第二定律,明确合外力与物体加速度之间的关系。

解 (1) 无论是匀速上升或匀速下降,根据牛顿定律,每个物体所受的合外力均等于零。

(2) 自由下落时,每个物体所受的合外力均等于自身的重力。

若以加速度 a 下降,各物体所受的合外力分别为 $F_1 = m_1 a$,

1.2 牛顿定律

$F_2 = m_2 a$, $F_3 = m_3 a$，方向均竖直向下。若以加速度 a 上升，各物体受的合力大小同上，方向相反。

(3) 静止在桌面上时，各物体所受的合外力均为零。m_1，m_2，m_3 的受力分析如图 1.8 所示。

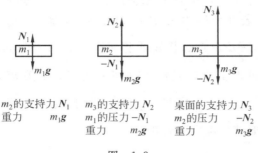

图 1.8

注意：本题的(1)，(2)无需分析每个物体的受力情况，直接用牛顿定律就可以得出正确的结论。

2. **选题目的** 明确静摩擦力的性质及分析方法。

解 静摩擦力的方向与物体对接触面的相对滑动趋势相反。相对滑动趋势是指：当假设物体与接触面间不存在静摩擦时物体相对接触面的滑动方向。此外静摩擦力的大小随物体之间相对滑动趋势的改变而自动调节，原则是阻碍相对滑动的发生。力的最大限度为最大静摩擦力 $f_{\max} = \mu N$。根据静摩擦力的这些性质来分析以下的问题。

(1) 因 $F < P\sin 30° = \frac{1}{2}P$ (P 为物体 A 受的重力大小)，若无静摩擦则物体有下滑的趋势，所以静摩擦力 f_μ 沿斜面向上，如图 1.9(a)所示，大小为 $f_\mu = \frac{1}{2}P - F$。当 $F > \frac{1}{2}P$ 时，若无静摩擦则物体有上滑的趋势，静摩擦力应沿斜面向下，如图 1.9(b)所示，

大小为 $f_\mu=F-\frac{1}{2}P$。要注意到，以上两种情况中的 f_μ 都不一定是最大静摩擦，f_μ 的数值随外力 F 的变化而定。图(a)当拉力 F 逐渐减小时，下滑趋势增大，静摩擦力 f_μ 增大，但是 $f_\mu \leqslant f_{\max}=\mu P\cos30°$。图(b)当拉力 F 增大时，f_μ 也增大，同样 $f_\mu \leqslant f_{\max}=\mu P\cos30°$。若静摩擦力已增大至最大值，即 $f_\mu=\mu P\cos30°$，则图(a)中 $F<\frac{1}{2}P-f_{\max}$，物体 A 将向下滑动，A 与斜面之间有相对运动，这时的摩擦力就是滑动摩擦力而不是静摩擦力了。对于图(b)，当 $f_\mu=\mu P\cos30°$，$F>\frac{1}{2}P+f_{\max}$ 时，物体 A 将沿斜面向上滑动，这时摩擦力也是滑动摩擦力。

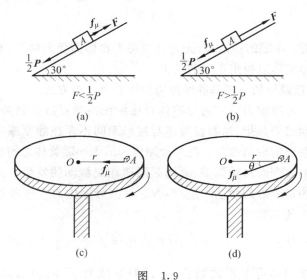

图 1.9

(2) 见原题图 1.8(b)假设 A,B 间无静摩擦，则 A 相对 B 沿 $-F$ 方向运动，所以静摩擦力的方向与 F 的方向一致。大小为

$f_\mu = m_A a$，a 为 A,B 共同运动的加速度。若 A,B 不动，则 A 受的静摩擦力为零。

(3) 当 B 作匀速转动时，若 A,B 间无摩擦，A 将沿切线方向运动*。现 A 随 B 一起作匀速圆周运动，根据牛顿第二定律，静摩擦力的方向必定沿径向指向圆心，如图 1.9(c) 所示，大小为 $f_\mu = m_A \dfrac{v^2}{r}$，式中 v,r 分别为 A 物体的速率及其与圆心的距离。

当 A 随 B 一起作加速运动时，A 物体的速度大小与方向都要变化，所以既有沿径向的静摩擦力，又有沿切向的静摩擦力，总的静摩擦力方向如图 1.9(d) 所示，大小为

$$f_\mu = \sqrt{\left(m_A \dfrac{v^2}{r}\right)^2 + m_A \dfrac{\mathrm{d}v}{\mathrm{d}t}}$$

方向是

$$\theta = \arctan \dfrac{r\dfrac{\mathrm{d}v}{\mathrm{d}t}}{v^2}$$

* 此分析是在地面参照系观察的结果，A 物体的切向运动并非是相对运动。实际上，在设想 A,B 间摩擦消失的瞬间，A 对 B 的相对速度方向是沿径向向外的，这就是说，A 对 B 的相对运动趋势是沿径向向外的，因而静摩擦力沿径向指向圆心。

3. **选题目的** 正确理解静摩擦力的性质。

解 正确答案为(2)。M 在竖直方向受重力 Mg 向下，静摩擦力 f 向上。根据牛顿定律，要使 M 物体保持静止不动，静摩擦力必须等于 Mg，与压力 F 无关，所以 F 增加时静摩擦力不变。

4. **选题目的** 牛顿第二定律的瞬时性。

解 (1) 平衡时，小球 m 受绳拉力 T、重力 mg 和水平绳拉力 T' 作用，如图 1.10 所示，且 $T + mg + T' = 0$。当水平绳剪断后 $T' = 0$，m 在 T 和 mg 作用下将作变速圆周运动。取坐标 $\hat{n}, \hat{t}$ 列方

程,由于剪断绳瞬间 m 尚未动 $v=0$,则 $\hat{n}$ 向方程为

$$T - mg\cos\theta = m\frac{v^2}{R} = 0 \qquad ①$$

由①式可求得

$$T = mg\cos\theta$$

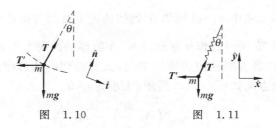

图 1.10　　　　　图 1.11

(2) 小球 m 受弹簧恢复力 T、重力 mg 和水平绳拉力 T' 作用处于平衡,m 静止,如图 1.11 所示。取坐标 $\hat{x},\hat{y}$ 对 m 列方程,有

$\hat{x}$ 向　　　　　$T\sin\theta - T' = 0$ 　　　　　②
$\hat{y}$ 向　　　　　$T\cos\theta - mg = 0$ 　　　　　③

水平绳剪断瞬间 $T'=0$,小球 m 在弹簧恢复力 T 和重力 mg 作用下尚未运动,弹簧保持原状,可由③式求得

$$T = \frac{mg}{\cos\theta}$$

5. 选题目的　明确在非惯性系中分析问题的方法。

解　正确答案为(1)。

在木板下落前板静止时,摆球受拉力 T 与重力 mg,如图 1.12 所示。根据牛顿定律有 $T - mg\cos\theta = m\dfrac{v^2}{l}$。当板下落时,因板的加速度为 g,以板为参照系分析,摆球还要受惯性力 $-mg$,此时重力与惯性力平衡,摆球仅受与其速度 v 垂直的拉力 T,而绳子拉力也即时减小为 $T = m\dfrac{v^2}{l}$。所以小球相对木板作匀速率圆周运动。

本题易错选为(2),也就是虽然考虑了惯性力的存在,但却忽视了绳子拉力的作用。

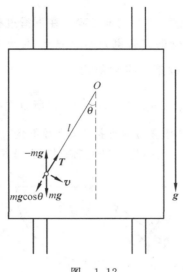

图 1.12

此题还可以继续引申,讨论这样一个问题,若摆球运动到最高点(速度为零)时,板开始下落,那么应选哪个答案? 这时应选(2)。理由是:本板下落前瞬时,有 $mg\cos\theta - T = 0$。当板下落时,摆球的重力 mg 与惯性力 $-mg$ 平衡,由于此时球的速度为零,因而绳的拉力也即时消失,所以小球静止。此题是涉及非惯性系的较典型的讨论题。

6. **选题目的** 运动学与牛顿定律综合应用。

解 (1) 不正确。物体受重力与轨道的支持力。重力的法向分力与支持力的合力提供物体运动的向心力,此时有法向加速度,而重力的切向分力产生切向加速度,所以物体的总加速度方向不指向圆心。

(2) 不正确。在物体下落过程,它所受的切向力是变化的,所以切向加速度也在变化,即 $\dfrac{\mathrm{d}v}{\mathrm{d}t}$ 变化。

(3) 前半句正确,后半句不正确。在下滑过程中,物体作圆周运动,在径向物体受的力有重力的分力 P_n 与轨道的支持力 N,如图 1.13 所示。牛顿第二定律给出 $N - P_n = m\dfrac{v^2}{R}$,则 $N = P_n + m\dfrac{v^2}{R}$。在物体下滑时,$P_n$ 与 v 都在增大,所以支持力 N 是在增加的。而物体的外力有重力与支持力,前者不变,后者大小、方向均变化,所以合外力的大小与方向也都变化,并非恒指向圆心。

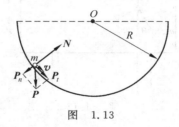

图 1.13

(4) 由以上分析可知,轨道的支持力是不断增加的。

计算题

1. 选题目的 牛顿定律与运动学综合应用计算,要求能正确选定参照系和建立便于解题的坐标系,并能对计算结果的合理性进行分析讨论。

解 解法一 选地面参照系(惯性系)求解。

m 受 M 的支持力 N,重力 mg。在地面上建立 $x'O'y'$ 坐标系(x' 轴平行于斜面)如图 1.14(a)所示。m 相对地面的加速度为 a_m,如图 1.14(b)。对 m 用牛顿第二定律,建立以下方程:

x' 向 $\qquad mg\sin\theta = ma_{mx'}$ ①

y' 向 $\qquad mg\cos\theta - N = ma_{my'} \qquad$ ②

M 受重力 Mg, m 对 M 的压力为 $-N$, 地面的支持力为 N'。为了方便, 再在地面上建立坐标系 xOy, 对 M 用牛顿第二定律有

x 向 $\qquad N\sin\theta = Ma_M \qquad$ ③

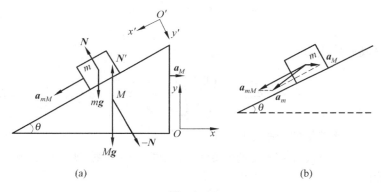

图 1.14

以上三个方程中有四个未知数, $N, a_{mx'}, a_{my'}$ 及 a_M, 其中 $a_{mx'}\hat{x}' + a_{my'}\hat{y}' = a_m$, 是 m 对地加速度; a_M 是 M 对地加速度, 沿 $\hat{x}$ 向。再利用 m 与 M 不脱离条件建立运动学方程, 设 m 对 M 的加速度为 a_{mM}, 沿 $\hat{x}'$ 向。由相对运动关系得

$$a_m = a_{mM} + a_M \qquad ④$$

其矢量关系如图 1.14(b) 所示。可见 a_m 的方向并不沿斜面方向。在坐标系 $x'O'y'$ 中, 上式可写成

$$a_{my'} = a_M \sin\theta \qquad ⑤$$
$$a_{mx'} = a_{mM} - a_M \cos\theta \qquad ⑥$$

由①, ②, ③, ⑤式可求出

$$a_{mx'} = g\sin\theta$$
$$a_{my'} = \frac{m\sin^2\theta\cos\theta}{M + m\sin^2\theta} g$$

$$a_M = \frac{m\sin\theta\cos\theta}{M + m\sin^2\theta}g$$

将上述结果代入⑥式可得

$$a_{mM} = \frac{\left(1 + \dfrac{m}{M}\right)\sin\theta}{1 + \dfrac{m}{M}\sin^2\theta}g$$

写成矢量式为

$$\boldsymbol{a}_{mM} = \frac{\left(1 + \dfrac{m}{M}\right)\sin\theta}{1 + \dfrac{m}{M}\sin^2\theta}g\hat{\boldsymbol{x}}' \tag{7}$$

对此结果的分析与讨论：

(1) ⑦式表明 a_{mM} 的量纲是加速度 g 的量纲，所以量纲是正确的。

(2) 若 $M \gg m$，则 $\dfrac{m}{M} \to 0$，⑦式结果可以简化为 $a_{mM} = g\sin\theta$。这相当于 M 很大，与 m 下滑时，M 基本不动的情况是一致的。

(3) 若 $\theta = 0°$，即 m 位于水平面上，由⑦式可得出 $a_{mM} = 0$。这是符合实际的。

若 $\theta = 90°$，即 m 位于竖直光滑平面上，由⑦式可得出 $a_{mM} = g$，即 m 作自由落体运动。

上述讨论进一步说明⑦式是正确的。这种讨论方法具有典型性。

解法二 选以物体 M 在其中静止的参照系(是非惯性系，它对地面参照系的加速度为 $\boldsymbol{a}_M$)求解。

在此参照系中，m 受 M 的支持力 $\boldsymbol{N}$，重力 $M\boldsymbol{g}$ 及惯性力 $-m\boldsymbol{a}_M$ 作用，如图 1.15 所示。建立 $x''O''y''$ 坐标，对物体 m 用牛顿第二定律：

x'' 向 $\qquad\qquad mg\sin\theta + ma_M\cos\theta = ma_{mM} \qquad\qquad$ ⑧

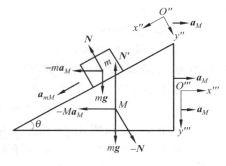

图 1.15

y'' 向 $mg\cos\theta - N - ma_M\sin\theta = 0$ ⑨

物体 M 受 m 的压力 $-\mathbf{N}$，重力 $M\mathbf{g}$，地面的支持力 $\mathbf{N}'$ 及惯性力 $-M\mathbf{a}_M$ 作用。建立 $x'''O'''y'''$ 坐标，对物体 M 用牛顿第二定律，由于其加速度为零，所以有

x''' 向 $N\sin\theta - Ma_M = 0$ ⑩

由以上三个方程可解出

$$\boldsymbol{a}_{mM} = \frac{\left(1+\dfrac{m}{M}\right)\sin\theta}{1+\dfrac{m}{M}\sin^2\theta} g\hat{\boldsymbol{x}}'$$

显然，在非惯性系中求解这类含有相对运动的力学问题是较为简便的。但若对非惯性系的性质不明确，也很容易出差错。例如在本题中当以物体 M 在其中静止的参照系来考虑 M 受力时，若误认为 M 不受惯性力，这样就得不出正确的结果。

2. **选题目的** 应用牛顿定律求数值范围类型题的计算。

解 当 m 随漏斗转动时，m 受漏斗对它的支持力 $\mathbf{N}$，重力 $m\mathbf{g}$ 及静摩擦力 $\mathbf{f}$，如图 1.16 所示。摩擦力应是什么方向呢？正确分析 $\mathbf{f}$ 的方向是本题得以正确求解的关键。下面分两种情况讨论。

(1) 若无静摩擦力，并要求 m 静止不动，则漏斗只能有一个转

速 ω，且满足下列方程：

水平径向 $\quad N\sin\theta = mr\omega^2$

y 向 $\quad N\cos\theta - mg = 0$

(2) 若有静摩擦力，要求 m 静止，则 ω 数值可以取一个范围，即在 $\omega_{\min}$ 至 $\omega_{\max}$ 之间。当 ω 较小时（但 $\omega > \omega_{\min}$），因 m 有下滑趋势，静摩擦力 f 应沿漏斗壁向上，与图 1.16 所示方向相反。当 ω 较大时（但 $\omega < \omega_{\max}$），因 m 有沿漏斗壁上滑趋势，则 f 应沿壁向下，如图 1.16 所示。本题是求 ω 的最大值 $\omega_{\max}$，故静摩擦力应沿壁向下。其数值应为最大静摩擦力 $f_{\max} = \mu N$。根据牛顿定律有

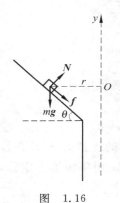

图 1.16

水平方向 $\quad N\sin\theta + f_{\max}\cos\theta = mr\omega_{\max}^2 \quad ①$

y 向 $\quad N\cos\theta - mg - f_{\max}\sin\theta = 0 \quad ②$

联立以上三个方程可解出

$$\omega_{\max} = \sqrt{\frac{g(\sin\theta + \mu\cos\theta)}{r(\cos\theta - \mu\sin\theta)}}$$

(3) 代入数值有

$$\omega_{\max} = \sqrt{\frac{9.8 \times (\sin 45° + 0.5\cos 45°)}{0.6 \times (\cos 45° - 0.5\sin 45°)}} = 7.00 \text{s}^{-1}$$

本题也可选漏斗为参照系（是非惯性系）求解。此时 m 除了受以上分析的力之外，还受有惯性离心力，大小为 $mr\omega^2$，方向沿径向向外，对物体 m 用牛顿第二定律，有

水平方向 $\quad N\sin\theta - mr\omega_{\max}^2 + f_{\max}\cos\theta = 0$

y 向 $\quad N\cos\theta - mg - f_{\max}\sin\theta = 0$

$\quad\quad\quad\quad f_{\max} = \mu N$

可以看出，这三个方程实际上和式①，②，③三个方程是相同的。

1.2 牛顿定律

3. 选题目的 牛顿定律的应用。本题要求必须对计算结果认真分析。这样的分析方法有助于对分析能力、科学作风的培养。

解 设 A 与 B 物体之间有相对运动。A 物体受有支持力 $\boldsymbol{N}$，摩擦力 $f_A = \mu_1 N$，重力 $m_A \boldsymbol{g}$。B 物体受有支持力 $\boldsymbol{N}'$，压力 $-\boldsymbol{N}$，摩擦力 $f_B = \mu_2 N'$，$-f_A$ 以及重力 $m_B \boldsymbol{g}$，如图 1.17 所示。建地面坐标系 xOy，分别对 A，B 物体应用牛顿第二定律。

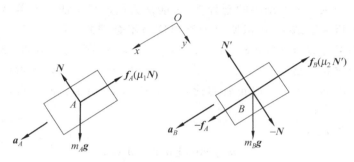

图 1.17

对 m_A：

x 向 $\qquad m_A g \sin\theta - \mu_1 N = m_A a_A$

y 向 $\qquad -N + m_A g \cos\theta = 0$

对 m_B：

x 向 $\qquad m_B g \sin\theta + \mu_1 N - \mu_2 N' = m_B a_B$

y 向 $\qquad -N' + N + m_B g \cos\theta = 0$

由以上四个方程可解出

$$a_A = \frac{m_A g \sin\theta - \mu_1 m_A g \cos\theta}{m_A}$$

$$= \frac{1 \times 10 \times 0.6 - 0.5 \times 10 \times 0.8}{1} = 2.00 \text{m/s}^2$$

$$a_B = \frac{m_B g \sin\theta + \mu_1 m_A g \cos\theta - \mu_2 (m_A + m_B) g \cos\theta}{m_B}$$

$$= \frac{1\times10\times0.6+0.5\times1\times10\times0.8-0.2\times2\times10\times0.8}{1}$$

$$=6.80\text{m/s}^2$$

A,B 间摩擦力

$$f_A = \mu_1 m_A g \cos\theta$$
$$= 0.5\times1\times10\times0.8 = 4.00\text{N}$$

如果不分析结果的合理性,可能认为问题已解决。但若认真地分析一下结果,可以明显地看出这是不合理的。因 $a_A < a_B$,说明 B 物下滑比 A 物快,这时 A 相对于 B 是沿斜面向上运动,那么 A,B 间的摩擦力方向就设反了。改正摩擦力的方向,是否可以求出正确的结果呢?改正后的受力图如图 1.18 所示。同样可以列出四个方程。

对 m_A:

x 向 $\qquad m_A g \sin\theta + \mu_1 N = m_A a_A$

y 向 $\qquad -N + m_A g \cos\theta = 0$

对 m_B:

x 向 $\qquad m_B g \sin\theta - \mu_1 N - \mu_2 N' = m_B a_B$

y 向 $\qquad -N' + m_B g \cos\theta + N = 0$

可解得

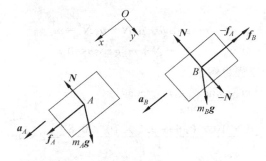

图 1.18

$$a_A = \frac{m_A g \sin\theta + \mu_1 m_A g \cos\theta}{m_A}$$

$$= \frac{1 \times 10 \times 0.6 + 0.5 \times 1 \times 10 \times 0.8}{1} = 10.0 \text{m/s}^2$$

$$a_B = \frac{m_B g \sin\theta - \mu_1 m_A \cos\theta - \mu_2 (m_A + m_B) g \cos\theta}{m_B}$$

$$= \frac{1 \times 10 \times 0.6 - 0.5 \times 1 \times 10 \times 0.8 - 0.2 \times 2 \times 10 \times 0.8}{1}$$

$$= -1.20 \text{m/s}^2$$

这个结果仍不合理。因 $a_A > 0, a_B < 0$ 说明 A 向下滑，B 向上滑，即 A 相对于 B 沿斜面向下运动，这样 A, B 间的摩擦力方向与图 1.18 中的方向又反了。再者 B 向上滑也是不可能的。由以上分析计算可见，A, B 间不能有相对滑动，因而 $\boldsymbol{a_A}$ 只能等于 $\boldsymbol{a_B}$（设为 $\boldsymbol{a}$），则 A, B 之间只能有静摩擦力 $\boldsymbol{f}$。又由于 B 受斜面摩擦力所阻，所以当 A, B 间无摩擦时，A 将比 B 下滑得更快，因此 A 相对于 B 的运动趋势是向下的。这样 A, B 受力情况应与图 1.17 类似，其中 $\boldsymbol{f_A}$ 改为 $\boldsymbol{f}$，$\boldsymbol{a_A} = \boldsymbol{a_B} = \boldsymbol{a}$。由牛顿第二定律，

对 m_A：

x 向　　　　　　　$m_A g \sin\theta - f = m_A a$

y 向　　　　　　　$-N + m_A g \cos\theta = 0$

对 m_B：　　　　　$f_B = \mu_2 N'$

x 向　　　　　　　$m_B g \sin\theta + f - \mu_2 N' = m_B a$

　　　　　　　　　$-N' + m_B g \cos\theta + N = 0$

由以上四式可得

$$a = \frac{(m_A + m_B) g \sin\theta - \mu_2 (m_A + m_B) g \cos\theta}{m_A + m_B}$$

$$= \frac{(1+1) \times 10 \times 0.6 - 0.2 \times (1+1) \times 10 \times 0.8}{1+1}$$

$$= 4.40 \text{m/s}^{2(*)}$$

$$f = m_A g \sin\theta - m_A a$$
$$= 1 \times 10 \times 0.6 - 1 \times 4.4 = 1.60 \text{N}$$

本题容易出现的问题是：对求出解的合理性不作分析讨论，或无根据地承认 $a_A = a_B$ 及在计算中以 $f = \mu N$ 表示静摩擦力（即误认为已达到最大静摩擦力）。

(*) 此式也可以把 A, B 看成一体求出。

4. 选题目的 含有相对运动时牛顿定律的应用。

解 （1）**解法一** 选地面为参照系（惯性系）。

物体 A 受重力 $m_A \boldsymbol{g}$，桌面的支持力 $\boldsymbol{N}$，绳子的拉力 $\boldsymbol{T}$，摩擦力 $f = \mu N$，相对地面加速度为 $\boldsymbol{a}_A$。物体 B 受重力 $m_B \boldsymbol{g}$，拉力 $\boldsymbol{T}'$，对地加速度为 $\boldsymbol{a}_B$，吊车加速度为 $\boldsymbol{a}_0$，如图 1.19 所示。

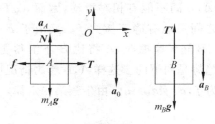

图 1.19

建立坐标 yOx。根据牛顿第二定律有，

对 A 物体：

x 向 　　　　　　$T - \mu N = m_A a_A$ 　　　　　　①

y 向 　　　　　　$-m_A g + N = -m_A a_0$ 　　　　　　②

对 B 物体：

y 向 　　　　　　$-m_B g + T' = -m_B a_B$ 　　　　　　③

$$T' = T \quad ④$$
$$a_B = a_A + a_0 \quad ⑤$$

联立以上五式，可解出

$$a_A = \frac{(m_B - \mu m_A)(g - a_0)}{m_A + m_B}$$

$$= \frac{(3 - 0.25 \times 2)(9.8 - 2)}{2 + 3} = 3.90 \text{m/s}^2$$

$$T = m_B(g - a_0 - a_A)$$

$$= 3 \times (9.8 - 3.9 - 2) = 11.7 \text{N}$$

解法二 选吊车为参照系(非惯性系)求解。物体 A,B 除了受以上给出的力外,分别增加一竖直向上的惯性力 $-m_A\boldsymbol{a}_0$, $-m_B\boldsymbol{a}_0$。据牛顿第二定律,

对 A 物体(设 $\boldsymbol{a}'_A$ 为 A 相对吊车的加速度):

x 向 $\qquad T - \mu N = m_A a'_A$

y 向 $\qquad -m_A g + N + m_A a_0 = 0$

对 B 物体(设 $\boldsymbol{a}'_B$ 为 B 相对吊车的加速度):

y 向 $\qquad -m_B g + T' + m_B a_0 = -m_B a'_B$

$$T = T'$$

$$a'_B = a'_A$$

由以上五式可解出同样的 T 值。

(2) **解法一** 以地面为参照系(惯性系)求解。A,B 物体受力分析如图 1.20 所示,a_0 为吊车加速度。

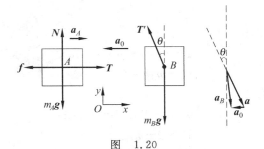

图 1.20

分别以 a_A, a_B 表示 A, B 物体相对地面的加速度，a 为相对吊车的加速度。据牛顿第二定律，对 A 物体：

x 向 $\qquad T - \mu N = m_A a_A$

$\qquad\qquad\qquad a_A = a - a_0$

y 向 $\qquad N - m_A g = 0$

由于惯性，连接 B 物体的绳子将向右倾斜 θ 角（图 1.20）。对 B 物体：

x 向 $\qquad -T'\sin\theta = m_B a_{Bx}$

$\qquad\qquad\qquad a_{Bx} = a\sin\theta - a_0$

y 向 $\qquad T'\cos\theta - m_B g = -m_B a_{By}$

$\qquad\qquad\qquad a_{By} = a\cos\theta$

$\qquad\qquad\qquad T = T'$

由以上各式可解出

$$T = \frac{m_A m_B (\sqrt{a_0^2 + g^2} + \mu g - a_0)}{m_A + m_B}$$

$$= \frac{2 \times 3 \times (\sqrt{2^2 + (9.8)^2} + 0.25 \times 9.8 - 2)}{2 + 3} = 12.1 \text{N}$$

解法二 以吊车为参照系（非惯性系）。A, B 二物体分别增加一个水平向右的惯性力 $-m_A \boldsymbol{a}_0$ 与 $-m_B \boldsymbol{a}_0$。此时根据牛顿第二定律，

对 A 物体：

x 向 $\qquad T + m_A a_0 - \mu N = m_A a$

y 向 $\qquad N - m_A g = 0$

对 B 物体：

x 向 $\qquad m_B a_0 - T\sin\theta = m_B a \sin\theta$

y 向 $\qquad T\cos\theta - m_B g = -m_B a \cos\theta$

联立以上四式求解，可得同样结果。

5. **选题目的**　牛顿定律与运动学综合应用。

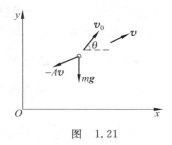

图　1.21

解　设某时刻物体 m 的速度为 v，则 m 所受空气阻力为 $-Av$，重力为 mg，如图 1.21 所示。由牛顿定律对 m 列方程，取坐标 (x, y)，有

x 向　　　　　　　$-Av_x = m \dfrac{\mathrm{d}v_x}{\mathrm{d}t}$　　　　　　①

y 向　　　　　　$-mg - Av_y = m \dfrac{\mathrm{d}v_y}{\mathrm{d}t}$　　　　　②

将①式分离变量积分解方程得

$$\int_{v_{0x}}^{v_x} \frac{\mathrm{d}v_x}{v_x} = -\frac{A}{m} \int_0^t \mathrm{d}t$$

$$\ln \frac{v_x}{v_{0x}} = -\frac{A}{m} t \qquad ③$$

将②式分离变量积分解方程，最高点 $v_y = 0$，得

$$\int_{v_{0y}}^{0} \frac{-\mathrm{d}v_y}{mg + Av_y} = \frac{1}{m} \int_0^t \mathrm{d}t$$

$$t = \frac{m}{A} \ln \left(1 + \frac{Av_{0y}}{mg}\right) \qquad ④$$

将④式代入③式可求得 m 到达最高点的速度，即

$$v = v_x = \frac{mgv_{0x}}{mg + Av_{0y}} = \frac{mgv_0 \cos\theta}{mg + Av_0 \sin\theta}$$

6. 选题目的 用微积分方法求解的牛顿定律应用问题。

解 绳子在水平面内转动时,由于绳上各段转动速度不同,所以绳子各处的张力也不同。现取距转轴为 r 处的一小段绳子 dr,其质量为 $dm = \dfrac{M}{L}dr$。设左右绳子对它的拉力分别是 $T(r)$ 与 $T(r+dr)$,如图 1.22 所示。这小段绳子作圆周运动,根据牛顿第二定律有

$$T(r) - T(r+dr) = \left(\dfrac{M}{L}dr\right)r\omega^2$$

$$dT = -\dfrac{M\omega^2}{L}r\,dr$$

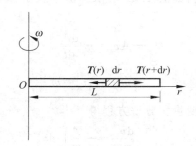

图 1.22

由于绳子的末端为自由端,即 $r=L$ 时 $T=0$,所以有

$$\int_{T(r)}^{0} dT = -\int_{r}^{L} \dfrac{M\omega^2}{L}r\,dr$$

$$T(r) = \dfrac{M\omega^2}{2L}(L^2 - r^2)$$

从以上结果看出:越靠近转轴处绳子的张力越大。

*7. **选题目的** 用微积分方法求解的牛顿力学问题。

解 (1) 设在 t 时刻,留在桌面上的链条为 AB 段,已下垂 x 长,为 BC 段。两部分的质量与加速度分别为 m_1, m_2, a_1, a_2。AB

段在水平方向仅受 BC 段的拉力 $\boldsymbol{T}$，如图 1.23(a)所示。由牛顿第二定律，对 AB 段有

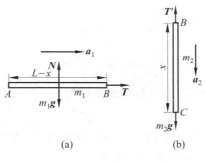

图 1.23

$$T = m_1 a_1 = m_1 \frac{\mathrm{d}v_1}{\mathrm{d}t} \qquad ①$$

BC 段在竖直方向受 AB 段的拉力 $\boldsymbol{T}'$ 与重力 $m_2\boldsymbol{g}$，如图 1.23(b)所示。据牛顿第二定律，对 BC 段有

$$m_2 g - T' = m_2 a_2 = m_2 \frac{\mathrm{d}v_2}{\mathrm{d}t} \qquad ②$$

因链条不伸长，则加速度处处相同，即

$$\frac{\mathrm{d}v_1}{\mathrm{d}t} = \frac{\mathrm{d}v_2}{\mathrm{d}t} = \frac{\mathrm{d}v}{\mathrm{d}t} \qquad ③$$

$$T = T' \qquad ④$$

联立以上四式有

$$\frac{\mathrm{d}v}{\mathrm{d}t} = \frac{m_2}{m_1 + m_2} g = \frac{x}{L} g$$

两边乘以 $\mathrm{d}x$，

$$\frac{\mathrm{d}v}{\mathrm{d}t}\mathrm{d}x = \frac{x}{L} g \, \mathrm{d}x$$

因为

$$\frac{dx}{dt} = v$$

故有

$$v\,dv = \frac{g}{L}x\,dx$$

$$\int_0^v v\,dv = \int_0^L \frac{g}{L}x\,dx$$

则链条刚离开桌面时 $x=L$ 处的速度为

$$v = \sqrt{gL}$$

(2) 设当下垂长度为 d 时链条开始下滑,考虑到桌面的摩擦力 f_μ,则(1)中的四个方程应改为

$$T - f_\mu = m_1 a_1 = m_1 \frac{dv_1}{dt} \qquad ①'$$

$$m_2 g - T' = m_2 a_2 = m_2 \frac{dv_2}{dt} \qquad ②'$$

$$\frac{dv_1}{dt} = \frac{dv_2}{dt} = \frac{dv}{dt} \qquad ③'$$

$$T = T' \qquad ④'$$

联立以上四式可得

$$\frac{dv}{dt} = \frac{1}{m_1+m_2}(m_2 g - f_\mu) = \frac{1}{m_1+m_2}(m_2 g - \mu m_1 g)$$

链条要开始下滑,则要求 $\frac{dv}{dt} \geqslant 0$,即 $m_2 \geqslant \mu m_1$。因为

$$\frac{m_2}{m_1} = \frac{d}{L-d}$$

所以

$$d \geqslant \mu(L-d)$$

由此可得

$$d \geqslant \frac{\mu}{1+\mu}L$$

1.2 牛顿定律

*8. **选题目的**　牛顿定律、运动学与非惯性系综合题。

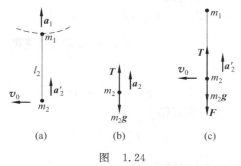

图 1.24

解　**解法一**　以房顶 O 为参考系(见上册题图 1.18),打击 m_1 后,它将作半径为 l_1、中心为 O 的圆周运动。在打击瞬时,m_1 的加速度 $\boldsymbol{a}_1$ 沿绳指向顶点 O,如图 1.24(a)所示,有

$$a_1 = \frac{v_0^2}{l_1} \qquad ①$$

由于 m_2 与 m_1 用绳连接,则 m_2 相对 m_1 将作半径为 l_2 的圆周运动,速率 $\boldsymbol{v}_0$ 方向如图 1.24(a)所示。m_2 相对 m_1 的加速度 $\boldsymbol{a}_2'$ 方向指向 m_1,有

$$a_2' = \frac{v_0^2}{l_2} \qquad ②$$

又对 m_2 以房顶 O 为参考系,其受力如图 1.24(b)所示。在打击 m_1 的瞬时 m_2 未动,其加速度 $\boldsymbol{a}_2$ 的方向应竖直向上,有

$$T - m_2 g = m_2 a_2 \qquad ③$$

由相对运动关系有

$$a_2 = a_2' + a_1 \qquad ④$$

将①,②两式代入④式,再代入③式解得

$$T = m_2 \left(\frac{v_0^2}{l_1} + \frac{v_0^2}{l_2} + g \right)$$

解法二　以 m_1 为参考系,这是一个瞬时静止的平动非惯性

系,此时 m_2 除受到 $m_2 g$ 和 T 的作用外,还受到惯性力 $F = -m_2 a_1$ 的作用,其方向沿绳 l_2 指向下,如图 1.24(c)所示。m_2 相对 m_1 作半径为 l_2、中心为 m_1 的圆周运动,加速度为 $a_2' = \dfrac{v_0^2}{l_2}$,由牛顿定律有

$$T - m_2 g - m_2 a_1 = m_2 a_2' \qquad ⑤$$

将①,②两式代入⑤式解得

$$T = m_2 \left(g + \dfrac{v_0^2}{l_1} + \dfrac{v_0^2}{l_2} \right)$$

比较上述两种解法哪种更好。

1.3 功、动能、动量、角动量定理

讨论题

1. **选题目的** 明确动量的矢量性及其与动能的区别。

解 三种情况的动能是相同的。因为在物体下滑过程中,无论哪种情况表面的支持力都不做功,只有重力做功,而且重力做功值都相同,根据动能定理,物体滑到底部时的动能一定相同。由于动能相同,所以物体滑到底部时动量的大小也相同。但由于三种光滑表面形状不同,物体滑到底部时速度方向并不一样,因此动量的方向不同,所以动量并不相同。

2. **选题目的** 明确角动量的概念及其与参考点的关系。

解 (1) 不正确。因为仅由 $\sum m_i \boldsymbol{v}_i = 0$ 不能导出 $\sum \boldsymbol{r}_i \times m \boldsymbol{v}_i = 0$。例如,图 1.25 所示的二质点系统,已知二质点的动量等值反向,即 $m_1 \boldsymbol{v}_1 = -m_2 \boldsymbol{v}_2$,则有 $\sum m_i \boldsymbol{v}_i = 0$。但它们对 O 点的角动量之和并不为零。因为它们对 O 点的角动量的方向是相同的,二者之和为 $m_1 \boldsymbol{v}_1 r_1 + m_2 \boldsymbol{v}_2 r_2 \neq 0$。

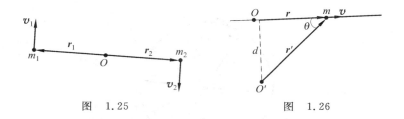

图 1.25　　　　　　　　图 1.26

（2）不一定为零。因质点的角动量与参考点有关，若参考点选在质点运动的直线上任一点 O，如图 1.26 所示，则因 $v // r$，所以角动量一定为零。若选在运动直线以外任一点 O'，则质点角动量就不为零，应是 $r' \times mv$。故应指明是对哪一点的角动量。

对角动量概念，易误认为只有质点作曲线运动时才存在角动量，直线运动没有角动量。所以错答此问的较多。

（3）不一定不变。由图 1.26 看出，若以 O' 为参考点，质点 m 在直线上任一点的角动量均可以表示为 $r' \times mv$，其值为 $r'mv\sin\theta = dmv$（d 是 O' 点与直线轨迹的距离），方向始终垂直纸面向里。若质点是匀速率直线运动，则角动量不变。若是变速直线运动，则角动量大小要变化，但方向仍不变。从角动量定理来看，当质点作匀速直线运动时，其所受的合外力一定为零，对 O' 点的外力矩也一定是零（注意：对质点系不一定成立），则角动量不变。当质点作变速率直线运动时，沿运动方向一定有合外力作用，所以对 O' 点的外力矩也不为零，此时角动量一定要变化。

（4）错误。由于动量方向沿圆的切线方向，所以是不断变化的。但角动量的方向由 $r \times mv$ 来确定。由图 1.27 看出，质点沿圆周运动时，对圆心 O 点的角动量方向始终垂直圆平面向里 $\otimes$，是不变的。实际上只要参考点选在圆周运动所在平面上该圆周以内，以上结论均为正确。若参考点选在上述圆周上或圆平面以外，质点角动量的方向应由 $r \times mv$ 的方向来定，故有可能变化。

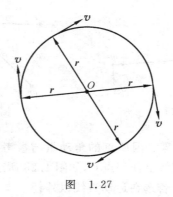

图 1.27

3. 选题目的 动能定理的灵活运用。

解 正确答案(3)。理由是:皮带匀速运动时,其动能不变。根据动能定理,此时对皮带作用力的功之和一定为零,即马达对皮带驱动力的功与砖块对皮带摩擦力的功之和为零。

误选(1)是因为对砖块下落到皮带后的运动过程不清楚。认为只要砖块一落至皮带上,二者立即就有共同的位移,从而得出一对摩擦力的功等值反号的结论。实际上砖块接触皮带前瞬时,沿皮带运动方向的速度为零,到皮带上以后,速度由零变到与皮带同速,这个加速过程是皮带对砖块的摩擦力作用的结果,在这段变速过程中砖块的速度小于皮带,因而它相对皮带有运动。由于二者相对地面的位移不同,所以这一对摩擦力做功数值不相等。

误选(2),(4)都是因为对动能定理物理意义不明确。动能定理说的是被做功的物体的动能增量与功的关系,而(2),(4)中的驱动力的功是作用在皮带上的,不能改变砖块的动能。所以驱动力的功与砖块的动能增量在数值上不能用动能定理联系。

4. 选题目的 明确功、动能与参照系的关系。

解 (1)不正确。在地面上的人看小球的速度应是 $u+v$,所

以小球的动能为 $E_k = \frac{1}{2}m(\boldsymbol{u}+\boldsymbol{v})^2 = \frac{1}{2}mu^2 + \frac{1}{2}mv^2 + m\boldsymbol{u}\cdot\boldsymbol{v}$。题中给出的动能表示式是上式的特例,这只是火车上的人沿与火车运动方向垂直的方向抛出小球时的动能。可见小球的动能是合速度平方的函数,不仅与参照系有关,而且还与抛出时速度方向有关。

(2) 根据动能定理,车上的人看抛出小球过程所做的功等于 $\frac{1}{2}mv^2$。地面上的人看抛出小球过程做的功等于 $\frac{1}{2}mu^2 + \frac{1}{2}mv^2 + muv$。

(3) 同理,车上的人看该功仍等于 $\frac{1}{2}mv^2$,地面上的人看该功等于 $\frac{1}{2}mu^2 + \frac{1}{2}mv^2$。

5. 选题目的 正确区分动量、动能、角动量变化的条件。

解 动能在变化。这是因为物体在做离小孔的距离不断缩小的螺线运动,运动过程中绳对物体的拉力方向与物体位移的方向夹角小于 90°,故拉力总在做正功。根据动能定理,物体的动能不断增加。

动量也在变化,由于动能不断增加,所以动量的数值不断增加。同时因速度方向的不断变化,动量方向也不断变化。另外,从力的作用来分析,物体受的力有:绳子的拉力、重力及桌面的支持力。由于物体始终在桌面上,所以重力与支持力平衡,物体受的合外力即为绳子的拉力。根据动量定理,此拉力的冲量将改变物体的动量。

角动量不变,因物体受绳子的拉力方向始终通过小孔,所以对小孔的力矩为零。根据角动量定理,物体对小孔的角动量不变。

计算题

1. 选题目的 动量定量的正确应用。

解 取坐标系 $Oxyz$，x 轴与直径 AB 重合，如图 1.28 所示。小球作匀角速 ω 的圆周运动时，竖直方向受力平衡，则

$$T_z = mg$$

又

$$T_z = T\cos\theta$$

所以

$$T = \frac{mg}{\cos\theta}$$

可见拉力 T 的大小是恒定的，T 的方向不断变化。它在 xOy 平面的投影为 T_{xy}，在 x 向的投影为

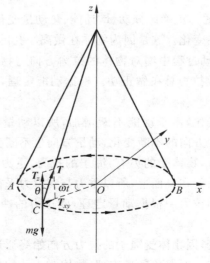

图 1.28

1.3 功、动能、动量、角动量定理

$$T_x = T_{xy}\cos\omega t = T\sin\theta\cos\omega t$$

在 y 向的投影为

$$T_y = T_{xy}\sin\omega t = T\sin\theta\sin\omega t$$

设小球在 A 点的时刻为 $t_A=0$,则它到达 B 点的时刻为 $t_B = \pi/\omega$。分别求出 T_x, T_y, T_z 在 t_A 到 t_B 时间内的冲量:

$$I_x = \int_{t_A}^{t_B} T\sin\theta\cos\omega t\,\mathrm{d}t = T\sin\theta\int_0^{\frac{\pi}{\omega}}\cos\omega t\,\mathrm{d}t = 0 \qquad ①$$

$$I_y = \int_{t_A}^{t_B} T\sin\theta\sin\omega t\,\mathrm{d}t = T\sin\theta\int_0^{\frac{\pi}{\omega}}\sin\omega t\,\mathrm{d}t = \frac{2}{\omega}T\sin\theta$$

$$I_z = \int_{t_A}^{t_B} mg\,\mathrm{d}t = mg\int_0^{\frac{\pi}{\omega}}\mathrm{d}t = mg\,\frac{\pi}{\omega} \qquad ②$$

将 $T=\dfrac{mg}{\cos\theta}$ 代入 I_y,得

$$I_y = \frac{2}{\omega}mg\tan\theta \qquad ③$$

从而可以求出拉力的冲量的大小为

$$I = \sqrt{I_x^2 + I_y^2 + I_z^2} = \frac{mg}{\omega}\sqrt{\pi^2 + 4\tan^2\theta} \qquad ④$$

拉力的冲量 I 位于 yOz 平面内,I 与 y 轴的夹角为 α,

$$\alpha = \arctan\frac{I_z}{I_y} = \arctan\left(\frac{\pi}{2\tan\theta}\right) \qquad ⑤$$

小球 m 除受绳的拉力 T 外,还受重力 mg 作用,其所受的合外力

$$\boldsymbol{F}_合 = \boldsymbol{T} + m\boldsymbol{g} = \boldsymbol{T}_{xy} = \boldsymbol{T}_x + \boldsymbol{T}_y$$

合外力的总冲量

$$\boldsymbol{I}_总 = \int_0^{\frac{\pi}{\omega}}\boldsymbol{T}_x\,\mathrm{d}t + \int_0^{\frac{\pi}{\omega}}\boldsymbol{T}_y\,\mathrm{d}t = \boldsymbol{I}_x + \boldsymbol{I}_y$$

由①,③式知

$$I_x = 0, \quad I_y = \frac{2}{\omega}mg\tan\theta$$

从而可求出 m 所受合外力总冲量为

$$\boldsymbol{I}_{总} = \boldsymbol{I}_y = \frac{2}{\omega} mg\tan\theta \hat{\boldsymbol{y}} \quad ⑥$$

根据动量定理，从 A 到 B 的过程中小球 m 的动量增量等于 $\boldsymbol{I}_{总}$。由④式和⑥式可知，拉力 $\boldsymbol{T}$ 的冲量 $\boldsymbol{I}$ 不等于该过程中小球 m 的动量增量。

2. 选题目的　牛顿定律与动量定理的综合应用。

解　小球与滑块碰撞时，小球 m 受滑块 M 的平均冲力的竖直分力应等于小球在竖直方向的动量变化率，其大小为

$$\overline{f}_1 = \frac{mv_2}{\Delta t} \quad \text{方向为向上}$$

根据牛顿第三定律，小球作用于 M 的力的平均冲力的竖直分力 $\overline{f}_1'$，大小也为 $\frac{mv_2}{\Delta t}$，方向向下。此时滑块 M 在竖直方向受的力有平均冲力的竖直分力 $\overline{f}_1'$、重力 $M\boldsymbol{g}$ 以及地面对它的平均支持力 $\boldsymbol{N}$，如图 1.29 所示。根据牛顿第二定律，在竖直方向有

$$N - Mg - \overline{f}_1' = 0$$
$$N = Mg + \overline{f}_1'$$

又由牛顿第三定律可知，M 给地面的平均作用力 $\boldsymbol{N}'$ 与 $\boldsymbol{N}$ 为一对作用力与反作用力，所以有

$$N' = Mg + \overline{f}_1' = Mg + \frac{mv_2}{\Delta t}$$

$\boldsymbol{N}'$ 的方向竖直向下。

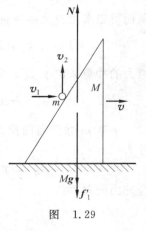

图　1.29

同理，M 受到小球的平均冲力的水平分力大小应为

$$\overline{f}_2' = \frac{mv_1}{\Delta t}$$

方向与小球原运动方向一致，根据牛顿第二定律，对滑块 M 有

$$\bar{f}'_2 = M\frac{\Delta v}{\Delta t}$$

$$\frac{mv_1}{\Delta t} = M\frac{\Delta v}{\Delta t}$$

所以

$$\Delta v = \frac{m}{M}v_1$$

本题在计算上虽是简单的，但需要有明确的分析与推理过程，要求解题的脉络要清晰。这有利于提高分析问题的能力。

3. **选题目的**　动能定理的灵活应用计算。

解　链条从下垂 x 到再继续下垂 $\mathrm{d}x$ 时，重力所做功 $\mathrm{d}W_\mathrm{p}$ 为

$$\mathrm{d}W_\mathrm{p} = \lambda x g\, \mathrm{d}x \quad \left(\lambda = \frac{m}{l}\right)$$

则

$$W_\mathrm{p} = \int_a^l \lambda x g\, \mathrm{d}x = \int_a^l \frac{m}{l} x g\, \mathrm{d}x = \frac{1}{2}\frac{m}{l}g(l^2 - a^2)$$

桌面摩擦力所做功 W_f 为

$$W_f = \int_0^{l-a} -f_\mu\, \mathrm{d}x = \int_0^{l-a} -\mu\frac{m}{l}(l - x - a)g\, \mathrm{d}x$$

$$= -\frac{1}{2}\frac{m}{l}g\mu(l - a)^2$$

根据动能定理有

$$W_\mathrm{p} + W_f = E_{\mathrm{k}2} - E_{\mathrm{k}1}$$

$$\frac{mg}{2l}(l^2 - a^2) - \frac{mg}{2l}\mu(l - a)^2 = \frac{1}{2}mv^2$$

则解出

$$v = \sqrt{\frac{g}{l}\left[(l^2 - a^2) - \mu(l - a)^2\right]}$$

4. **选题目的**　明确力学定律与参照系的关系以及在不同参照系中计算力学问题的基本方法。

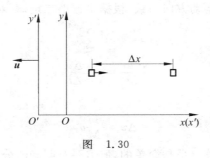

图 1.30

解 (1) 如图 1.30,坐标系 $O'x'y'$ 相对 Oxy 以匀速 u 向 $-\hat{x}$ 方向运动。在 Oxy 系中物体在 F 力作用下在 Δt 时间内的位移为

$$\Delta x = \frac{1}{2}a\Delta t^2 = \frac{1}{2}\frac{F}{m}\Delta t^2$$

此力做的功为

$$W = F\Delta x = \frac{1}{2}\frac{F^2}{m}\Delta t^2$$

由于在 Δt 时间内 Oxy 相对 $O'x'y'$ 的位移为 $u\Delta t$,根据运动的相对性,可求出在 $O'x'y'$ 系中物体在同一时间 Δt 内的位移 $\Delta x'$:

$$\Delta x' = \Delta x + u\Delta t$$

因而力 F 所做的功为

$$W' = F\Delta x' = F(\Delta x + u\Delta t) = \frac{F^2\Delta t^2}{2m} + Fu\Delta t$$

由以上的计算看出,一个力所做功的数值与参照系的选择有关,其根源在于物体的位移与参照系有关。

(2) 在 Oxy 系中物体动能的增量为

$$\Delta E_k = \frac{1}{2}mv^2 - \frac{1}{2}mv_0^2 = \frac{1}{2}mv^2$$

$$= \frac{1}{2}m(a\Delta t)^2 = \frac{1}{2}\frac{F^2}{m}\Delta t^2$$

与(1)中的 W 值相比较可知
$$\Delta E_k = W$$
可见动能定理是成立的。

在 $O'x'y'$ 系中,动能的增量为
$$\Delta E'_k = \frac{1}{2}m(u+a\Delta t)^2 - \frac{1}{2}mu^2 = Fu\Delta t + \frac{F^2\Delta t^2}{2m}$$
与(1)中的 W' 值相比较有
$$\Delta E'_k = W'$$
即动能定理也成立。可见动能与功的数值都与参照系有关,但在一切惯性系中动能定理均成立。

5. **选题目的** 功的计算与动能定理的应用。

解 (1) 摩擦力做的功 W_f 为
$$W_f = -\mu_k Mgl$$
(2) 弹性力做的功 W_k 为
$$W_k = \int_0^l -kx\,\mathrm{d}x = -\frac{1}{2}kl^2$$
(3) 物体受的重力和地面的支持力与物体的位移垂直,所以不做功。

(4) 总功 W 为
$$W = W_f + W_k = -\left(\mu_k Mgl + \frac{1}{2}kl^2\right)$$
(5) 以 v 表示物体移动 l 时的速度,则据动能定理有
$$-\left(\mu_k Mgl + \frac{1}{2}kl^2\right) = \frac{1}{2}Mv^2 - \frac{1}{2}Mv_0^2$$
因 l 最大时物体速度 v 应为零,所以有
$$kl_{\max}^2 + 2\mu_k Mgl_{\max} - Mv_0^2 = 0$$
可解得
$$l_{\max} = \frac{\sqrt{\mu_k^2 M^2 g^2 + v_0^2 kM} - \mu_k Mg}{k}$$

6. 选题目的 明确保守力的性质及功的计算。

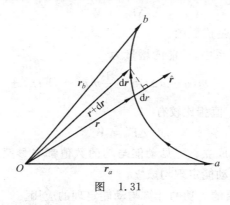

图 1.31

解 (1) 如图 1.31 所示，f_1 做的功为

$$W_1 = \int_a^b k\hat{\bm{r}} \cdot \mathrm{d}\bm{r}$$

因

$$\hat{\bm{r}} \cdot \mathrm{d}\bm{r} = \mathrm{d}r$$

所以

$$W_1 = \int_{r_a}^{r_b} k\,\mathrm{d}r = k(r_b - r_a)$$

如图 1.32 所示，f_2 做的功为

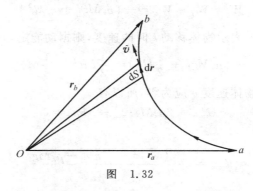

图 1.32

$$W_2 = \int_a^b k\,\hat{\boldsymbol{v}} \cdot \mathrm{d}\boldsymbol{r}$$

因

$$\hat{\boldsymbol{v}} \cdot \mathrm{d}\boldsymbol{r} = |\mathrm{d}\boldsymbol{r}| = \mathrm{d}S$$

所以

$$W_2 = \int_a^b k\,\mathrm{d}S = kS$$

(2) 由于 f_1 做的功 W_1 与路径无关,仅与物体的始末位置有关,所以根据保守力的定义,f_1 为保守力。f_2 做的功 $W_2 = kS$,与路径长度有关,所以 f_2 不是保守力。

1.4 动量守恒定律、角动量守恒定律、机械能守恒定律及其综合应用

讨论题

1. **选题目的** 明确力学守恒定律的守恒条件及其与惯性系选择的关系。

解 以地面为参照系。

汽车静止时,小球摆动过程中受有绳子的拉力、重力,其合外力不为零,所以小球的动量不守恒。此外,因重力对小球做功,所以小球的动能也不守恒。对小球与地球系统,因绳子拉力(外力)与小球运动的速度始终垂直,所以不做功。系统只有保守内力即重力做功,故机械能守恒。在小球摆动过程中始终有对悬点的重力矩,所以小球对悬点的角动量不守恒。

汽车匀速直线前进时,小球受的外力未变,合力不为零,故小球的动量仍不守恒。但从图 1.33 可以看出,此时小球运动速度 V 与拉力 T 不垂直(图中 v 表示小球对车的速度,v_0 表示小车对地匀速直线运动的速度),拉力要做功,所以小球的动能也不守恒。

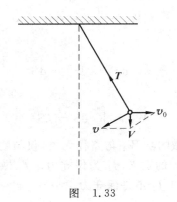

图 1.33

同理,小球与地球系统因有外力做功(绳子拉力做功),所以机械能也不守恒。这是因为守恒条件中"功"与惯性系的选择有关。在不同的惯性系中同一个力的作用点的位移大小与方向可以不同,因而功值可能不同。因此在这一惯性系中满足守恒条件,而在另一惯性系中就可能不满足守恒条件。也许会有人问到,这样的结论与力学相对性原理是否有矛盾呢?力学相对性原理告诉我们:对于不同的惯性系,牛顿定律及其他力学基本规律的形式都一样。以功能关系为例:它表明外力做功与非保守内力做功之和等于系统的机械能增量。这一规律在任一惯性系中均成立,但功与能的数值可以有所不同。例如,在某一惯性系中测出系统外力做功与非保守内力对系统做功之和为某一个值,系统的机械能的增量也必然等于此值。换一个惯性系,对此系统做功的值会变化,但机械能的增量也一定随之变化,从而使二者仍相等。所以完全可以找到这样一个惯性系,如果在其中这两项功值之和为零,则在此惯性系中系统机械能就守恒了。这也正是力学相对性原理的表现,所以二者是完全一致的。

2. 选题目的 正确分析与区分力学各守恒定律的条件。

解 (1) 不受外力的系统满足动量守恒的条件,故其动量守恒。

不受外力的系统,外力做功肯定为零,但非保守内力做功不一定为零,所以此系统的机械能不一定守恒。

(2) 系统的机械能不一定守恒。对一个质点而言,合外力为零,合外力做的功也一定为零。但这一结论不能推广到一个质点系,因为外力可以作用在系统内不同的质点上,每个质点的位移可以不同,因此系统的合外力为零 (即 $\sum \boldsymbol{F} = 0$) 并不意味着外力做功之和也为零 (即不一定有 $\sum \boldsymbol{F} \cdot \mathrm{d}\boldsymbol{r} = 0$),所以合外力为零的系统机械能不一定守恒。

(3) 只有保守内力的系统,同时又是无外力作用也无非保守内力作用的系统,它同时满足动量守恒与机械能守恒的条件,故系统的动量和机械能都守恒。

例 1 弹簧与小球系统所受墙的作用力是外力,故系统的动量不守恒。墙对弹簧的作用力对作用点无位移,做功为零,系统振动过程中只有保守内力做功,则系统机械能守恒。

例 2 在小车上看,弹簧振子系统所受墙对弹簧的作用力对作用点有位移,其做功不为零,故系统机械能不守恒。

3. 选题目的 守恒定律守恒条件的判断。

解 (1) 摆球在水平面上作圆周运动,如图 1.34(a) 所示。其所受张力 $\boldsymbol{T}$ 和重力 $m\boldsymbol{g}$ 均与速度方向垂直,故不做功,即

$$A_T = A_{mg} = 0$$

所以机械能守恒。

摆球受张力 $\boldsymbol{T}$ 和重力 $m\boldsymbol{g}$ 作用,且由牛顿第二定律

$$\boldsymbol{T} + m\boldsymbol{g} = m\boldsymbol{a} \neq 0$$

所以合外力不等于零,动量不守恒。

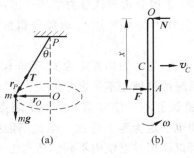

图 1.34

对 P 点：$\boldsymbol{r}_P$ 与 $\boldsymbol{T}$ 反向,则 $\boldsymbol{r}_P \times \boldsymbol{T} = 0$,但 $\boldsymbol{r}_P \times m\boldsymbol{g} \neq 0$,$m$ 所受合外力矩不等于零,所以角动量不守恒。

对 O 点：外力矩 $\boldsymbol{r}_O \times \boldsymbol{T}$ 与 $\boldsymbol{r}_O \times m\boldsymbol{g}$ 方向相反,其数值为

$$|\boldsymbol{r}_O \times \boldsymbol{T}| = r_O T \sin\left(\frac{\pi}{2} - \theta\right) = r_O T \cos\theta$$

$$|\boldsymbol{r}_O \times m\boldsymbol{g}| = r_O mg$$

又由 m 在竖直方向受力平衡有

$$T\cos\theta - mg = 0$$

所以合外力矩

$$\boldsymbol{r}_O \times \boldsymbol{T} + \boldsymbol{r}_O \times m\boldsymbol{g} = 0$$

角动量守恒。

(2) 对 m_1,m_2 弹簧振子系统,水平方向无外力,垂直方向合外力为零,则系统的动量及对任意点的角动量守恒；又符合外力和非保守内力做功为零,故系统机械能守恒。

(3) 在小球 m 与杆 l 碰撞过程中,轴 O 对杆有横向力 $\boldsymbol{N}$,如图 1.34(b)所示,则杆受的合外力不为零,系统动量不守恒。

由于外力 $\boldsymbol{N}$ 作用于 O 点,对 O 点的力矩为零,故系统对 O 点的角动量守恒。

若 m 对杆的碰撞是弹性碰撞,则系统机械能守恒。若是非弹

性碰撞,则系统机械能不守恒。

求 $x=?$ 时,系统的动量守恒。当杆在 O 点不受轴的水平外力作用时,系统的动量守恒。

解法一 在 m 与杆碰撞瞬间,杆的质心 C 速率为 v_C,杆绕 O 的转动角速度为 ω。设杆的质量为 M,杆所受球 m 的冲力 $\boldsymbol{F}$ 为水平方向。对杆用动量定理,在水平方向有

$$F\Delta t = Mv_C \qquad ①$$

$\boldsymbol{F}$ 作用点 A 与 O 点的距离为 x,由角动量定理有

$$xF\Delta t = \frac{1}{3}Ml^2\omega \qquad ②$$

$$v_C = \frac{l}{2}\omega \qquad ③$$

三式联立可解出

$$x = \frac{2}{3}l$$

此解与杆的质量无关。碰撞点 A 称为撞击中心。

解法二 对于球 m 和杆 M 系统,在 m 与 M 碰撞瞬间,碰前 m 初速 $\boldsymbol{v}_0$,碰后 m 末速 $\boldsymbol{v}$;杆碰前未动,碰后有角速度 ω 但仍处于竖直位置,质心 C 速度为 $\boldsymbol{v}_C$。$\boldsymbol{v}_0$,$\boldsymbol{v}$ 和 $\boldsymbol{v}_C$ 均为水平向右方向。

系统不受水平外力,水平方向动量守恒,有

$$mv_0 = mv + Mv_C \qquad ④$$

系统受重力 $m\boldsymbol{g}$ 和 $M\boldsymbol{g}$,无其他外力,对 O 点合外力矩为零,系统对 O 点角动量守恒,有

$$xmv_0 = xmv + \frac{1}{3}Ml^2\omega \qquad ⑤$$

$$v_C = \frac{l}{2}\omega \qquad ⑥$$

④,⑤,⑥三式联立解得

$$x = \frac{2}{3}l$$

4. 选题目的 明确机械能守恒定律的守恒条件。

解 (1) 当物体在空气中下落时,有空气阻力的作用,此力是物体与地球系统的外力,它对物体要做负功,所以系统的机械能不守恒。

(2) 当地球表面物体匀速上升时,一定受有竖直向上与物体所受重力相等的力,此力对于物体与地球系统是外力,由于它做正功,所以系统的机械能不守恒。

(3) 当子弹射入木块时,两者之间的摩擦力要做功。对于子弹、木块系统,摩擦力做的功是非保守内力做的功,所以系统的机械能不守恒。

(4) 当小球沿光滑的固定斜面下滑时,对小球和地球系统,斜面的支持力为外力,但它与小球的位移垂直,故不做功,而系统仅有保守内力(重力)作用,所以系统的机械能守恒。

分析本题的关键是,明确机械能守恒条件;能正确区分系统的内力与外力,保守内力与非保守内力。

5. 选题目的 动量守恒定律与机械能守恒定律的综合应用,并要求对物理过程有正确的分析。

解 题所给出的解法是错误的。首先由动量守恒定律可以初步判断:对二粒子系统合外力为零,所以系统应有动量守恒。而其初态动量为 $m_P v_0 - 4 m_P v_0 \neq 0$,末态动量却为零,这样就违反了动量守恒定律,所以其结果一定是错误的。

正确解法如下。

物理过程分析:二粒子相向运动时,由于受库仑斥力作用,所以二者的加速度方向与其速度方向均相反,二者均作减速运动。但二粒子的质量是不相等的($m_{He} > m_P$),而斥力相等,所以二者的加速度不等($a_{He} < a_P$)。因此当 m_P 的速度减为零时,m_{He} 仍沿原方向减速运动。而后 m_P 在库仑斥力的作用下改变它的运动方向,即沿 m_{He} 的运动方向作加速运动,刚开始时有 $v_P < v_{He}$,所以二

1.4 动量守恒定律、角动量守恒定律、机械能守恒定律及其综合应用

者继续接近。以后 v_P 不断在增大，v_{He} 不断在减小，只有在 $v_P = v_{He}$ 时，二粒子间距离最小。当 $v_P > v_{He}$ 后，则二者间距离又会拉大，可见二者速度不可能同时为零，更不是二者速度为零时，相距最近。

以质子 m_P 与氦核 m_{He} 为系统，因该系统所受合外力为零，故动量守恒。设二者间最小距离为 R，此时二者的速度均为 v。考虑两粒子相距很远与距离最近这两个状态，根据动量守恒定律有

$$m_{He}v_0 - m_P v_0 = (m_{He} + m_P)v$$

因系统只有保守内力（库仑力）做功，故系统的机械能守恒，因而有

$$\frac{1}{2}(m_{He} + m_P)v_0^2 = \frac{1}{2}(m_{He} + m_P)v^2 + \frac{2ke^2}{R}$$

$$m_{He} = 4m_P$$

由以上三式可解出

$$R = \frac{5ke^2}{4m_P v_0^2}$$

6. 选题目的 力学守恒定律的综合练习。

解 前两式是正确的。要注意到式中 v_1, v_2 均为相对地面参照系的速度。(请读者考虑：小球速度 v_1 是否能理解为相对该凹陷的物体的速度？)而题中给的③式是错误的。因小球沿槽下滑时，它相对该凹陷的物体作圆周运动，而该物体同时也在桌面上滑动，所以小球相对桌面的运动应为这两个运动的合成。那么小球相对地面参照系，其运动轨迹就不再是半径为 R 的圆周了。而③式即 $N - mg = m\dfrac{v_1^2}{R}$ 是以地面为参照系，且按圆周运动列出的方程，因此是错误的。

正确的解法是：选物体 M 为参照系，小球相对物体作圆周运动。在小球落至 A 点处这一时刻，物体 M 受的合外力为零，无加速度，故 M 可视为惯性系。相对于此惯性系，对此时刻小球的运

动用牛顿第二定律可得

$$N - mg = m\frac{v_1'^2}{R} \qquad ④$$

式中 v_1' 为此时刻小球相对于物体 M 的速度,根据速度变换有

$$v_1' = v_1 - v_2 \qquad ⑤$$

由题中给的①,②及上述④,⑤各式可求出小球对物体的作用力 N^*。

本题有一定的难度。若能明确在某一瞬间某一参照系的加速度为零,则该瞬间它也是惯性系。这对某些复杂的力学问题的特殊时刻求解,可带来一定方便。

* 也可以先求出在地面参照系中,小球运动轨迹在最低点 A 的曲率半径 R',并以之代替原题③式中的 R 求得此力。不过求 R' 的计算较繁。

计算题

1. **选题目的** 含有相对运动的动量守恒与机械能守恒定律的综合应用计算。

解 解法一 当物体 m 下滑时,斜面 M 也随之后退,即斜面平行后移,所以 m 下滑时相对地面的轨迹为如图 1.35 所示的虚线,它与水平面夹角为 β。

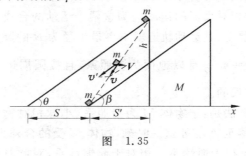

图 1.35

1.4 动量守恒定律、角动量守恒定律、机械能守恒定律及其综合应用

以地面为参照系,设 V 为斜面 M 的后退速度,v 为物体 m 相对地面的速度。m 与 M 系统因水平方向合外力为零,所以水平方向动量守恒。因此有

$$mv\cos\beta - MV = 0 \qquad ①$$

对 m,M 及地球系统,机械能是否守恒呢？此时 m,M 之间的相互作用力都分别对 m,M 做功,这是非保守内力的功,这对力做的功之和是否一定为零是需要证明的。现以 $\boldsymbol{N}$ 与 $\boldsymbol{N}'$ 表示这对支持力,根据牛顿第三定律有 $\boldsymbol{N} = -\boldsymbol{N}'$。对 m 与 M 做的功分别以 $\mathrm{d}W_N$ 与 $\mathrm{d}W_{N'}$ 表示,则这对力做的功之和为

$$\begin{aligned}\mathrm{d}W_N + \mathrm{d}W_{N'} &= \boldsymbol{N} \cdot \mathrm{d}\boldsymbol{S}_{m\text{地}} + \boldsymbol{N}' \cdot \mathrm{d}\boldsymbol{S}_{M\text{地}} \\ &= \boldsymbol{N} \cdot (\mathrm{d}\boldsymbol{S}_{m\text{地}} - \mathrm{d}\boldsymbol{S}_{M\text{地}}) \\ &= \boldsymbol{N} \cdot (\mathrm{d}\boldsymbol{S}_{m\text{地}} + \mathrm{d}\boldsymbol{S}_{\text{地}M}) \\ &= \boldsymbol{N} \cdot \mathrm{d}\boldsymbol{S}_{mM}\end{aligned}$$

因 $\boldsymbol{N} \perp \mathrm{d}\boldsymbol{S}_{mM}$,所以有

$$\mathrm{d}W_N + \mathrm{d}W_{N'} = 0$$

即这对非保守内力做功之和为零,再加上地面对 M 的支持力不做功,所以系统的机械能守恒。现选地面为势能零点,则有

$$\frac{1}{2}mv^2 + \frac{1}{2}MV^2 = mgh \qquad ②$$

设 S' 为 m 相对地面的位移,由图 1.35 可看出

$$\frac{h}{S'} = \tan\beta \qquad ③$$

$$\frac{h}{S'+S} = \tan\theta \qquad ④$$

由水平方向动量守恒可得出

$$mv_x = MV$$

$$m\frac{\mathrm{d}S'}{\mathrm{d}t} = M\frac{\mathrm{d}S}{\mathrm{d}t}$$

$$\int_0^t m\mathrm{d}S' = \int_0^t M\mathrm{d}S$$
$$mS' = MS \qquad ⑤$$
$$W = \frac{1}{2}MV^2 \qquad ⑥$$

由以上 6 个方程可得

$$W = \frac{Mm^2gh\cos^2\theta}{(M+m)(M+m\sin^2\theta)}$$

$$S = \frac{mh\cos\theta}{(M+m)\sin\theta}$$

容易出现的错误是：

不证明（或不说明）非保守内力做功之和为零，就用机械能守恒定律。

未考虑相对运动或以斜面物体 M 为参照系（非惯性系）在使用动量守恒定律建立方程①时，错写为

$$mv\cos\theta - MV = 0$$

在建立方程式⑤时，由 $mv_x = MV$ 式两边同时乘以时间，直接得出 $mS' = MS$。这也是错误的，因在 m 下滑过程中 v_x 与 V 是变速率，但在任一时刻均满足这一等式，这就是动量守恒的物理意义。因此必须用积分求出⑤式。

解法二 设 v' 为 m 相于 M 的速度。根据伽利略速度变换有

$$\boldsymbol{v} = \boldsymbol{v'} + \boldsymbol{V}$$

水平方向　　　$v_x = v'\cos\theta - V$　　$(V_x = V)$

竖直方向　　　$v_y = v'\sin\theta$　　　　$(V_y = 0)$

m, M 系统水平方向动量守恒，则有

$$MV - m(v'\cos\theta - V) = 0 \qquad ①$$

系统机械能守恒，则有

$$\frac{1}{2}m[(v'\cos\theta - V)^2 + (v'\sin\theta)^2] + \frac{1}{2}MV^2 = mgh \qquad ②$$

1.4 动量守恒定律、角动量守恒定律、机械能守恒定律及其综合应用 57

$$W = \frac{1}{2}MV^2 \qquad ③$$

由以上三式可得出同样结果。

解法三 可利用 1.2 节中计算题 1 的结果

$$a_M = \frac{m\sin\theta\cos\theta}{M + m\sin^2\theta} g$$

M 受的水平方向力 N_x 为

$$N_x = Ma_M = \frac{Mm\sin\theta\cos\theta}{M + m\sin^2\theta} g$$

对 M 做的功为

$$W = N_x S = \frac{Mm^2 gh\cos^2\theta}{(M+m)(M+m\sin^2\theta)}$$

结果一样。

此外还可用质心概念求解 S，读者可自行计算。

2. 选题目的 正确分析力学守恒定律的守恒条件。

解 如图 1.36 所示，在人加速上爬过程中，绳子对人的拉力 T_1 大于人受的重力 $M_1 g$。由于轻绳各处张力相等，所以在另一端绳对物体的拉力 T_2 和 T_1 相等。因为物体质量 $M_2 = M_1$，所以又有 $T_2 > M_2 g$，因而重物也将加速上升。这样，对于人、物体和地球系统，外力为 T_1 和 T_2，二者做功之和大于零，所以此系统机械能不守恒。对于人和物体系统，外力为 $T_1, T_2, M_1 \boldsymbol{g}$ 和 $M_2 \boldsymbol{g}$，它们的合力 $(T_1 + T_2 - M_1 g - M_2 g)$ 不为零，因此系统动量不守恒。对于人和物体系统，外力对滑轮轴 O 的合外力矩 $(T_1 R - T_2 R + M_2 g R$

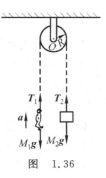

图 1.36

$- M_1 g R, R$ 为滑轮半径）为零，所以系统对滑轮轴的角动量守恒。

以 v 表示当人相对于绳子的速度为 u 时，物体对地的速度，则人对地的速度为 $u - v$，此时系统对滑轮轴的角动量为

$M_1(u-v)R - M_2vR$。由于系统的初始角动量为零,则由角动量守恒定律得

$$RM_1(u-v) - RM_2v = 0$$

由此得

$$v = \frac{u}{2}$$

注意,此时人对地的速度为 $u - \frac{u}{2} = \frac{u}{2}$,即人和重物是以同一速度上升的。但人与重物的动量之和为 $2M\frac{u}{2}\hat{y} \neq 0$。

3. 选题目的 分过程段的守恒定律综合应用计算。

解 本题的整个过程不能用一个守恒定律求解,而应采用分阶段,不同系统不同过程用不同的力学规律来求解。

第一段 泥球自由下落过程

选泥球与地球为系统,有 $W_{外} + W_{非内} = 0$,故系统机械能守恒,则有

$$mgh = \frac{1}{2}mv^2 \qquad ①$$

第二段 泥球与板的完全非弹性碰撞过程

对泥球与板系统,由于相互撞击力(系统的内力)远大于系统的外力即重力与弹簧恢复力之和,所以可视为动量守恒。取向下为正方向,则有

$$mv = (m+M)V \qquad ②$$

V 为碰后木板与泥球的共同速度。

第三段 泥球、平板系统向下运动过程

对泥球、平板、弹簧及地球系统,因仅有保守内力做功,所以系统机械能守恒。设平板原始位置为重力势能零点,此时弹簧的压缩量为 x_0,泥球落下后与平板共同向下的最大位移为 x,则有

$$\frac{1}{2}kx_0^2 + \frac{1}{2}(m+M)V^2 = \frac{1}{2}k(x_0+x)^2 - (m+M)gx \qquad ③$$

又由平板最初的平衡条件可得
$$Mg = kx_0 \qquad ④$$
由以上四式可解得
$$x = \frac{mg}{k}\left(1 + \sqrt{1 + \frac{2kh}{(M+m)g}}\right)$$

结合本题可以讨论如下问题：由泥球开始下落到平板下降至最大位移处，这一整个过程为什么不能只用机械能守恒定律或只用动量守恒定律求解？

4. **选题目的** 对含有相对运动的系统的守恒定律综合应用计算。

解 对于 A,B 两物体系统，在从 A 开始运动到 A 带动 B 以相同速度 v 一起运动的过程中，由于系统受的合外力为零，所以系统的动量守恒，因而有
$$m_A v_A = (m_A + m_B)v \qquad ①$$

设 A 从开始运动到相对于 B 静止时，在 B 上移动的距离为 x，而 B 相对于水平地面移动的距离为 l。现以地面为参照系，根据动能定理，A 与 B 物体之间的摩擦力 $f = \mu m_A g$ 做的功应等于 A,B 两物体动能的增量，即
$$-\mu m_A g(l+x) + \mu m_A g l = \frac{1}{2}(m_A + m_B)v^2 - \frac{1}{2}m_A v_A^2$$
化简后有
$$\mu m_A g x = \frac{1}{2}m_A v_A^2 - \frac{1}{2}(m_A + m_B)v^2 \qquad ②$$
由①，②两式解得
$$x = \frac{m_B v_A^2}{2\mu g(m_A + m_B)}$$

②式也可以根据一对力做的功与参照系选择无关的性质，直接得出。

5. **选题目的** 角动量守恒与机械能守恒定律的综合应用

计算。

解 火箭点燃后,使卫星获得了径向速度 v_2,所以点燃火箭的作用是使卫星的运动速度由 v_1(切向速度)变为 v_1+v_2。由于火箭反冲力指向地心,对地心的力矩也为零,所以卫星在火箭点燃前后对地心的角动量始终不变,是守恒的。火箭点燃后瞬时,可认为卫星距地心的位矢不变仍为 r,速度为 v_1+v_2。以后卫星进入椭圆轨道时,设 r' 为其远地点(或近地点)的位矢,v' 为该处的速度,根据角动量守恒定律有

$$r \times m(v_1+v_2) = r' \times mv'$$

因 $r /\!/ v_2$, $r' \perp v'$,上式也可以写为

$$mv_1 r = mv'r' \qquad ①$$

同时,卫星、地球系统只有万有引力作用,这是保守内力,所以系统机械能守恒,对应①式中的两个状态有

$$\frac{1}{2}m(v_1^2+v_2^2) - G\frac{Mm}{r} = \frac{1}{2}mv'^2 - G\frac{Mm}{r'} \qquad ②$$

对于卫星原来的圆周运动,牛顿定律给出

$$G\frac{Mm}{r^2} = m\frac{v_1^2}{r} \qquad ③$$

由以上三式消去 v', G, M, m,则有

$$(v_1^2-v_2^2)r'^2 - 2v_1^2 rr' + v_1^2 r^2 = 0$$

$$[(v_1+v_2)r' - v_1 r][(v_1-v_2)r' - v_1 r] = 0$$

求解可得

$$r'_1 = \frac{v_1 r}{v_1-v_2} = \frac{7.5 \times 7200}{7.5-0.2} = 7397 \text{km}$$

$$r'_2 = \frac{v_1 r}{v_1+v_2} = \frac{7.5 \times 7200}{7.5+0.2} = 7013 \text{km}$$

由此可得

远地点高度 $\qquad h_1 = r'_1 - R = 997 \text{km}$

近地点高度 $\qquad h_2 = r'_2 - R = 613 \text{km}$

6. 选题目的 守恒定律的综合应用计算。

解 铁球从速度为 v 到离开小车这一过程

(1) 对铁球与车系统，因水平方向不受外力，故水平方向动量守恒。设铁球离开车时速度为 v'，方向为 $\hat{x}$ 向，其时车速为 V，方向为 $-\hat{x}$ 向。取原题图 1.40 中 $\hat{x}$ 向为正，则有

$$-mv = -mV + mv' \qquad ①$$

对铁球与小车和地球系统，上述过程中因只有保守内力做功，故机械能守恒。取轨道水平处为势能零点，则有

$$\frac{1}{2}mv^2 = \frac{1}{2}mV^2 + \frac{1}{2}mv'^2 \qquad ②$$

由以上二式可解得

$$v' = 0$$

即铁球离开车时相对地面的速度为零。

(2) 当铁球上升最大高度 h 时，它相对于小车的速度为零，因而它对地具有与小车相同的水平速度 V'，上升过程中铁球、小车与地球系统的机械能守恒，势能零点同(1)。

$$\frac{1}{2}mv^2 = mgh + \frac{1}{2}mV'^2 + \frac{1}{2}mV'^2 \qquad ③$$

同一过程中铁球与小车系统水平方向的动量守恒，有

$$-mv = -mV' - mV' \qquad ④$$

联立③，④两式可得

$$h = \frac{v^2}{4g}$$

1.5 刚体定轴转动

讨论题

1. **选题目的** 明确刚体作定轴转动时，其上各质点的运动

情况。

解 当刚体作定轴匀变速转动时,刚体上任一点都作匀变速圆周运动,因该点速率在均匀变化,所以一定有切向加速度,其大小不变。又因该点速度的方向变化,所以一定有法向加速度。由于速度大小变化,所以法向加速度大小也在变化。

2. **选题目的** 明确对轴的力矩的概念。

解 (1)正确。此时有力,但此力无垂直于轴的分量,所以对该轴无力矩。

(2)正确。如果每个力都垂直通过轴,则力臂为零,每个力的力矩也为零,当然合力矩也为零。也可以是两个力均垂直于轴,而且力臂不为零,但两个力的力矩等值反向,合力矩也将是零。

(3)错误。大小相等、方向相反的二力作用于刚体上不同位置处,它们的合力为零,但由于力臂不相等,合力矩就不为零。

(4)错误。方向相反、大小不等的二力合力不为零,但由于力臂不同,合力矩也可能为零。

3. **选题目的** 明确转动惯量的计算方法,包括平行轴定理的应用。

解 (1)均匀细棒对轴的转动惯量为 $\frac{1}{3}mL^2$。均匀圆盘对轴的转动惯量用平行轴定理可得出为 $\frac{1}{2}MR^2+M(L+R)^2$。整个刚体对轴的转动惯量为

$$J = \frac{1}{3}mL^2 + \frac{1}{2}MR^2 + M(L+R)^2$$

(2) m_1 的转动惯量为 $\frac{1}{3}\left(\frac{L}{2}\right)^2 m_1$。$m_2$ 的转动惯量用平行轴定理可得出为 $\frac{1}{12}\left(\frac{L}{2}\right)^2 m_2 + m_2\left(\frac{L}{2}+\frac{L}{4}\right)^2$。整个刚体的转动惯

量为

$$J = \frac{1}{3}\left(\frac{L}{2}\right)^2 m_1 + \frac{1}{12}\left(\frac{L}{2}\right)^2 m_2 + m_2\left(\frac{L}{2}+\frac{L}{4}\right)^2$$
$$= \frac{1}{12}m_1 L^2 + \frac{7}{12}m_2 L^2$$

4. **选题目的** 刚体角动量守恒定律的应用。

解 将物体视为绕定轴转动的质点组,因外力矩为零,所以角动量守恒。当物体热胀时,可认为每个质点与转轴的距离加大,转动惯量也随之变大,根据角动量守恒定律,物体角速度要变小。反之,物体变冷收缩时,质点与轴的距离变小,转动惯量也变小,物体角速度要变大。

5. **选题目的** 明确动量守恒、角动量守恒和机械能守恒的条件及其分析方法。

解 (1) 不正确。对小球、环管、地球系统,外力的功为零,非保守内力只有一对小球与管壁之间的相互作用力 N 和 N'。在小球下滑过程中,小球受管壁的压力 N(与管壁垂直)始终与小球相对管壁的速度方向(与管壁相切)垂直,所以 N 和 N' 这一对力做功之和为零,此结论与参照系的选择无关,所以有 $W_{\text{非保内}}=0$,因此系统满足机械能守恒条件,其机械能是守恒的。

可以进一步考虑这样一个问题:球与地球系统或环管与地球系统,机械能守恒吗?

(2) 正确。小球在下滑过程中始终受到管壁的作用力和重力,而此二力的方向又不在一条直线上,所以合力不为零,这就使该小球的动量不断变化。

(3) 不正确。开始在 A 点时,小球对 OO' 轴的角动量为零,小球滑动到 B 点时由于随同该处管壁转动而具有垂直于环半径的水平分速度,它对 OO' 的角动量不再是零。越过最低的 C 点时,对 OO' 轴角动量又等于零了,由此可知小球下滑时,它对 OO' 轴的角动量是变化的。从条件上分析,这是因为小球下滑时管壁对它的压力的方向并不通过 OO' 轴,因而对 OO' 轴有力矩的缘故。

可以进一步考虑:小球与环管系统对 OO' 轴角动量守恒吗?为什么?

计算题

1. **选题目的** 牛顿定律与刚体定轴转动定律的综合应用计算,也可以用能量关系求解。

解 解法一 设 T_1 为绳对球壳的水平拉力,如图 1.37 所示,α_1 为球壳的角加速度,则对球壳 M 用转动定律有

$$T_1 R = \left(\frac{2}{3} M R^2\right) \alpha_1 \qquad ①$$

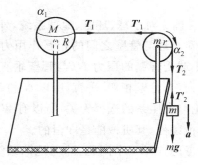

图 1.37

圆盘 m 受有水平拉力 $T_1'(=-T_1)$ 与竖直拉力 T_2,以 α_2 表示圆盘的角加速度,则对圆盘 m 用转运定律有

$$(T_2 - T_1) r = \frac{1}{2} m r^2 \alpha_2 \qquad ②$$

物体受绳子拉力 $T_2'(=-T_2)$ 与重力 mg,设其加速度为 a,则根据牛顿定律有

$$mg - T_2 = ma \qquad ③$$

由于绳子在球壳表面和盘缘上不打滑,所以
$$\alpha_1 R = a \qquad ④$$
$$\alpha_2 r = a \qquad ⑤$$

联立以上五个方程可求得 a,再利用公式 $v = \sqrt{2ah}$ 可得
$$v = \left(\frac{12mgh}{4M+9m}\right)^{\frac{1}{2}}$$

解法二 对球壳、圆盘、物体和地球系统因只有保守力做功,所以机械能守恒,现选 m 初始的高度为其势能零点,则有
$$\frac{1}{2}\left(\frac{2}{3}MR^2\right)\omega_1^2 + \frac{1}{2}\left(\frac{1}{2}mr^2\right)\omega_2^2 - mgh + \frac{1}{2}mv^2 = 0$$

上式中 ω_1 与 ω_2 分别表示球壳与圆盘在物体下落 h 时的角速度,v 为其时 m 的速度。它们还有下列关系:
$$\omega_1 R = v$$
$$\omega_2 r = v$$

由以上三式也可解出
$$v = \left(\frac{12mgh}{4M+9m}\right)^{\frac{1}{2}}$$

由以上计算可以明显看出第二种解法较简便,这又一次显示出应用守恒定律的优越性。

此题有实用意义,因为若能测出物体下落 h 高度时的速度 v,就可以根据本题的分析去计算处于球壳位置上任意不规则刚体的转动惯量。

2. 选题目的 刚体定轴转动定律与刚体运动学综合应用计算。

解 设 T 为绳子对圆盘的竖直拉力,α 为圆盘的角加速度,对圆盘用转动定律,则有
$$TR = \left(\frac{1}{2}mR^2\right)\alpha \qquad ①$$

设 $T'(=-T)$ 为绳子对物体 m 的拉力,a 为物体的加速度,如图 1.38 所示。对物体用牛顿定律,则有

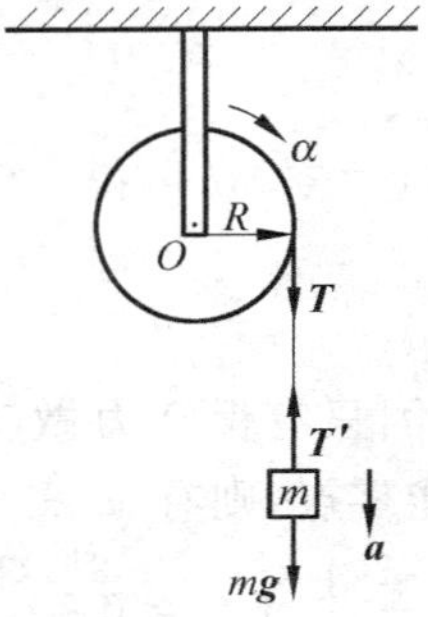

$$mg - T = ma \qquad ②$$
$$a = \alpha R \qquad ③$$

联立解以上三个方程可得

$$\alpha = \frac{2g}{3R}$$

由于 $\alpha = \dfrac{\mathrm{d}\omega}{\mathrm{d}t}$ 且 $t=0$ 时 $\omega=0$,由积分

$$\int_0^\omega \mathrm{d}\omega = \int_0^t \frac{2g}{3R} \mathrm{d}t$$

图 1.38

可得

$$\omega = \frac{2g}{3R} t$$

再利用 $\omega = \dfrac{\mathrm{d}\theta}{\mathrm{d}t}$ 和 $t=0$ 时 $\theta=0$,由积分

$$\int_0^\theta \mathrm{d}\theta = \int_0^t \frac{2g}{3R} t \, \mathrm{d}t$$

可得

$$\theta = \frac{g}{3R} t^2$$

3. 选题目的 正确分析与区分动量守恒和角动量守恒的条件,明确分阶段解题的基本方法。

解 本题②式是错误的。小球与杆系统在碰撞过程中动量并不守恒,因为小球与杆碰撞过程中还受轴的作用力,这力是冲击力,它与小球和杆相互作用的内力相比是不能忽略的。由于这力对此系统来说是外力,所以此系统动量不守恒。再者,由于杆上各点的线速度不同,其动量也不能用 $ml\omega$ 表示。由于碰撞过程极为短暂,可认为杆的位置还来不及变化,因此小球和杆这个系统受的重力对定轴 O 无力矩,轴的支持力也无力矩,所以这一系统在碰

撞过程中对定轴 O 的角动量守恒,故有

$$mvl = mv'l + \frac{1}{3}ml^2\omega$$

此式与原题中①,③,④三式联立可求出正确结果为

$$\theta = \arccos\frac{2}{3}$$

4. **选题目的**　正确分析角动量守恒条件,会用积分方法计算力矩。

解　以棒和滑块为系统,由于碰撞时间极短,所以棒所受的摩擦力矩远小于滑块的冲力矩,因此可以认为系统的合外力矩为零。故系统角动量守恒。设棒碰后的角速度为 ω,则有

$$m_2 v_1 l = -m_2 v_2 l + \frac{1}{3}m_1 l^2 \omega \qquad ①$$

以 x 表示棒上一质元 $\mathrm{d}m$ 离轴 O 的距离,则碰撞后棒在转动过程中所受的摩擦力矩为

$$M_f = \int_0^l -\mu g\,\mathrm{d}m \cdot x = -\frac{1}{2}\mu m_1 g l \qquad ②$$

设棒碰后的角速度为 ω,用角动量定理有

$$\int_0^t M_f \mathrm{d}t = M_f t = 0 - \frac{1}{3}m_1 l^2 \omega \qquad ③$$

由以上三式可得

$$t = \frac{2m_2(v_1+v_2)}{\mu m_1 g}$$

5. **选题目的**　角动量守恒定律与机械能守恒定律的综合应用计算。

解　对小球和环系统,在小球下滑过程中系统的合外力矩为零,系统角动量守恒。小球从 A 点到达 B 点的过程有

$$J\omega_0 = (J + mR^2)\omega_B \qquad ①$$

对小球、环、地球系统机械能守恒,取过环心的水平面为势能

零点,则有

$$\frac{1}{2}J\omega_0^2 + mgR = \frac{1}{2}J\omega_B^2 + \frac{1}{2}m(\omega_B^2 R^2 + v_B^2) \qquad ②$$

上式中$(\omega_B^2 R^2 + v_B^2)$项为小球对地速度的平方项,其中v_B是小球相对环的速度。联立以上二式,可解出

$$v_B = \sqrt{2gR + \frac{J\omega_0^2 R^2}{mR^2 + J}}$$

讨论:当环静止时(即$\omega_0 = 0$),由上式可得$v_B = \sqrt{2gR}$,即相当于自由落体情况。

本题易出现以下的错误解法:

根据机械能守恒定律有

$$mgR = \frac{1}{2}mv_B^2 \qquad ③$$

即

$$v_B = \sqrt{2gR}$$

这种解法问题在于:

(1)③式若是以圆球为参照系写出的机械能守恒式是错的,因环转动时是非惯性系,机械能守恒定律不适用。

(2)若是以地面为参照系写出的③式也是错的,因小球与地球系统的非保守内力(环管对球的支持力)在小球下滑过程中要做功,所以此系统的机械能不守恒。

此外,还经常会有这样一个问题:

当小球在B点时,为什么在角动量守恒式①中不出现与速度v_B有关的小球角动量,而在机械能守恒式②中却考虑了小球与v_B有关的动能呢?这是因为小球在B点的速度v_B是竖直向下的,对OO'轴的角动量为零,所以①式中不出现。但在②式中表示小球在B点的动能时,应考虑小球对地的速度v,由于$v^2 = \omega_B^2 R^2 + v_B^2$,所以其总动能$\frac{1}{2}mv^2$表现为两项之和。

当小球滑到 C 点时,由角动量守恒定律有
$$J\omega_0 = J\omega_C$$
则
$$\omega_0 = \omega_C$$
即环的角速度又回到 ω_0。因环的机械能 E 不变,根据机械能守恒定律有
$$E + \frac{1}{2}mv_C^2 = mg(2R) + E$$
则有
$$v_C = \sqrt{4gR}$$

6. **选题目的** 角动量及机械能守恒定律的综合应用计算。

解 (1)对两球系统,在线烧断后弹簧推开两球的过程中,弹簧对二者的推力对通过圆心 O 的竖直轴的力矩大小相等,方向相反,合力矩为零。其他外力中,重力和槽底对球的支持力沿竖直方向,槽壁对球的压力指向圆心,它们对上述轴的力矩也是零,所以两球对上述轴的角动量守恒。以 ω_M 和 ω_m 分别表示二球刚脱离弹簧时角速度的大小,由于原来二者的角动量为零,根据角动量守恒有
$$J_M\omega_M - J_m\omega_m = 0$$
由于
$$J_M = MR^2$$
$$J_m = mR^2$$
代入上式可得
$$M\omega_M = m\omega_m \qquad ①$$

此后二球角动量都不再变化,因而都将沿槽作匀速圆周运动,设分离后 M 转过 Θ 角、m 转过 θ 角后二者相遇,忽略开始时二球间的微小距离,应该有
$$\Theta + \theta = 2\pi \qquad ②$$

设从分离到相遇经过时间为 Δt,则

$$\omega_M = \frac{\Theta}{\Delta t}$$

$$\omega_m = \frac{\theta}{\Delta t}$$

代入①式可得

$$M\Theta = m\theta \qquad ③$$

联立②,③两式,解出

$$\Theta = \frac{2\pi m}{M+m}$$

(2) 以两球和弹簧为系统,在弹簧推开两球过程中,因没有非保守内力而且外力做功为零,所以系统的机械能守恒,因而有

$$\frac{1}{2}MR^2\omega_M^2 + \frac{1}{2}mR^2\omega_m^2 = U_0$$

利用①式,可由此解得

$$\omega_M = \left[\frac{2mU_0}{M(M+m)R^2}\right]^{\frac{1}{2}}$$

再利用已求得的 Θ 值可得

$$\Delta t = \frac{\Theta}{\omega_M} = \left[\frac{2\pi^2 mMR^2}{(m+M)U_0}\right]^{\frac{1}{2}}$$

会有人认为在弹簧推开两球的过程中,二球的总动量守恒,因而写出 $Mv_M - mv_m = 0$,并由此得出 $Mv_M = Mv_m$ 代替①式,继续往下演算求解。虽然由①式利用角量和线量的关系也可得出 $Mv_M = mv_m$ 的结果,但从原理上说,引用动量守恒是错误的。可以看出,二球分离时,其动量方向分别为各自所在处圆槽的切线方向,并不正好相反,因而合动量不为零。但原来静止时二者的合动量却是零。从条件上分析,这是因为两球一开始沿圆形沟槽运动,都会受到槽壁的向心压力。由于这两个压力的合力不为零,所以两球的总动量不守恒。

7. 选题目的 刚体定轴转动定律与角动量守恒定律的综合应用。

解 （1）以子弹 m 和圆盘 M 为系统，由于子弹打入圆盘的短暂过程中，冲力的力矩远大于静摩擦力矩，因此可认为系统对固定轴 O 的角动量守恒。设子弹 m 打入圆盘 M 后一起获得角速度 ω 但尚未转动，则有

$$mRv_0 = \left(mR^2 + \frac{1}{2}MR^2\right)\omega$$

解得

$$\omega = \frac{2mv_0}{(2m+M)R} \qquad ①$$

（2）子弹和圆盘以角速度 ω 开始转动，因受到摩擦力矩的作用，其转速逐渐减小，经时间 t 后停止转动。圆盘、子弹系统受到的摩擦力矩为

$$M_f = \int_0^R \mu g \frac{m+M}{\pi R^2} 2\pi r \mathrm{d}r \cdot r = \frac{2}{3}\mu(m+M)gR$$

由转动定律

$$-M_f = J\frac{\mathrm{d}\omega}{\mathrm{d}t}, \quad J = mR^2 + \frac{1}{2}MR^2$$

有

$$-\frac{2}{3}\mu(m+M)gR = \left(mR^2 + \frac{1}{2}MR^2\right)\frac{\mathrm{d}\omega}{\mathrm{d}t} \qquad ②$$

上式分离变量后积分得

$$\int_0^t \mathrm{d}t = -\frac{3}{4}\frac{(2m+M)R}{\mu(m+M)g}\int_\omega^0 \mathrm{d}\omega$$

解得

$$t = \frac{3}{4}\frac{(2m+M)R}{\mu(m+M)g}\omega \qquad ③$$

将①式代入③式得

$$t = \frac{3mv_0}{2\mu(m+M)g}$$

8. 选题目的 质点系动能守恒定律、动量守恒定律、角动量守恒定律的应用。

解 对杆 M＋球 m 系统，在水平面上无约束力、无摩擦力，即满足系统所受合外力为零的条件，系统动量守恒。设 m 与 M 碰后速度为 $\boldsymbol{v}$，杆的质心速度为 $\boldsymbol{v}_C$，杆绕质心 C 转动的角速度为 ω，如图 1.39 所示，则有

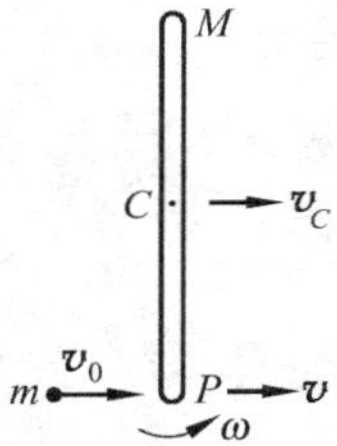

$$m\boldsymbol{v} + M\boldsymbol{v}_C = m\boldsymbol{v}_0$$

将 $M=3m$ 代入上式得

$$\boldsymbol{v} - \boldsymbol{v}_0 = 3\boldsymbol{v}_C \qquad ①$$

图 1.39

球 m 与杆 M 作弹性碰撞，碰撞前后系统动能守恒，有

$$\frac{1}{2}mv^2 + \frac{1}{2}\frac{Ml^2}{12}\omega^2 + \frac{1}{2}Mv_C^2 = \frac{1}{2}mv_0^2$$

化简后为

$$v_0^2 - v^2 = \frac{1}{4}\omega^2 l^2 + 3v_C^2 \qquad ②$$

又因水平面上系统无外力，系统对任一定点的角动量守恒，对碰撞点 P 有

$$\frac{Ml^2}{12}\omega - \frac{l}{2}Mv_C + 0 = 0$$

即

$$\frac{l}{6}\omega - v_C = 0 \qquad ③$$

三式联立解得

$$\omega = \frac{12}{7}\frac{v_0}{l}$$

方向正如图 1.39 所设。

若选杆的质心 C 为定点,由系统角动量守恒式有

$$\frac{l}{2}mv + \frac{Ml^2}{12}\omega = \frac{l}{2}mv_0$$

化简后为

$$v_0 = v + \frac{l}{2}\omega \qquad ③'$$

③'式与①,②式联立解得

$$\omega = \frac{12}{7}\frac{v_0}{l}$$

结果相同。

1.6 狭义相对论运动学

讨论题

1. **选题目的** 熟悉洛伦兹变换,理解相对论时空观。

解 (1) 不一定。设在参照系 S 中,两个事件同时(即 $\Delta t = 0$),由洛伦兹变换可得出

$$\Delta t' = \frac{-\dfrac{u}{c^2}\Delta x}{\sqrt{1-\beta^2}}$$

由上式可看出,要使两事件在 S' 参照系中不同时(即 $\Delta t' \neq 0$),这两个事件在 S 系中一定发生在 x 坐标不同的地点(即 $\Delta x \neq 0$)。如果这两个事件在 S 系中的 x 坐标相同,即 $\Delta x = 0$,则这两事件在 S' 系中也将同时发生。例如在 S 系中,在同一地点同时发生的两个事件或在垂直于 x 轴的平面上不同地点同时发生的两个事件在 S' 系中都是同时发生的。

(2) 对两个事件,由洛伦兹变换可得

$$\Delta t' = \frac{\Delta t - \frac{u}{c^2}\Delta x}{\sqrt{1-\beta^2}}$$

由此式可看出,若它们在 S 系中不同时($\Delta t \neq 0$)而要求在 S' 系中同时($\Delta t'=0$),则必须有 $\Delta x \neq 0$,即在 S 系中它们必定发生在不同地点,而且有

$$\Delta t = \frac{u}{c}\frac{\Delta x}{c}$$

因为 u 总小于光速 c,所以又有

$$\Delta t < \frac{\Delta x}{c}$$

或

$$c\Delta t < \Delta x$$

上式中 $c\Delta t$ 是在两事件发生的时间间隔内光在真空中传播的距离,因此所要求的条件是,在 S 系中两事件相隔的空间距离大于光在两事件发生的时间间隔内在真空中所传播的距离。由此还可指出的是:由于光速最大,上述条件说明该两事件的发生不可能由任何信息相联系,所以该两事件是无因果关系的。

(3) 根据洛伦兹变换有

$$\Delta x' = \frac{\Delta x - u\Delta t}{\sqrt{1-\beta^2}}$$

由此可知,若两事件在 S 系中发生在不同地点($\Delta x \neq 0$),而要求在 S' 系中在同一地点($\Delta x'=0$)发生,则在 S 系中这两个事件必须不同时($\Delta t \neq 0$),而且有

$$\Delta x = u\Delta t$$

或者

$$\frac{\Delta x}{c} = \frac{u}{c}\Delta t$$

由于 $u/c < 1$,所以有

$$\frac{\Delta x}{c} < \Delta t$$

或者

$$\Delta x < c\Delta t$$

因此,所要求条件是:在 S 系中两事件相隔的空间距离小于光在两事件发生的时间间隔内在真空中传播的距离。这样的两事件有可能是有因果关系的。

2. 选题目的　长度收缩与洛伦兹变换的应用。

解　两种解法都不对。它们的错误是:解法(1)只考虑了光相对车及车相对地的相对运动,而没有考虑车长的长度收缩;而解法(2)只考虑了车长的长度收缩、光相对车运动,而没有考虑车相对地面的运动。

正确解法如下:

解法一　既要考虑长度收缩又要考虑相对运动,在地面参考系测量:车长为 l_0/γ,且在 Δt_1 时间内,闪光的行程为 $c\Delta t_1$;又闪光相对车的行程为 l_0/γ,同时车头 A 相对地面与闪光同向运动,行程为 $u\Delta t_1$。由相对运动关系有

$$c\Delta t_1 = \frac{l_0}{\gamma} + u\Delta t_1 \qquad ①$$

$$\gamma = \frac{c}{\sqrt{c^2 - u^2}} \qquad ②$$

解①,②两式得

$$\Delta t_1 = \sqrt{\frac{c+u}{c-u}}\frac{l_0}{c}$$

同理,车尾 B 与闪光返程相向而行,由相对运动关系有

$$c\Delta t_2 = \frac{l}{\gamma} - u\Delta t_2 \qquad ③$$

解②,③两式得

$$\Delta t_2 = \sqrt{\frac{c-u}{c+u}}\frac{l_0}{c}$$

解法二 用洛伦兹变换关系解。

在列车参考系测量:闪光从车尾 B 到车头 A 行程 $\Delta x_1' = l_0$,需用时 $\Delta t_1' = \dfrac{\Delta x_1'}{c} = \dfrac{l_0}{c}$;

闪光从车头 A 返回到车尾 B 行程 $\Delta x_2' = -l_0$,需用时 $\Delta t_2' = \dfrac{\Delta x_2'}{-c} = \dfrac{l_0}{c}$。

由洛伦兹变换,在地面参考系测量为

$$\Delta t_1 = \gamma\left(\Delta t_1' + \frac{u\Delta x_1'}{c^2}\right) = \gamma\frac{l_0}{c}\left(1+\frac{u}{c}\right) = \sqrt{\frac{c+u}{c-u}}\frac{l_0}{c}$$

$$\Delta t_2 = \gamma\left(\Delta t_2' + \frac{u\Delta x_2'}{c^2}\right) = \gamma\frac{l_0}{c}\left(1-\frac{u}{c}\right) = \sqrt{\frac{c-u}{c+u}}\frac{l_0}{c}$$

3. 选题目的 理解长度收缩概念,熟悉静长与运动长的关系。

解 不能确定 l_1 与 l_2 哪一个更大。

由于 $v_1 \neq u$,故在 S_2 系中看细棒的速度不为零,说明在两个参考系中测量的都是细棒的运动长度 l_1 和 l_2。为比较 l_1 和 l_2,设细棒的静长为 l_0,由长度收缩知

$$l_1 = \frac{l_0}{\gamma_1}, \quad l_2 = \frac{l_0}{\gamma_2}$$

则

$$\frac{l_2}{l_1} = \frac{\gamma_1}{\gamma_2}$$

$$\gamma_1 = \frac{c}{\sqrt{c^2-v_1^2}}, \quad \gamma_2 = \frac{c}{\sqrt{c^2-v_2^2}}$$

由速度变换式可求出细棒相对 S_2 系的速度 v_2,再与细棒相对 S_1 系的速度 v_1 比较,其中速度大者,γ 值就大,相应的运动长

度较小。但本题未给出 u 和 v_1 的数值，故不能确定 v_1 和 v_2 哪个值更大，因而也无法确定 l_1 和 l_2 哪个值更大。

4. **选题目的** 明确原长与运动长度的关系及同时性的相对性。

解 在地面参照系 S 中看，火车是运动的，故长度要缩短。设 l_0 为火车与隧道的静长（原长），则此时火车的运动长度为 $l = l_0 \sqrt{1-\beta^2}$，$l < l_0$。即当火车的前端 b 到达隧道的 B 端时，火车的末端 a 已进入隧道内，所以在隧道 A 端的闪电不会在火车的 a 端留下痕迹，如图 1.40(a) 所示。

在火车参照系 S' 中看（图 1.40(b)），虽然隧道的长度缩短（为运动长度）$l' = l_0 \sqrt{1-\beta^2}$，即 $l' < l_0$。但隧道的 B 端与火车的 b 端相遇这一事件与隧道 A 端发生闪电的事件不是同时的，而是 B 端先与 b 端相遇，而后 A 处发生闪电。当 A 端发生闪电时，火车的 a 端已进入隧道内，所以闪电仍不能击中 a 端。此过程可做如下的计算，隧道 B 端与火车 b 端相遇这一事件与 A 端发生闪电事件的时间差 $\Delta t'$ 为

$$\Delta t' = \frac{l_0 u/c^2}{\sqrt{1-\dfrac{u^2}{c^2}}}$$

在此时间差内隧道向左移动的距离为

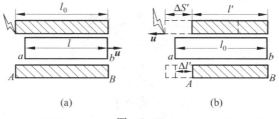

图 1.40

$$\Delta S' = u\Delta t' = \frac{l_0 u^2/c^2}{\sqrt{1-\dfrac{u^2}{c^2}}}$$

而当隧道 B 端与火车 b 端相遇时,由于隧道的缩短,火车 a 端露在隧道 A 端外面的长度为

$$\Delta l' = l_0 - l' = l_0(1 - \sqrt{1-u^2/c^2})$$

很容易证明 $\Delta S' > \Delta l'$,即隧道 A 端向左越过了火车 a 端后闪电才发生,当然它就不能击中火车的 a 端。

5. **选题目的** 明确长度测量和同时性的关系。

解 原长(或静长)是棒静止时测得的长度,测量时不必同时记录棒两端的坐标。由于棒是静止的,其两端坐标值不变,同时或不同时记录的结果都一样。当棒运动时要求同时记录其两端的坐标,而用此两端坐标差作为棒的运动长度。

本题中以 Δx 表示 S 系中测出的棒的运动长度,这就要求在 S 系中记录棒两端的坐标时要同时进行,即要求 $\Delta t = 0$。但原题令 $\Delta t' = 0$,根据同时性的相对性可知 Δt 一定不为零,所以 Δx 不是同时记录的棒两端的坐标之差,因此它不是运动长度,当然也就可以变长。

正确的推导应该求与 $\Delta t = 0$ 对应的 Δx 作为运动长度,这就要用如下的洛伦兹变换:

$$\Delta x' = \frac{\Delta x - u\Delta t}{\sqrt{1-\beta^2}}$$

由于 $\Delta t = 0$,可得

$$\Delta x = \Delta x' \sqrt{1-\beta^2}$$

这样,运动长度 Δx 比静长 $\Delta x'$ 缩短了。

长度缩短是相对论中的基本概念,好像很简单,但又容易糊涂,所以学生对本题很有兴趣,讨论后感到有收获。

*6. **选题目的** 明确同时性的相对性,会判断原时。

解 (1) 根据同时性的相对性。在 S 系中同时发生的两个事件在 S' 系中观察并不是同时发生的,而相对于 S' 系运动后方的那个事件早发生。所以在 S 系中看钟 A、钟 B 同时指零,而在 S' 系中看就不同时指零,而钟 B 指零的时刻比钟 A 指零的时刻要早,所以当钟 A 指零时,钟 B 已经过零且走了一段时间,如图 1.41(a)所示。定量地说,若已知钟 A 与钟 B 的位置间隔为 Δx,则在 S' 系中看,A' 指零的同时($\Delta t'=0$),钟 A、钟 B 指示应有一差值 Δt,由洛伦兹变换

$$\Delta t' = \frac{\Delta t - \frac{u}{c^2}\Delta x}{\sqrt{1-u^2/c^2}}$$

可得

$$\Delta t = \frac{u}{c^2}\Delta x$$

因此,在 S' 系中看钟 A 指零时,钟 B 指示为 $t_1 = u\Delta x/c^2$,已过了零点。

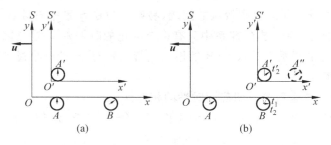

图 1.41

(2) 在 S 系中看,从钟 A' 与钟 A 相遇到 A' 与 B 相遇,A' 运动了 $\Delta x/u$ 的时间。A' 与 B 相遇时,钟 B 的指示就应是 $t_2 = \Delta x/u$。在 S' 系中看,钟 A 与钟 B 相距 $\Delta x\sqrt{1-u^2/c^2}$,因而从 A' 与 A 相

遇到 A' 与 B 相遇,钟 B 运动了 $\Delta x \sqrt{1-u^2/c^2}/u$ 的时间,A',B 相遇时,A' 的指示应是 $t_2'=\Delta x \sqrt{1-u^2/c^2}/u$(很明显,$A'$ 指示的是原时)。A' 与 B 相遇时,这两个指示值在 S 和 S' 系看都一样。在 S' 系中看,如图 1.41(b) 所示。这时尽管 B 的指示比 A' 的指示大些,但 S' 系中的观察者并不认为 B 走得快,因为他已看到钟 B 提前指了零。当 A' 指零时,B 的指示为 $t_1=\dfrac{u}{c^2}\Delta x$,因此到 A' 指示 $t_2'=\Delta x\sqrt{1-u^2/c^2}/u$ 的时刻时,B 走过的时间实际上是

$$\Delta t_B'=t_2-t_1=\Delta x/u-\frac{u}{c^2}\Delta x=\Delta x\left(1-\frac{u^2}{c^2}\right)\bigg/u$$

故在 S' 系中看,A' 走的时间 $\Delta t_{A'}=t_2'-0=\Delta x\sqrt{1-u^2/c^2}/u$,与 B 走的时间 $\Delta t_B'=\Delta x\left(1-\dfrac{u^2}{c^2}\right)\bigg/u$ 相对应。前者大于后者,所以仍是运动的钟(B)走慢了。而且还可以看出二者相差因子 $\sqrt{1-u^2/c^2}$,而后者为原时。(实际上可以看作是在 S' 系中为了和运动的钟 B 比较快慢而使用了两个静止的钟 A'',A',它们先后和 B 钟相遇。)

本题是相对论中较难的问题,易误认为在 S' 系中看钟 A' 给出的是原时,理由是在 S' 系中只有一个静止的时钟 A'。这是因为未注意到在 S' 系中就 A' 和 B 的指示进行比较时,B 钟已早过了零点这一事实。

7. 选题目的 明确同时性的相对性。

解 常有人视 x_2-x_1 为原长,而 $x_2'-x_1'$ 为运动长度,因而得
$$x_2'-x_1'=(x_2-x_1)\sqrt{1-\beta^2}<(x_2-x_1)=1\mathrm{m}$$
这个结果是错误的,因为两枪发射的"同时"是在 S 系中确定的,因此两发射位置坐标的差值 x_2-x_1 应是 x' 轴上的长尺上两记号间距 $x_2'-x_1'$ 的运动长度,而 $x_2'-x_1'$ 是在 S' 系中测得的这两个记号间的距离,长尺在 S' 系中是固定着的,所以 $x_2'-x_1'$ 是原长。根据

原长和运动长度的关系,应该有
$$x'_2 - x'_1 = \frac{x_2 - x_1}{\sqrt{1-\beta^2}} > x_2 - x_1 = 1\mathrm{m}$$
即长尺上两记号间的距离大于 1m。

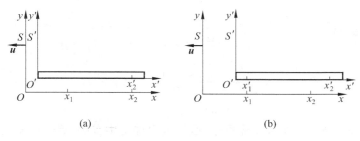

图 1.42

这一结果也可以通过同时性的相对性来理解。在 S 系的观察者同时扳动手枪,在 S' 系中看就不是同时的,由于相对于 S' 运动后方的事件先发生,所以是 x_2 处先扳动手枪,打在 S' 的尺上 x'_2 处,如图 1.42(a)所示。经过一段时间,x_1 处才扳动手枪,在这段时间内 S 系已向左运动一段距离,子弹打在 S' 系尺上 x'_1 处,如图 1.42(b)所示。这样就得到
$$(x'_2 - x'_1) > (x_2 - x_1) = 1\mathrm{m}$$

计算题

1. 选题目的 洛伦兹变换的应用计算。

解 以地面为 S 参照系,火车为 S' 参照系,设闪电击中火车头、尾两端分别为 1,2 两事件。火车沿 $\hat{x}$ 向前进。

在地面上看
$$t_2 - t_1 = 0$$

在火车上看这两个事件发生的时间差为 $t'_2 - t'_1$。已知

$x'_2 - x'_1 = -0.5$ km,根据洛伦兹变换有

$$t_2 - t_1 = \frac{(t'_2 - t'_1) + \frac{u}{c^2}(x'_2 - x'_1)}{\sqrt{1 - \frac{u^2}{c^2}}}$$

则

$$t'_2 - t'_1 = -\frac{u}{c^2}(x'_2 - x'_1)$$

$$= -\frac{2.78 \times 10^{-2}}{(3 \times 10^5)^2} \times (-0.5)$$

$$= 1.54 \times 10^{-13} \text{ s}$$

正号的意义是事件 1 先发生,表示闪电先击中车头,后击中车尾。

2. 选题目的 洛伦兹变换的灵活应用计算。

解 （1）**解法一** 在参照系 S 中,$\Delta t = 4$s 是在同一地点发生的 A,B 两个事件的时间间隔,所以是原时。而在 S' 系中看,时间间隔 $\Delta t' = 5$s,不是原时,由公式

$$\Delta t = \Delta t' \sqrt{1 - \frac{u^2}{c^2}}$$

可求出 S' 系相对 S 系的速度为

$$u = \frac{3}{5}c$$

解法二 由洛伦兹变换有

$$\Delta t' = \frac{\Delta t - \frac{u}{c^2}\Delta x}{\sqrt{1 - u^2/c^2}}$$

由于

$$\Delta x = 0$$

所以

$$\Delta t' = \frac{\Delta t}{\sqrt{1 - u^2/c^2}}$$

同样可得

$$u = \frac{3}{5}c$$

(2) **解法一** 由于在 S 系中 A,B 两事件在同一地点发生,而 S 相对 S' 的速度为 $u' = -u = -\frac{3}{5}c$,在 S' 系中看 A,B 两事件发生的时间差为 $\Delta t' = 5\mathrm{s}$,所以在 S' 系中 A,B 相隔的距离为

$$\Delta x' = \Delta t' u' = 5 \times \left(-\frac{3}{5}c\right) = -3c$$

负号表示在 S' 系观察,B 在 A 的 $-\hat{x}$ 方向发生(图 1.43)。

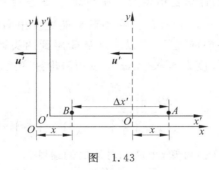

图 1.43

解法二 由洛伦兹变换有

$$\Delta x = \frac{\Delta x' + u\Delta t'}{\sqrt{1 - u^2/c^2}}$$

因

$$\Delta x = 0$$

所以

$$\Delta x' = -u\Delta t'$$
$$= -\frac{3}{5}c \times 5 = -3c$$

3. 选题目的 明确原长的概念及相对论速度变换的应用计算。

解 （1）本题所需计算的时间间隔可以视为小球从船尾发出与小球到达船头这两事件的时间间隔。在飞船参照系 S' 中，飞船长度就是飞船的原长 L'，由于相对于此参照系小球的速度为 v'，经过的距离为 $\Delta x' = L'$，当然所求的时间就是

$$\Delta t' = \frac{\Delta x'}{v'} = \frac{L'}{v'}$$

请读者考虑 $\Delta t'$ 是否可以视为原时。

（2）本题的计算是错误的。在地面上（S 参照系）看到的船的长度 $L = L'\sqrt{1-u^2/c^2} < L'$。在小球从船尾发出向船头飞的过程中，飞船始终在向前飞行，所以小球从船尾到船头运动的距离 Δx 比缩短的飞船长度 L 要长。Δx 可以用洛伦兹变换求得，

$$\Delta x = \frac{\Delta x' + u\Delta t'}{\sqrt{1-\left(\frac{u}{c}\right)^2}} = \frac{L' + u\dfrac{L'}{v'}}{\sqrt{1-\left(\dfrac{u}{c}\right)^2}}$$

由洛伦兹速度变换可知，小球相对地面的速度为

$$v = \frac{v' + u}{1 + \dfrac{uv'}{c^2}}$$

所以在地面上测得小球运动时间应为

$$\Delta t = \frac{\Delta x}{v} = \frac{L' + u\dfrac{L'}{v'}}{\sqrt{1-\left(\dfrac{u}{c}\right)^2}} \bigg/ \frac{v' + u}{1 + \dfrac{uv'}{c^2}}$$

$$= \left(\frac{1}{v'} + \frac{u}{c^2}\right)\frac{L'}{\sqrt{1-\left(\dfrac{u}{c}\right)^2}}$$

如果直接用洛伦兹变换求在地面参照系中的时间，可以有

$$\Delta t = \frac{\Delta t' + \frac{u}{c^2}\Delta x'}{\sqrt{1-\left(\frac{u}{c}\right)^2}} = \frac{\frac{L'}{v'} + \frac{u}{c^2}L'}{\sqrt{1-\left(\frac{u}{c}\right)^2}}$$

$$= \left(\frac{1}{v'} + \frac{u}{c^2}\right)\frac{L'}{\sqrt{1-\left(\frac{u}{c}\right)^2}}$$

这一解法比上一解法简捷,但上一解法物理概念更明确、更清楚。

4. 选题目的   理解时间测量的相对性,掌握洛伦兹变换公式的应用。

解   有人说:"飞船上光源相继两次发出光脉冲是在同一地点,其时间间隔应是原时,所以地面测量周期为 5s";另一人说:"地面上接收站相继两次接收光脉冲是在同一地点,这才是原时,所以接收周期应为 3.2s"。他们两人谁说的对?

以上两人说的都不对。因为飞船上相继两次发出脉冲的事件与地面上接收站相继接收脉冲的事件不是相同的两个事件,飞船上发出光脉冲的周期与地面上接收到光脉冲的周期之间不是简单的原时与膨胀时的关系。正确解答如下:

对飞船上相继发出的脉冲这两事件,

在飞船参考系 S' 系测量:空间距离 $\Delta x'_{21} = 0$;

时间差 $\Delta t'_{21} = T_0$

在地面接收站参考系 S 系测量:时间差为

$$\Delta t_{21} = \gamma\left(\Delta t'_{21} + \frac{u}{c^2}\Delta x'_{21}\right) = \gamma T_0 \qquad ①$$

地面上观察飞船上相继发出光脉冲这两事件是在飞行中的不同地点 x_1, x_2 发生的,如图 1.44 所示。则

$$\Delta x_{21} = \gamma(\Delta x'_{21} + u\Delta t') = \gamma u T_0 = u\Delta t_{21} \qquad ②$$

由相对运动情况(图 1.44)可知,两脉冲先后到达地面接收站

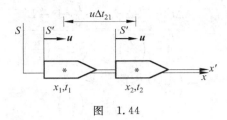

图 1.44

的时间差才是地面接收站收到的脉冲周期,即

$$T = \Delta t_{21} + \frac{\Delta x_{21}}{c} \qquad ③$$

将①,②式代入③式得

$$T = \gamma T_0 + \frac{u}{c}\gamma T_0 = \sqrt{\frac{c+u}{c-u}}\; T_0 = \sqrt{\frac{1.6}{0.4}} \times 4 = 8\text{s}$$

5. 选题目的 相对论运动学基本概念的应用计算。

解 (1)建立地面参照系 S 及飞船参照系 S',如图 1.45 所示。设 v' 为彗星相对于飞船的速度,u 与 v 分别表示飞船与彗星相对地面的速度,根据洛伦兹速度变换有

$$v'_x = \frac{v_x - u}{1 - \dfrac{uv_x}{c^2}}$$

此时 $v_x = -v, v'_x = v'$,代入上式,则有

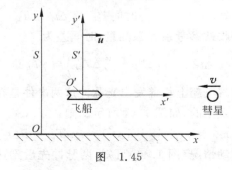

图 1.45

1.6 狭义相对论运动学

$$v' = \frac{-v-u}{1+\frac{uv}{c^2}}$$

$$v' = -\frac{0.8c+0.6c}{1+\frac{0.8c \times 0.6c}{c^2}} = -0.946c$$

负号表示 v' 沿 x' 轴负方向。

(2) 本题根据不同思路,可以有以下几种解法。

解法一 开始飞船经过地面上 x_1 位置和到达 x_3 位置(与彗星相撞处)如图 1.46 所示,这两个事件在飞船上观察是在同一地点发生的,它们的时间间隔 $\Delta t'$ 应是原时。由于在地面上看这两事件的时间间隔为 $\Delta t = 5\mathrm{s}$,所以

$$\Delta t' = \Delta t \sqrt{1-\frac{u^2}{c^2}} = 5\sqrt{1-\left(\frac{0.6c}{c}\right)^2} = 4\mathrm{s}$$

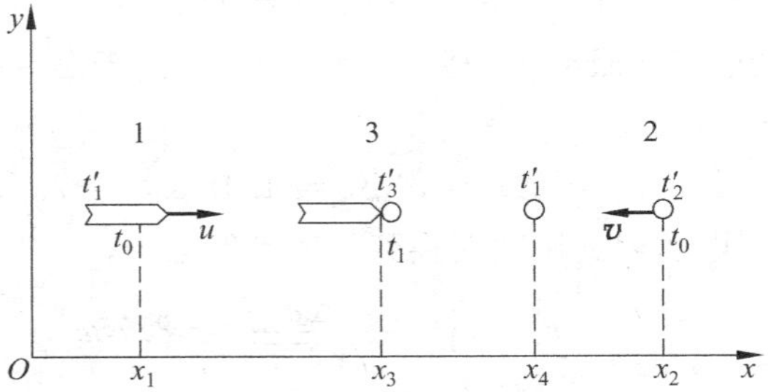

图 1.46

解法二 如图 1.46 所示,以飞船经过地面上 x_1 位置为事件 1,同时观测到彗星经过地面上 x_2 位置为事件 2,再设飞船和彗星在地面上 x_3 位置相撞为事件 3。从地面上看事件 1,2 是同时在 t_0 时刻发生的,而事件 3 发生在 t_1 时刻。在飞船参照系看,则这三个事件发生时间分别为 t_1', t_2', t_3'。要注意到 1,2 两事件在飞船参照系中不是同时(即 $t_1' \neq t_2'$)发生的,而 t_1', t_3' 时刻可由飞船中

同一时钟给出,其间隔 $\Delta t'$ 即为所求的时间。已知在地面参照系中 $\Delta t = t_1 - t_0 = 5\text{s}$ 和 $x_3 - x_1 = u(t_1 - t_0)$。根据洛伦兹变换有

$$\Delta t' = t'_3 - t'_1 = \frac{(t_1 - t_0) - \dfrac{u}{c^2}(x_3 - x_1)}{\sqrt{1 - \dfrac{u^2}{c^2}}}$$

$$= \frac{(t_1 - t_0) - \dfrac{u^2}{c^2}(t_1 - t_0)}{\sqrt{1 - \dfrac{u^2}{c^2}}}$$

$$= (t_1 - t_0)\sqrt{1 - \dfrac{u^2}{c^2}} = 5\sqrt{1 - 0.6^2}$$

$$= 4\text{s}$$

解法三 在地面参照系看到飞船与彗星的相对移近的速度为

$$v^* = 0.6c + 0.8c = 1.4c$$

原来二者在地面参照系中的距离为 $x_2 - x_1$,由于 $\Delta t = 5\text{s}$ 后将相撞,所以

$$x_2 - x_1 = \Delta x = v^* \Delta t = 1.4c \times 5 = 7c$$

由洛伦兹变换,可将此距离变换到飞船参照系中,

$$\Delta x' = x'_2 - x'_1 = \frac{\Delta x}{\sqrt{1 - \beta^2}} = 8.75c$$

至此会有人认为在飞船上测出的从二者相距 $\Delta x'$ 到与彗星相撞所需要经过的时间应等于

$$\Delta t' = t'_3 - t'_2 = \frac{\Delta x}{|v'|} = \frac{8.75c}{0.946c} = 9.25\text{s}$$

这个结果与上述方法求得的结果不符,它是错误的。因为在地面参照系中是于 t_0 时刻同时观测彗星和飞船的,但在飞船参照系中看这两个事件并非同时发生。由洛伦兹变换可知相差时间 $(t'_2 - t'_1)$ 为

$$t'_2 - t'_1 = \frac{(t_0 - t_0) - \dfrac{u}{c^2}\Delta x}{\sqrt{1-\beta^2}} = -\frac{\dfrac{u}{c^2}\Delta x}{\sqrt{1-\beta^2}}$$

$$= -\frac{\dfrac{0.6c}{c^2}7c}{0.8} = -5.25\text{s}$$

即在飞船上看彗星是在飞船经过 x_1 位置（t'_1时刻）前 5.25s（t'_2时刻）经过 x_2 位置时，在 t'_1 时刻，彗星已从 x_2 位置向飞船靠近了 $|t'_2 - t'_1| \cdot |v'|$ 这样一段距离，到达 x_4 位置，如图 1.47 所示。因此从 t'_1 时刻开始到彗星与飞船相撞所经过的时间应是 $(t'_3 - t'_1)$ 而不是 $(t'_3 - t'_2)$，上面的错误结果正是认为 $\Delta t' = t'_3 - t'_2$ 所致。由于从 t'_1 时刻开始到彗星与飞船相撞，彗星经过的距离将是 $\Delta x' - |t'_2 - t'_1||v'|$，因此所求的时间应为

$$\Delta t' = \frac{\Delta x' - |t'_2 - t'_1||v'|}{|v'|}$$

$$= \frac{\Delta x'}{|v'|} - |t'_2 - t'_1|$$

$$= 9.25 - 5.25 = 4\text{s}$$

与解法一、解法二的结果一致。

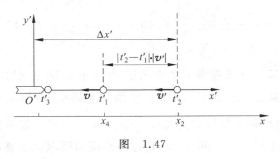

图 1.47

6. 选题目的 光速不变原理与长度测量相对性的应用。

解 （1）在飞船参照系 S' 中，设地球反射信号时地球离飞船

的距离为 $\Delta x_1'$，由于信号速度为 c，所以信号从飞船到地球所需时间为 $\dfrac{\Delta x_1'}{c}$，而从地球反射后回到飞船需时间也为 $\dfrac{\Delta x_1'}{c}$，故有

$$\frac{\Delta x_1'}{c} + \frac{\Delta x_1'}{c} = 40\text{s}$$

$$\Delta x_1' = 20 \times 3 \times 10^8 = 6 \times 10^9 \text{m}$$

(2) **解法一** 在飞船参照系 S' 中测量，在信号从地球反射返回飞船的 $\Delta t' = \dfrac{\Delta x_1'}{c} = 20\text{s}$ 内，地球又飞离飞船，距离为 $u\Delta t'$，所以在飞船收到信号时，从飞船上测出同一时刻地球所在位置与飞船的距离应为

$$\Delta x' = (c+u)\Delta t'$$

由于在飞船参照系内，此 $\Delta x'$ 的两端是同时记录的，所以由洛伦兹变换可得出在地球上测出的 Δx 为

$$\Delta x = \frac{\Delta x'}{\sqrt{1-\left(\dfrac{u}{c}\right)^2}} = \frac{(c+u)\Delta t'}{\sqrt{1-\left(\dfrac{u}{c}\right)^2}}$$

$$= \frac{20 \times \left(1+\dfrac{3}{5}\right)}{\sqrt{1-\left(\dfrac{3}{5}\right)^2}} = 40 \times 3 \times 10^8 = 1.2 \times 10^{10} \text{m}$$

解法二 在飞船参照系中测量，信号在地球上反射时火箭离地球的距离是 $\Delta x_1' = 6 \times 10^9 \text{m}$。在地球上测量，信号被反射的同时，火箭离地球的距离应为 $\Delta x_1 = \Delta x_1'\sqrt{1-u^2/c^2}$。此后信号由地球到火箭所经过的时间为 Δt，走过的距离即所求火箭离地球的距离为 $\Delta x = c\Delta t$，由于在 Δt 时间内火箭又前进了 $u\Delta t$ 的距离，所以

$$\Delta x = \Delta x_1 + u\Delta t = \Delta x_1 + u\frac{\Delta x}{c}$$

解出

$$\Delta x = \frac{\Delta x_1}{1-\frac{u}{c}} = \frac{\Delta x_1' \sqrt{1-u^2/c^2}}{1-\frac{u}{c}}$$

$$= \frac{\Delta x_1'\left(1+\frac{u}{c}\right)}{\sqrt{1-\frac{u^2}{c^2}}} = \frac{(c+u)\Delta t'}{\sqrt{1-u^2/c^2}}$$

和上面结果一样。

7. **选题目的** 洛伦兹速度变换的应用计算。

解 设地面参照系为 S，沿飞船速度方向为 x 轴正向，飞船参照系为 S'。根据洛伦兹速度变换有

$$v_x = \frac{v_x' + u}{1+\frac{uv_x'}{c^2}} = \frac{0.9c + 0.8c}{1+\frac{0.8\times 0.9c^2}{c^2}} = 0.988c$$

8. **选题目的** 学会确定各事件在两个参照系的时空坐标，正确理解同时性的相对性。

解 按题意及图 1.48 所示。确定有关各事件及其在两个参照系中的时空坐标如下：

	事件 0	事件 1	事件 2
	A, B' 相遇	A, A' 相遇	B, B' 相遇
S 系：	$x_0, t_0 = 0$	$x_1, t_1 = 2:00$	x_2, t_2
S' 系：	$x_0', t_0' = 0$	x_1', t_1'	x_2', t_2'

由已知 $u = 0.6c$，求出 $\gamma = 1.25$。

在 S 系：

$$\Delta t_{10} = t_1 - t_0 = 2\mathrm{h}$$
$$\Delta x_{10} = x_1 - x_0 = 0$$
$$\Delta t_{21} = t_2 - t_1 = 0 (\text{同步钟})$$

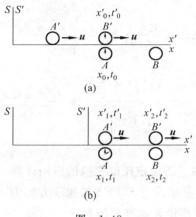

图 1.48

在 S' 系：

$$x'_2 = x'_0, \quad \Delta x'_{20} = 0$$

(1) 由洛伦兹变换有

$$\Delta t'_{10} = t'_1 - t'_0 = \gamma\left(\Delta t_{10} - \frac{u}{c^2}\Delta x_{10}\right)$$

$$= \gamma \Delta t_{10} = 1.25 \times 2 = 2.5\text{h}$$

事件 1：当 A, A' 相遇时，A' 钟的指示为 2:30。

(2) 事件 2：B, B' 相遇。如图 1.48(b) 所示。

B 和 A 两钟是同步钟，$t_2 = t_1 = 2:00$，B 钟的指示也是 2:00。

由洛伦兹变换有

$$\Delta t_{20} = \gamma\left(\Delta t'_{20} + \frac{u}{c^2}\Delta x'_{20}\right) = \gamma \Delta t'_{20}$$

$$\Delta t'_{20} = \frac{\Delta t_{20}}{\gamma} = \frac{2}{1.25} = 1.6\text{h}$$

即 B, B' 两钟相遇时，B' 钟的指示为 1:36。

讨论：为什么在 S' 系中 A', B' 两钟的指示不同？

因为由同时性的相对性可知,在 S 系中事件 1 与事件 2 是同时发生的,在 S' 系中看这两事件就不是同时的,且事件 2 比事件 1 先发生,其时间差可用洛伦兹变换求出。有

$$\Delta t'_{21} = t'_2 - t'_1 = \gamma \left(\Delta t_{21} - \frac{u}{c^2} \Delta x_{21} \right)$$

$$= -\gamma \frac{u}{c^2} \Delta x_{21} = -\gamma \frac{u}{c^2} \cdot u \Delta t_{20}$$

$$= -1.25 \times 0.6^2 \times 2 = -0.9 \text{h}$$

负号说明在 S' 系中看事件 2 比事件 1 先发生。

1.7 狭义相对论动力学

讨论题

1. **选题目的** 明确某些物理量在经典物理与相对论中的区别。

解

经 典 物 理	相 对 论
长度:绝对的,与参照系无关	相对的,长度测量结果与参照系有关
时间:绝对的,与参照系无关	相对的,时间测量与参照系有关
质量:绝对的,与运动速度无关	与速度有关 $$m = \frac{m_0}{\sqrt{1 - \frac{v^2}{c^2}}}$$
动量:与速度成正比 $\boldsymbol{p} = m\boldsymbol{v}$	与速度关系较复杂 $$\boldsymbol{p} = \frac{m_0 \boldsymbol{v}}{\sqrt{1 - \frac{v^2}{c^2}}}$$

经 典 物 理	相 对 论
动能：与速度平方成正比 $E_k = \frac{1}{2}mv^2$	与速度关系较复杂，等于相对论能量和静能之差 $E_k = E - E_0 = m_0 c^2 \left[\dfrac{1}{\sqrt{1-\dfrac{v^2}{c^2}}} - 1 \right]$

2. **选题目的** 明确动能在经典物理与相对论中计算方法的区别。

解 用 $E_k = \frac{1}{2}mv^2$ 计算粒子动能是错误的。因为相对论动能公式的形式和经典物理的不同，不是 $\frac{1}{2}mv^2$，相对论动能公式为 $E_k = mc^2 - m_0 c^2$，因此

$$E_k = mc^2 - m_0 c^2 = \frac{m_0}{\sqrt{1-\left(\dfrac{v}{c}\right)^2}} c^2 - m_0 c^2$$

$$= \frac{m_0 c^2}{0.6} - m_0 c^2 = \frac{2}{3} m_0 c^2 = 0.667 m_0 c^2$$

3. **选题目的** 明确相对论中质量的物理意义。

解 牛顿力学中的变质量问题讨论的是物体质量由于添加或抛出物质而发生变化时的运动问题。不论原来物体本身或添加的质量都和运动速度无关，因而物体质量的变化不是相对运动效应引起的。但在相对论中的质量变化是指同一物体的质量由于速度不同而发生的变化，这是一种相对论效应。

4. **选题目的** 相对论动力学综合练习。

解 静止质量为 m_0，带电量为 q 的粒子，在均匀电场 E 中受力大小为 qE，加速度为 $\dfrac{qE}{m}$，在 t 时刻的速度为

1.7 狭义相对论动力学

$$v = at = \frac{qE}{m}t = \frac{qE\sqrt{1-\left(\frac{v}{c}\right)^2}}{m_0}t$$

解得

$$v = \frac{qEct}{\sqrt{m_0^2 c^2 + q^2 E^2 t^2}}$$

若不考虑相对论效应，则速度为

$$V = \frac{qE}{m_0}t$$

由于相对论效应，粒子质量随速度增大而变大，在相同电场力作用下，粒子的加速度会变小，因而其速度与不考虑相对论效应时相比要小些，二者关系很容易得出为

$$v = \frac{qEct}{m_0 c\sqrt{1+\frac{q^2 E^2 t^2}{m_0^2 c^2}}} = \frac{V}{\sqrt{1+\left(\frac{V}{c}\right)^2}}$$

当电场强度 E 不太大、时间 t 不太长时有 $V \ll c$，则就有 $v \approx V$。

计算题

1. 选题目的　相对论能量关系的应用计算。

解　(1) 设 E_k 为质子的动能，则质子加速后的总能量为

$$E = m_0 c^2 + E_k = mc^2$$

$$m = m_0 + \frac{E_k}{c^2} = m_0\left(1+\frac{E_k}{m_0 c^2}\right)$$

$$= 1.67\times 10^{-27}\times\left(1+\frac{76\times 10^9\times 1.61\times 10^{-19}}{1.67\times 10^{-27}\times(3\times 10^8)^2}\right)$$

$$= 1.38\times 10^{-25}\,\text{kg}$$

(2) 由

$$m = \frac{m_0}{\sqrt{1-v^2/c^2}}$$

可得

$$v = c\sqrt{1-\frac{m_0^2}{m^2}}$$

$$v \approx c\left(1-\frac{m_0^2}{2m^2}\right) = c\left[1-\frac{(1.67\times 10^{-27})^2}{2(1.38\times 10^{-25})^2}\right]$$

$$= 0.9999c$$

2. 选题目的 相对论动量的计算。

解 (1) 设 p 与 p' 分别为初动量、末动量,则有

$$\frac{p'}{p} = \frac{2m_0 v/\sqrt{1-(2v)^2/c^2}}{m_0 v/\sqrt{1-v^2/c^2}} = \frac{2\sqrt{1-v^2/c^2}}{\sqrt{1-4v^2/c^2}}$$

$$= \frac{2\times\sqrt{1-0.4^2}}{\sqrt{1-4\times 0.4^2}} = 3.06$$

即在此速度时,速度增加一倍,动量约增加为原来动量的 3 倍,是非线性增加。很明显这是因为粒子的质量改变所致。

(2) 由已知的粒子初速度 v 可求得粒子的初动量为 $p = 0.44 m_0 c$,而末动量为 $p' = 10p$。

由

$$p = \frac{m_0 v}{\sqrt{1-\frac{v^2}{c^2}}}$$

可得

$$v = \frac{pc}{\sqrt{p^2 + m_0^2 c^2}}$$

末速度为

$$v' = \frac{p'c}{\sqrt{p'^2 + m_0^2 c^2}}$$

$$\frac{v'}{v} = \frac{p'\sqrt{p^2 + m_0^2 c^2}}{p\sqrt{p'^2 + m_0^2 c^2}} = \frac{10\sqrt{p^2 + m_0^2 c^2}}{\sqrt{100p^2 + m_0^2 c^2}}$$

$$= \frac{10 \times \sqrt{(0.44^2+1)m_0 c^2}}{\sqrt{(100 \times 0.44^2+1)m_0 c^2}} = 2.42$$

末速度是初速度的 2.42 倍。

3. 选题目的 相对论动量与能量守恒定律应用计算。

解 对两个静止质量都为 m_0 的小球系统，在碰撞前后能量守恒，则有

$$m_0 c^2 + mc^2 = Mc^2$$

或

$$m_0 + m = M \qquad ①$$

式中，M 为碰后合成小球的质量。

此系统碰撞前后动量也守恒，则有

$$mv = MV \qquad ②$$

式中，V 为碰后合成小球的速度。

将

$$m = \frac{m_0}{\sqrt{1-\frac{v^2}{c^2}}} = \frac{m_0}{\sqrt{1-\left(\frac{0.8c}{c}\right)^2}} = \frac{m_0}{0.6}$$

代入①式可得

$$M = \frac{8}{3}m_0$$

由②式可知

$$V = \frac{mv}{M} = \frac{\frac{m_0}{0.6} \times 0.8c}{\frac{8}{3}m_0} = 0.5c$$

再由

$$M = \frac{M_0}{\sqrt{1-\left(\frac{V}{c}\right)^2}}$$

可得

$$M_0 = M\sqrt{1-\left(\frac{V}{c}\right)^2} = \frac{8}{3}m_0\sqrt{1-\left(\frac{0.5c}{c}\right)^2} = 2.31m_0$$

4. 选题目的 相对论质能关系的应用计算。

解 将弹簧拉伸后,弹性势能的增量为

$$E_p = \frac{1}{2}kx^2 = \frac{1}{2}\times 10^3 \times 0.05^2 = 1.25\text{J}$$

由相对论质能关系可知弹簧相应的质量增量为

$$\Delta m = \frac{E_p}{c^2} = \frac{1.25}{(3\times 10^8)^2} = 1.39\times 10^{-17}\text{kg}$$

1kg 的水,降温时放出热量为

$$Q = 1\times 4.2\times 1000\times 100 = 4.2\times 10^5\text{J}$$

同理,相应减少的质量为

$$\Delta m = \frac{\Delta E}{c^2} = \frac{Q}{c^2} = \frac{4.2\times 10^5}{(3\times 10^8)^2} = 4.66\times 10^{-12}\text{kg}$$

以上两种情况的质量变化是很难测量的,可见在一般物体的能量交换(或化学反应或热量传递)等过程中,系统的质量改变都小到观测不出的程度,所以完全可以忽略不计。

5. 选题目的 相对论功能的计算。

解 设 W 为粒子由静止加速到 $v=0.1c$ 时所需做的功,由相对论功能关系有

$$W = mc^2 - m_0c^2 = \frac{m_0c^2}{\sqrt{1-\left(\frac{v}{c}\right)^2}} - m_0c^2$$

$$= \left[\frac{1}{\sqrt{1-(0.1)^2}} - 1\right]m_0c^2 = 0.005m_0c^2$$

同理,粒子由速度 $0.89c$ 加速到速度为 $0.99c$ 时所需做的功为

$$W = m_2c^2 - m_1c^2 = \frac{m_0c^2}{\sqrt{1-\left(\frac{v_2}{c}\right)^2}} - \frac{m_0c^2}{\sqrt{1-\left(\frac{v_1}{c}\right)^2}}$$

1.7 狭义相对论动力学

$$= \left[\frac{1}{\sqrt{1-0.99^2}} - \frac{1}{\sqrt{1-0.89^2}}\right] m_0 c^2$$
$$= 4.9 m_0 c^2$$

6. 选题目的 相对论动量与能量关系的综合应用计算。

解 与光子类似,中微子 ν 的静止质量为零,所以它不能静止必有动量 p_ν。π^+ 介子在衰变过程中动量是守恒的,以 p_μ 表示 μ^+ 子的动量,则其值

$$p_\mu = p_\nu \qquad ①$$

π^+ 介子在衰变过程中能量也是守恒的,分别以 E_μ, E_ν 表示 μ^+ 子与中微子 ν 的能量,则有

$$E_\mu + E_\nu = m_\pi c^2 \qquad ②$$

对 μ^+ 子用相对论动量与能量关系,则有

$$c^2 p_\mu^2 = E_\mu^2 - m_\mu^2 c^4 \qquad ③$$

同理,对中微子 ν 有

$$c^2 p_\nu^2 = E_\nu^2 - 0 \qquad ④$$

由以上四式可求得 μ^+ 子与中微子 ν 的总能量分别为

$$E_\mu = \frac{(m_\pi^2 + m_\mu^2)c^2}{2m_\pi}$$

$$E_\nu = \frac{(m_\pi^2 - m_\mu^2)c^2}{2m_\pi}$$

根据能量关系可求出 μ^+ 子的动能为

$$E_{k\mu} = E_\mu - m_\mu c^2 = \frac{(m_\pi^2 + m_\mu^2)c^2}{2m_\pi} - m_\mu c^2$$
$$= \frac{(m_\pi - m_\mu)^2 c^2}{2m_\pi}$$

同理,中微子 ν 的动能为

$$E_{k\nu} = E_\nu - 0 = \frac{(m_\pi^2 - m_\mu^2)c^2}{2m_\pi}$$

*7. 选题目的 了解相对论动量-能量变换关系。

解 设光源静止的参考系为 S 系,接收器在其中静止的参考系为 S' 系,如图 1.49 所示。

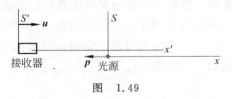

图 1.49

在 S 系中:由动量、能量关系式

$$E^2 = p^2c^2 + m_0^2c^4$$

其中光子静止质量 $m_0 = 0$,则

$$p_x = p = \pm \frac{E}{c}$$

据题意光子沿 $-\hat{x}$ 方向传向接收器(图 1.49),故光子的动量是沿 $-\hat{x}$,即

$$p_x = -\frac{E}{c}, \quad p_y = 0, \quad p_z = 0$$

由动量-能量变换式和上述关系式可求得在 S' 系中接收器接收的光子能量为

$$E' = \gamma(E - up_x) = \gamma E\left(1 + \frac{u}{c}\right)$$

$$= \sqrt{\frac{c+u}{c-u}} E$$

将 $E = h\nu$ 及 $E' = h\nu'$ 代入上式,即求出接收器接收到光的频率为

$$\nu' = \sqrt{\frac{c+u}{c-u}} \nu > \nu$$

这是光的多普勒效应。

第 2 章 静 电 学

2.1 电场强度

讨论题

1. **选题目的** 正确理解高斯定理,掌握用高斯定理求场强的条件。

解 (1) 不对。$\oint_S \boldsymbol{E} \cdot d\boldsymbol{S} = 0$ 说明通过 S 面的电通量等于零,也说明 S 面所包围的电荷代数和等于零。而 S 面上各点的 $\boldsymbol{E}$ 是由空间所有电荷及其分布决定的,所以不能说:"由于 $\oint_S \boldsymbol{E} \cdot d\boldsymbol{S} = 0$ 则 S 面上 $\boldsymbol{E}$ 处处为零。"例如球面 S 内有点电荷 $+q$ 与 $-q$,S 面外有点电荷 q,如图 2.1 所示,由高斯定理有 $\oint_S \boldsymbol{E} \cdot d\boldsymbol{S} = 0$,而显然在 S 面上 $\boldsymbol{E} \neq 0$。

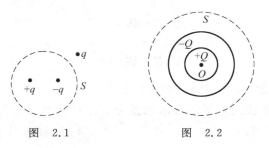

图 2.1　　　　图 2.2

(2) 不对。因为 S 面上处处 $\boldsymbol{E}=0$，由高斯定理 $\oint_S \boldsymbol{E} \cdot \mathrm{d}\boldsymbol{S} = 0$ 可以说明在 S 面内 $\sum q_i = 0$，但不能说 S 面内未包围电荷。如图 2.2 所示，S 面内有 $+Q$ 及 $-Q$。

(3) 正确。

(4) 不对。理由同(1)。

(5) 这只是必要条件但不是充分条件。用高斯定理求场强只有对某些具有特殊对称的场的情况才能解出。如 S 面上各点场强大小相等、方向 $\boldsymbol{E}/\!/\mathrm{d}\boldsymbol{S}$ 或 S 面上一部分 $\boldsymbol{E} \perp \mathrm{d}\boldsymbol{S}$，另一部分 $\boldsymbol{E}$ 大小相等、$\boldsymbol{E}/\!/\mathrm{d}\boldsymbol{S}$，这样可以有 $\oint_S \boldsymbol{E} \cdot \mathrm{d}\boldsymbol{S} = E\Delta S$，从而有 $E\Delta S = \sum_i \dfrac{q_i}{\varepsilon_0}$，就可以解出 E。

2. 选题目的 电通量的计算。

解 (1) 电力线分布见教材上的图。（略）

(2)
$$\oint_{S_1} \boldsymbol{E} \cdot \mathrm{d}\boldsymbol{S} = \frac{q}{\varepsilon_0}$$

$$\oint_{S_2} \boldsymbol{E} \cdot \mathrm{d}\boldsymbol{S} = \frac{-q}{\varepsilon_0}$$

$$\oint_{S_3} \boldsymbol{E} \cdot \mathrm{d}\boldsymbol{S} = 0$$

$$\oint_{S_4} \boldsymbol{E} \cdot \mathrm{d}\boldsymbol{S} = 0$$

3. 选题目的 正确理解高斯定理。

解 不能用高斯定理求场强分布。对所给的封闭曲面 S 有 $\oint_S \boldsymbol{E} \cdot \mathrm{d}\boldsymbol{S} = \dfrac{3q}{\varepsilon_0}$。

4. **选题目的** 求电荷在电场中受力。

解 这两种说法都不对。第一种说法：$f=q^2/4\pi\varepsilon_0 d^2$，是把两带电平行板看成点电荷，而题意没有给出平板可以近似为点的条件。

第二种说法似乎是把带电平板看成是无限大，但是由 $f=q^2/\varepsilon_0 S$ 分析，$E=q/\varepsilon_0 S$，这是带等量异号电荷 $\pm q$ 的大平板间的场强，而电场力 $f=qE$ 中的 E 应是受力电荷 q 所在处、场源电荷所激发的电场强度。因而如果带电平板的线度比二板间距 d 大得多时，$+q$ 受 $-q$ 的作用力的大小为

$$f=\int E\mathrm{d}q=q^2/2\varepsilon_0 S$$

5. **选题目的** 用高斯定理证明静电场电力线的性质。

解 反证法：已知 P 点无电荷，设电力线在 P 点中断。在 P 点附近取一小的高斯面 S，如图 2.3。因为电力线穿进 S 面在 P 点中断，由高斯定理，$\oint_S \boldsymbol{E}\cdot\mathrm{d}\boldsymbol{S}<0$ 说明 S 面内有负电荷，令 S 面无限缩小，则 P 点应有负电荷，这与已知矛盾，故假设不成立。证明静电场电力线在无电荷处不会中断。

图 2.3

6. **选题目的** 均匀带电球面电场的计算。

解 （1）$E=0$。

（2）与电荷集中在球心时点电荷的电场一样。

（3）设点到中心距离为 r，则这些点的场强从 $E=q/4\pi\varepsilon_0 r^2$ 突变为 $E=0$。

计算题

1. **选题目的** 电通量的计算。

解 **解法一** 用电通量定义计算。

如图 2.4(a)，沿圆柱轴取坐标 Ox，在圆柱侧面上取一个高为 $\mathrm{d}x$

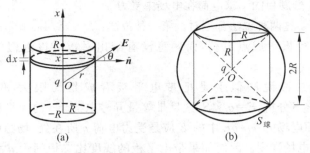

图 2.4

的圆环,其侧面积为 $\mathrm{d}S = 2\pi R\mathrm{d}x$,点电荷 q 位于坐标原点 O 处,在 $\mathrm{d}S$ 上各点场强 E 的大小、E 与面元法线方向 $\hat{n}$ 的夹角 θ 以及 q 到 $\mathrm{d}S$ 上各点的距离 r 均相同,则通过 $\mathrm{d}S$ 侧面的电通量为

$$\mathrm{d}\Phi_e = \boldsymbol{E} \cdot \mathrm{d}\boldsymbol{S} = \frac{q}{4\pi\varepsilon_0 r^2}\cos\theta\,\mathrm{d}S$$

$$= \frac{q}{4\pi\varepsilon_0 r^2}\frac{R}{r}\times 2\pi R\mathrm{d}x = \frac{qR^2}{2\varepsilon_0}\frac{\mathrm{d}x}{(R^2+x^2)^{\frac{3}{2}}}$$

通过圆柱侧面的电通量为

$$\Phi_e = \iint_S \mathrm{d}\Phi_e = \frac{qR^2}{2\varepsilon_0}\int_{-R}^{R}\frac{\mathrm{d}x}{(R^2+x^2)^{\frac{3}{2}}} = \frac{\sqrt{2}q}{2\varepsilon_0}$$

解法二 用高斯定理求解。

以点电荷 q 为中心、$\sqrt{2}R$ 为半径作圆柱的外接球面 $S_球$,如图 2.4(b)所示。由高斯定理知通过 $S_球$ 的电通量为 $\dfrac{q}{\varepsilon_0}$,又因点电荷 q 位于球面 $S_球$ 的中心,故通过圆柱侧面的电场线亦全部穿过高为 $2R$ 的球台的侧面,且通过球台的电通量 $\Phi_{e球台}$ 与通过球面的电通量 $\Phi_{e球}$ 与二者的面积成比例,则通过圆柱侧面的电通量为

$$\Phi_e = \Phi_{e球台} = \frac{q}{\varepsilon_0}\frac{S_{球台}}{S_球} = \frac{q}{\varepsilon_0}\frac{2\pi(\sqrt{2}R)\times 2R}{4\pi(\sqrt{2}R)^2} = \frac{\sqrt{2}q}{2\varepsilon_0}$$

2.1 电场强度

2. 选题目的 叠加法求 E。

解 以均匀带 $Q=3.12\times10^{-9}$ 的细圆环与带 $-q_0$ 的小圆弧 Δs(长度等于 2cm)的叠加来求圆心处的场强。按题意 $R=50$cm，$\Delta s=2$cm，有 $2\pi R\gg\Delta s$，可把 Δs 的电荷 q_0 看成是点电荷。由于均匀带电圆环在圆心处电场为零，所以

$$E_0\approx-\frac{q_0}{4\pi\varepsilon_0 R^2}=-\frac{\Delta s\dfrac{Q}{2\pi R-\Delta s}}{4\pi\varepsilon_0 R^2}$$

$$\approx-\frac{Q\Delta s}{8\pi^2 R^3\varepsilon_0}=-\frac{Q\Delta s}{4\pi\varepsilon_0\cdot 2\pi R^3}$$

$$=-\frac{9\times 10^9\times 3.12\times 10^{-9}\times 2\times 10^{-2}}{2\pi\times(50\times 10^{-2})^3}$$

$$=-0.715\text{V/m}$$

E_0 的方向沿半径指向空隙。

3. 选题目的 用高斯定理求 E。

解 分析对称性：在带电无限大平板中间取 yOz 平面将带电无限大平板分为厚度相等的两半，并取 x 轴如图 2.5(a)，可知该电荷是以 yOz 为对称面的对称分布。由均匀带电无限大平板场强的分布可知，在与 yOz 面等距的各点 E 的大小相等，且在 yOz 面右侧 E 均为 $\hat{x}$ 向，左侧 E 均为 $-\hat{x}$ 向。

取高斯面 S：根据以上分析，在厚板内过场点 x_1 取柱形高斯面 S_1，如图 2.5(b)所示。

S_1 面的电通量

$$\oint_{S_1}\boldsymbol{E}\cdot\mathrm{d}\boldsymbol{S}=\int_{\text{侧面}}\boldsymbol{E}\cdot\mathrm{d}\boldsymbol{S}+2\int_{\text{端面}}\boldsymbol{E}\cdot\mathrm{d}\boldsymbol{S}$$

$$=0+2E\Delta S$$

由高斯定理得

$$\oint_{S_1}\boldsymbol{E}\cdot\mathrm{d}\boldsymbol{S}=\sum_i\frac{q_i}{\varepsilon_0}=\Delta S\times 2x_1\frac{\rho}{\varepsilon_0}$$

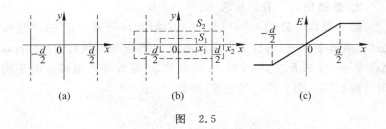

图 2.5

$$2E\Delta S = 2x_1 \rho \frac{\Delta S}{\varepsilon_0}$$

所以

$$E = \frac{\rho}{\varepsilon_0} x_1, \quad -\frac{d}{2} \leqslant x_1 \leqslant \frac{d}{2}$$

同理,在厚板外过场点 x_2 取柱形高斯面 S_2,如图 2.5(b)所示,则

$$\oint_{S_2} \boldsymbol{E} \cdot d\boldsymbol{S} = 2E\Delta S = d\Delta S \frac{\rho}{\varepsilon_0}$$

故

$$E = \frac{\rho d}{2\varepsilon_0} \quad \left(|x_2| \geqslant \frac{d}{2} \right)$$

$E\text{-}x$ 图如图 2.5(c)所示。

4. 选题目的 高斯定理及叠加法求场强。

解 解法一 叠加法

将均匀带电球壳分为一系列均匀带电同心球面,半径 $r \sim r + dr$,球面所带电荷

$$dQ = \frac{Q}{\frac{4}{3}\pi(R_2^3 - R_1^3)} 4\pi r^2 dr$$

已知均匀带电球面的场强分布是:球面内场强 $dE_内 = 0$;球面外的场强等于球面上的电荷 dQ 集中在球心处的点电荷在该处的

场强,即

$$dE_{外} = \frac{dQ}{4\pi\varepsilon_0 r_{外}^2} \qquad ①$$

将上述一系列均匀带电球面的场叠加就可求出以下三个区域的场强。

Ⅰ区: $0 < r_{内} < R_1$, $\quad E_{内} = \int dE_{内} = 0 \qquad ②$

Ⅱ区: $R_1 < r_{中} < R_2$, 取距球心为 $r_{中}$ 的任意场点,以 $r_{中}$ 为半径的球面将带电球壳分为 $Q_{内}$(即 $R_1 < r < r_{中}$)及 $Q_{外}$(即 $r_{中} < r < R_2$)两部分。由于场点 $r_{中}$ 处于 $Q_{外}$ 以内,同Ⅰ区分析可知 $Q_{外}$ 在 $r_{中}$ 的场强等于零。场点 $r_{中}$ 处于 $Q_{内}$ 的球壳外,据①式知这一球壳中的 $r \sim r + dr$ 球面电荷在 $r_{中}$ 处的场强为

$$dE_{中} = \frac{dQ}{4\pi\varepsilon_0 r_{中}^2}$$

则 R_1-$r_{中}$ 这部分电荷在 $r_{中}$ 处的总场强为

$$\begin{aligned} E_{中} &= \int_{R_1}^{r_{中}} dE_{中} = \frac{1}{4\pi\varepsilon_0 r_{中}^2} \int_{R_1}^{r_{中}} dQ \\ &= \frac{1}{4\pi\varepsilon_0 r_{中}^2} \int_{R_1}^{r_{中}} \frac{Q}{\frac{4}{3}\pi(R_2^3 - R_1^3)} 4\pi r^2 dr \\ &= \frac{Q}{4\pi\varepsilon_0 r_{中}^2} \frac{r_{中}^3 - R_1^3}{R_2^3 - R_1^3} \qquad ③ \end{aligned}$$

$E_{中}$ 的方向沿径向 $\hat{r}$。

Ⅲ区: $r_{外} > R_2$, 由①式求和,即

$$E_{外} = \int_{R_1}^{R_2} dE_{外} = \frac{1}{4\pi\varepsilon_0 r_{外}^2} \int_{R_1}^{R_2} dQ = \frac{Q}{4\pi\varepsilon_0 r_{外}^2} \qquad ④$$

$E_{外}$ 的方向是 $\hat{r}$ 向。

由③式知,当 $r_{中} = R_1$ 时,$E_{中}(R_1) = 0$;当 $r_{中} = R_2$ 时,$E_{中}(R_2) = \dfrac{Q}{4\pi\varepsilon_0 R_2^2}$。又由④式知,当 $r_{外} = R_2$ 时,$E_{外}(R_2) =$

$$\frac{Q}{4\pi\varepsilon_0 R_2^2} = E_{中}(R_2)。$$

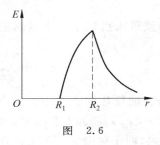

图 2.6

综上，场点 $r_{内}$，$r_{中}$，$r_{外}$ 均系任取，所求均匀带电球壳场强分布如下：

$$E = 0, \qquad 0 \leqslant r \leqslant R_1$$

$$E = \frac{Q}{4\pi\varepsilon_0 r^2} \frac{r^3 - R_1^3}{R_2^3 - R_1^3}, \quad R_1 \leqslant r \leqslant R_2$$

$$E = \frac{Q}{4\pi\varepsilon_0 r^2}, \qquad r \geqslant R_2$$

$E\text{-}r$ 分布曲线如图 2.6 所示。

解法二 高斯定理法

由于电荷分布是球对称的，可知其场强分布也是球对称的，即距球心等距处的场强大小相等、方向沿 $\hat{r}$ 向。过场点 r 取与带电球壳同心的球面为高斯面 S，应用高斯定理求场强。

$0 < r < R_1$ 时，S 面未包围电荷为

$$\oint_S \boldsymbol{E} \cdot \mathrm{d}\boldsymbol{S} = 0$$

$$E \times 4\pi r^2 = 0$$

$$E = 0$$

$R_1 < r < R_2$ 时，S 面包围电荷为

$$\sum_i q_i = \frac{Q}{\frac{4}{3}\pi(R_2^3 - R_1^3)} \times \frac{4}{3}\pi(r^3 - R_1^3)$$

$$\oint_S \boldsymbol{E} \cdot \mathrm{d}\boldsymbol{S} = \frac{1}{\varepsilon_0} \frac{Q(r^3 - R_1^3)}{R_2^3 - R_1^3}$$

$$E \times 4\pi r^2 = \frac{Q}{\varepsilon_0} \frac{r^3 - R_1^3}{R_2^3 - R_1^3}$$

$$E = \frac{Q}{4\pi\varepsilon_0 r^2} \frac{r^3 - R_1^3}{R_2^3 - R_1^3}$$

$r > R_2$ 时，S 面包围电荷 Q，

$$\oint_S \boldsymbol{E} \cdot \mathrm{d}\boldsymbol{S} = \frac{Q}{\varepsilon_0}$$

$$E \times 4\pi r^2 = \frac{Q}{\varepsilon_0}$$

$$E = \frac{Q}{4\pi\varepsilon_0 r^2}$$

比较两种解法可知，当电荷分布有一定的对称性，可以用高斯定理求出 $\boldsymbol{E}$ 时，这种解法较简便。用高斯定理求 $\boldsymbol{E}$ 这种方法的关键是根据电荷分布的对称分析找出 $\boldsymbol{E}$ 的分布的对称性，再取合适的高斯面，按高斯定理列出方程求解。

5. **选题目的** 用积分法求场强及电场力。

解 解法一 先按左棒为场源电荷而右棒为受力电荷计算左棒的场强，再求右棒所受电场力。取坐标如图 2.7。左棒在 x' 处的场强为

$$E = \int_0^l \frac{\lambda \mathrm{d}x}{4\pi\varepsilon_0 (x'-x)^2} = \frac{\lambda}{4\pi\varepsilon_0}\left(\frac{1}{x'-l} - \frac{1}{x'}\right)$$

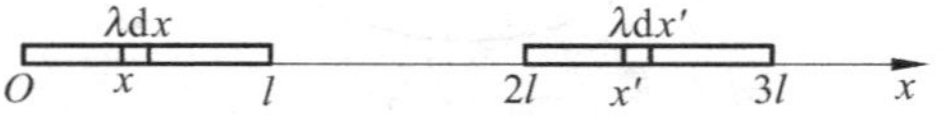

图 2.7

右棒 x' 处的电荷元 $\lambda \mathrm{d}x'$ 受的电场力为

$$\mathrm{d}F = \lambda \mathrm{d}x' E = \frac{\lambda^2}{4\pi\varepsilon_0}\left(\frac{1}{x'-l} - \frac{1}{x'}\right)\mathrm{d}x'$$

右棒受的总电场力为

$$F = \int_{2l}^{3l} \mathrm{d}F = \frac{\lambda^2}{4\pi\varepsilon_0}\int_{2l}^{3l}\left(\frac{1}{x'-l} - \frac{1}{x'}\right)\mathrm{d}x'$$

$$= \frac{\lambda^2}{4\pi\varepsilon_0}\left(\ln\frac{3l-l}{2l-l} - \ln\frac{3l}{2l}\right) = \frac{\lambda^2}{4\pi\varepsilon_0}\ln\frac{4}{3}$$

$\boldsymbol{F}$ 方向为 $\hat{\boldsymbol{x}}'$ 向。左棒受右棒电场力 $\boldsymbol{F}' = -\boldsymbol{F}$。

解法二 求电荷元 λdx 与 $\lambda dx'$ 的库仑力叠加。$\lambda dx'$ 受 λdx 的库仑力为

$$dF = \frac{\lambda dx \lambda dx'}{4\pi\varepsilon_0 (x'-x)^2}$$

$$F = \int_{2l}^{3l} dx' \int_0^l \frac{\lambda^2 dx}{4\pi\varepsilon_0 (x'-x)^2}$$

$$= \frac{\lambda^2}{4\pi\varepsilon_0} \int_{2l}^{3l} \left(\frac{1}{x'-l} - \frac{1}{x'} \right) dx' = \frac{\lambda^2}{4\pi\varepsilon_0} \ln \frac{4}{3}$$

F 方向为 $\hat{x}'$ 向。左棒受右棒库仑力（电场力）$F' = -F$。

6. 选题目的 用补缺法求某些特殊非对称分布电荷的场强。

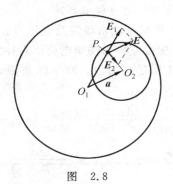

图 2.8

解 这是一个非对称分布的电荷，因而不能直接用高斯定理求解。但半径为 R_1 的球及半径为 R_2 的空腔是球对称的，可以利用这一特点，把这一带电体看成半径为 R_1 的均匀带电 $+\rho$ 的球体与半径为 R_2 的均匀带电 $-\rho$ 的球体叠加。如图 2.8，相当于在原空腔处补上体电荷密度为 $+\rho$ 和 $-\rho$ 的球体。这时空腔内任一点 P 的场强为

$$E = E_1 + E_2$$

其中 E_1 与 E_2 分别是带 $+\rho$ 的大球和带 $-\rho$ 的小球在 P 点的场强，E_1 与 E_2 都可用高斯定理求得

$$E_1 = \frac{\rho}{3\varepsilon_0} r_1 \quad (\overrightarrow{O_1P} = r_1)$$

$$E_2 = \frac{-\rho}{3\varepsilon_0} r_2 \quad (\overrightarrow{O_2P} = r_2)$$

$$E = \frac{\rho}{3\varepsilon_0}(r_1 - r_2) = \frac{\rho}{3\varepsilon_0} a \quad (\overrightarrow{O_1O_2} = a)$$

由上述结果可知在空腔内各点场强都相等,方向由 O_1 指向 O_2,这是均匀场。

2.2 电 势

讨论题

1. **选题目的** 正确理解场强与电势的关系。

解 (1) 不对。因为电场中某点的电势 $U_P = \int_{(P)}^{标} \boldsymbol{E} \cdot \mathrm{d}\boldsymbol{l}$,可见 U_P 应由 P 点到电势标准点间的场强决定,而不仅由该点的场强决定。例如,在正方形的四个顶点各有一个电量为 q 的点电荷,可知在正方形对角线交点 $E=0$,而该点的 $U=?$,仅由该点的 E 是不能求出 U 的,必须知道场的分布才能求出。按点电荷电场分布及电势叠加原理可以求出该点 $U = \dfrac{q}{\pi\varepsilon_0 a}$,式中 a 为正方形对角线的一半。

(2) 不对。因为电场中某点的 $\boldsymbol{E} = -\nabla U$,可见某点的 $\boldsymbol{E}$ 应由该点附近电势分布求得。例如,已知均匀带电细圆环中心点的电势 $U = \dfrac{q}{4\pi\varepsilon_0 R}$,该点的 $E=?$,仅由那点的电势是不能求出的,必须知道 U 的分布,如由电势沿 x 方向的分布 $U = \dfrac{q}{4\pi\varepsilon_0 (R^2 + x^2)^{\frac{1}{2}}}$ 可

以求出

$$E_x = -\frac{\partial U}{\partial x} = -\frac{\partial}{\partial x}\left[\frac{q}{4\pi\varepsilon_0(R^2+x^2)^{\frac{1}{2}}}\right]$$

$$= \frac{qx}{4\pi\varepsilon_0(R^2+x^2)^{\frac{3}{2}}}$$

在圆环中心点,$x=0$,则 $E=0$。

(3) 不对。E 不变的空间,U 值不一定不变。例如,在一个均匀带电为 σ 的无限大平面的一侧,电场强度 $E=\dfrac{\sigma}{2\varepsilon_0}$,各处 E 相等,而与大平面距离不相等的点的电势是不相等的,与大平面距离相等的各点的电势是相等的。

因为 $\boldsymbol{E}=-\dfrac{\partial U}{\partial n}\hat{\boldsymbol{n}}$,$E=$常数$(\neq 0)$,则 $\dfrac{\partial U}{\partial n}=$常数,$U$ 必然沿 $\hat{\boldsymbol{n}}$ 向有变化。只有当 $E=0$,即 $\dfrac{\partial U}{\partial n}=0$,才有 U 不变。

(4) 对。如上一问中所说的均匀电场中,任取一曲面,在该曲面上 E 值相等,显然这些点的 U 是不一定相等的。但如电荷均匀分布的球面的电场中,在与它同心的球面上 E 值相等,且 U 值也相等。

(5) 对。U 值相等的曲面是等势面,在等势面上各点场强不一定是相等的,这还要看某点邻近的电势分布而定。例如,电偶极子的电场中,在偶极子连线的中垂面是一等势面,我们可以很容易求出在这一等势面上各点场强是不相等的,$E\propto\dfrac{1}{r^3}$,r 为场点到偶极子连线中点的距离。而由(4)知在均匀带电球面的电场中,等势面上各点的场强大小相等。

2. **选题目的** 比较均匀带电球面与非均匀带电球面在球面内空间的电场。

解 均匀带电球面的电场:球心处的电势

$$U_O = \frac{Q}{4\pi\varepsilon_0 R}$$

球内空间处处 $E=0$，所以球内空间等势，皆等于 U_O。

非均匀带电球面的电场：球心处的电势

$$U'_O = \int_Q \frac{\mathrm{d}Q}{4\pi\varepsilon_0 R} = \frac{1}{4\pi\varepsilon_0 R}\int_Q \mathrm{d}Q = \frac{Q}{4\pi\varepsilon_0 R}$$

但球内空间各点 E 与球面上 Q 的分布有关，各点的 E 不一定相等，各点的 U 也不一定相等。

3. 选题目的　如何正确选取电势零点？

解　题中所给 $U_P = \dfrac{q}{2\pi\varepsilon_0 a} - \dfrac{\sigma a}{4\varepsilon_0}$ 是错的，因为这是分别选了两个电势零点计算出来的，前一项是以无穷远为电势零点，而后一项是以无限大平板上一点为电势零点，由于零点不同二者不能相加。

正确的解法是选共同零点，选取 q 所在点为坐标原点 O，连接 OP 并延长之为 x 轴。选 $x=a$ 处即无限大平板上一点为电势零点。任一点 x 处的场强由点电荷 q 及带电无限大平板 σ 的场叠加，即

$$E_x = \frac{q}{4\pi\varepsilon_0 x^2} - \frac{\sigma}{2\varepsilon_0}$$

再求 P 点的电势，

$$\begin{aligned}U_P &= \int_P^{\text{标}} \boldsymbol{E} \cdot \mathrm{d}\boldsymbol{l} = \int_{\frac{a}{2}}^{a} E_x \mathrm{d}x \\ &= \int_{\frac{a}{2}}^{a} \frac{q}{4\pi\varepsilon_0 x^2} \mathrm{d}x + \int_{\frac{a}{2}}^{a} -\frac{\sigma}{2\varepsilon_0} \mathrm{d}x \\ &= \frac{q}{4\pi\varepsilon_0 a} - \frac{\sigma a}{4\varepsilon_0}\end{aligned}$$

4. 选题目的　正确选取电势零点。

解　不能。对无限大带电平面和无限长带电直线的电场，若选无穷远为电势零点，则电场中各点的电势值将是无意义的。例

如，无限大带电平面的电场是均匀电场 $E=\dfrac{\sigma}{2\varepsilon_0}$，选 $U_\infty=0$，则电场内任一点的电势

$$U_P = \int_P^\infty \boldsymbol{E} \cdot \mathrm{d}\boldsymbol{l} = \int_{l_P}^\infty E\mathrm{d}l = E\cdot\infty$$

无法确定。同样，对无限长带电直线的电场也有类似情形。故这样的电场只能选取空间某一定点为电势零点，从而求出电势分布。

5. **选题目的** 几种典型电荷分布电场的电势计算小结。

解 点电荷 q：

$$U_\infty = 0$$
$$U = \dfrac{q}{4\pi\varepsilon_0 r}$$

均匀带电球面 Q，半径 R，$U_\infty=0$，

$$U = \begin{cases} \dfrac{Q}{4\pi\varepsilon_0 R}, & 0\leqslant r\leqslant R \\ \dfrac{Q}{4\pi\varepsilon_0 r}, & r\geqslant R \end{cases}$$

均匀带电球体 Q，半径 R，$U_\infty=0$，

$$U = \begin{cases} \dfrac{Q}{8\pi\varepsilon_0 R}\left(3-\dfrac{r^2}{R^2}\right), & 0\leqslant r\leqslant R \\ \dfrac{Q}{4\pi\varepsilon_0 r}, & r\geqslant R \end{cases}$$

无限长均匀带电圆柱面 λ，半径 R，$U_R=0$（柱面上），

$$U = \begin{cases} 0, & 0\leqslant r\leqslant R \\ \dfrac{-\lambda}{2\pi\varepsilon_0}\ln\dfrac{r}{R}, & r\geqslant R \end{cases}$$

无限长均匀带电圆柱体 ρ，半径 R，$U_O=0$，

$$U = \begin{cases} -\dfrac{\rho r^2}{4\varepsilon_0}, & 0\leqslant r\leqslant R \\ -\dfrac{\rho R^2}{4\varepsilon_0}+\dfrac{R^2\rho}{2\varepsilon_0}\ln\dfrac{R}{r}, & r\geqslant R \end{cases}$$

2.2 电　势

无限大均匀带电平面 σ，取 x 轴与平面垂直，原点在平面上，选 $U_O=0$（平面上原点处），

$$U = \begin{cases} \dfrac{-\sigma}{2\varepsilon_0}x, & x \geqslant 0 \\ \dfrac{\sigma}{2\varepsilon_0}x, & x \leqslant 0 \end{cases}$$

电势分布曲线图略。

计算题

1. 选题目的　电场力功的计算。

解　由题意知 q_1 受 q_2, q_3 的电场力的合力为零，可得

$$q_1 \frac{q_2}{4\pi\varepsilon_0 a^2} + q_1 \frac{q_3}{4\pi\varepsilon_0 (2a)^2} = 0$$

上式解得

$$q_2 = -\frac{q_3}{4} = -\frac{Q}{4}$$

$$W_{外力} = -W_{电场力} = -q_2\left(\frac{q_1}{4\pi\varepsilon_0 a} + \frac{q_3}{4\pi\varepsilon_0 a}\right)$$

$$= \frac{Q}{4}\frac{2Q}{4\pi\varepsilon_0 a} = \frac{Q^2}{8\pi\varepsilon_0 a}$$

2. 选题目的　静电场的保守性。

解　反证法：设在静电场中有如题图所示的电力线存在。按画电力线的规定，与电场强度垂直的截面上单位面积电力线条数等于该点场强大小。如图 2.9 中, ab, cd 与 E 平行, ab 线上处处 E 相等，则有 $E_a = E_b = E_1$, 同理在 cd 线上处处 E 相等，有 $E_c = E_d = E_2$。（也可用高斯定理证明 $E_a = E_b$, $E_c = E_d$, 请读者自证。）

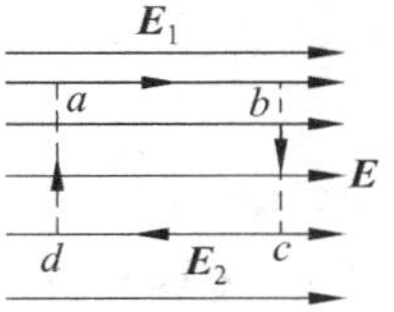

图　2.9

取矩形闭合回路 $abcda$ 如图 2.9, bc, da

与 E 垂直,$ab=cd=l$,因为电力线平行但不均匀分布,$E_1 \neq E_2$。在 ab 段 E_1 与 ab 平行;在 cd 段 E_2 与 cd 反平行;在 bc,da 两段各点的 E 与其垂直。计算环流

$$\oint_L \boldsymbol{E} \cdot \mathrm{d}\boldsymbol{l} = \int_a^b \boldsymbol{E}_1 \cdot \mathrm{d}\boldsymbol{l} + \int_b^c \boldsymbol{E} \cdot \mathrm{d}\boldsymbol{l} + \int_c^d \boldsymbol{E}_2 \cdot \mathrm{d}\boldsymbol{l} + \int_d^a \boldsymbol{E} \cdot \mathrm{d}\boldsymbol{l}$$
$$= E_1 ab + 0 + (-E_2)cd + 0$$
$$= (E_1 - E_2)l \neq 0$$

以上结果违反静电场环路定理 $\oint_L \boldsymbol{E} \cdot \mathrm{d}\boldsymbol{l} = 0$,因而假设不成立。所以对于静电场,若电力线平行,必然是等间距的,即一定是均匀场。

3. 选题目的 点电荷系场的电势计算。

解 按题意选 B 为电势零点,$r_A = 10\text{cm}, r_B = 20\text{cm}, r_C = 30\text{cm}$。由电势的定义求 U_A, U_C:

$$U_A = \int_{r_A}^{r_B} \boldsymbol{E} \cdot \mathrm{d}\boldsymbol{l} = \int_{r_A}^{r_B} \frac{q}{4\pi\varepsilon_0 r^2} \mathrm{d}r$$
$$= \frac{q}{4\pi\varepsilon_0} \left(\frac{1}{r_A} - \frac{1}{r_B} \right)$$
$$= \frac{10^{-9}}{4\pi \times 8.85 \times 10^{-12}} \times \left(\frac{1}{10} - \frac{1}{20} \right) \times 10^2$$
$$= 45 \text{V}$$

$$U_C = \int_C^B \boldsymbol{E} \cdot \mathrm{d}\boldsymbol{l} = \int_{r_C}^{r_B} \frac{q}{4\pi\varepsilon_0 r^2} \mathrm{d}r$$
$$= \frac{q}{4\pi\varepsilon_0} \left(\frac{1}{r_C} - \frac{1}{r_B} \right)$$
$$= \frac{10^{-9}}{4\pi \times 8.85 \times 10^{-12}} \times \left(\frac{1}{30} - \frac{1}{20} \right) \times 10^2$$
$$= -15 \text{V}$$

4. 选题目的 求无限长连续带电体的电势分布。

解 这是无限长均匀带电圆柱体的电场,求电势分布不能选无穷远处为电势零点,现选圆柱轴线 $r=0$ 处为电势零点。因为场

源电荷是柱对称分布的,用高斯定理很容易求出其电场分布为

$$E = \begin{cases} \dfrac{\rho}{2\varepsilon_0}r, & 0 \leqslant r \leqslant R \\ \dfrac{R^2 \rho}{2\varepsilon_0 r}\hat{r}, & r \geqslant R \end{cases}$$

由电势的定义分别求圆柱体内、外空间的电势分布:

$$U_{内} = \int_r^0 E \cdot dr = \int_r^0 \frac{\rho r}{2\varepsilon_0} dr$$

$$= -\frac{\rho r^2}{4\varepsilon_0}, \qquad 0 \leqslant r \leqslant R$$

$$U_{外} = \int_r^0 E \cdot dr \text{(需要分两段积分)}$$

$$= \int_r^R E_{外} \cdot dr + \int_R^0 E_{内} \cdot dr$$

$$= \int_r^R \frac{R^2 \rho}{2\varepsilon_0 r} dr + \int_R^0 \frac{\rho r}{2\varepsilon_0} dr$$

$$= \frac{R^2 \rho}{2\varepsilon_0} \ln \frac{R}{r} - \frac{\rho R^2}{4\varepsilon_0}, \qquad r \geqslant R$$

电势分布曲线如图 2.10 所示。

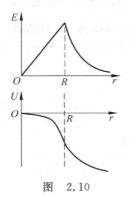

图 2.10

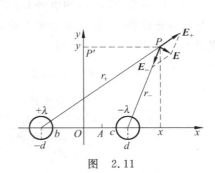

图 2.11

5. 选题目的 电荷系电场的电势计算，怎样选电势零点？怎样选积分路径？

解 先求出题给的电荷系的电场分布，取坐标系如图 2.11 所示，求任一点 $P(x,y)$ 的场强 E，用场强叠加原理，$E = E_+ + E_-$，分别求 E_+，E_- 得

$$E_+ = \frac{\lambda}{2\pi\varepsilon_0[(x+d)^2+y^2]}[(x+d)\hat{x}+y\hat{y}]$$

$$E_- = \frac{-\lambda}{2\pi\varepsilon_0[(x-d)^2+y^2]}[(x-d)\hat{x}+y\hat{y}]$$

所以

$$E = \frac{\lambda}{2\pi\varepsilon_0}\left\{\left[\frac{x+d}{(x+d)^2+y^2} - \frac{x-d}{(x-d)^2+y^2}\right]\hat{x}\right.$$
$$\left. + \left[\frac{1}{(x+d)^2+y^2} - \frac{1}{(x-d)^2+y^2}\right]y\hat{y}\right\}$$

因为电荷系是两个无限长均匀带电圆柱筒，因此电势零点不能选无穷远处。考虑到电荷分布的对称关系，选坐标原点 O 为电势零点，O 点为两圆柱筒轴线间的中点。从上面求得的 E 可知在 y 轴上各点的场强均沿 $\hat{x}$ 向，$E = E_x\hat{x}$，则 y 轴上各点的电势 $U_{y\text{轴}} = \int_{P'}^{O} E \cdot \mathrm{d}y = \int_{P'}^{O} E_x\hat{x} \cdot \mathrm{d}y = 0$，即 yOz 平面是零电势面。

(1) 任一点 $P(x,y)$ 的电势 U_P 用定义法积分求，根据以上分析电场分布的特点，积分路径可以选为从 P 沿平行于 x 轴的路径到 $P'(0,y)$，因为 $U_{P'} = 0$，则

$$U_P = \int_P^{P'} E \cdot \mathrm{d}l = \int_x^0 E_x \mathrm{d}x$$
$$= \int_x^0 \frac{\lambda}{2\pi\varepsilon_0}\left[\frac{x+d}{(x+d)^2+y^2} - \frac{x-d}{(x-d)^2+y^2}\right]\mathrm{d}x$$
$$= \frac{\lambda}{4\pi\varepsilon_0}\ln\frac{(x-d)^2+y^2}{(x+d)^2+y^2}$$

(2) 两圆柱筒间任一点 $A(x,0)$ 的场强(图 2.10)为

$$E_A = \frac{\lambda}{2\pi\varepsilon_0(d-x)} + \frac{\lambda}{2\pi\varepsilon_0(d+x)}$$
$$= \frac{\lambda}{2\pi\varepsilon_0}\left(\frac{1}{d-x} + \frac{1}{d+x}\right)$$

$\boldsymbol{E}_A$ 沿 $\hat{\boldsymbol{x}}$ 向。再由电势差的定义式求 ΔU:

$$\Delta U = U_b - U_c$$
$$\Delta U = \int_b^c \boldsymbol{E}_A \cdot \mathrm{d}\boldsymbol{l}$$
$$= \int_{-d+a}^{d-a} \frac{\lambda}{2\pi\varepsilon_0}\left(\frac{1}{d-x} + \frac{1}{d+x}\right)\mathrm{d}x$$
$$= \frac{\lambda}{2\pi\varepsilon_0}\left[\ln\frac{d-(-d+a)}{d-(d-a)} + \ln\frac{d+(d-a)}{d+(-d+a)}\right]$$
$$= \frac{\lambda}{\pi\varepsilon_0}\ln\frac{2d-a}{a}$$

追问:在讨论题 5 中已得出无限长均匀带电圆柱面的电势分布

$$U = \begin{cases} 0, & \text{在圆柱面内空间} \\ \dfrac{-\lambda}{2\pi\varepsilon_0}\ln\dfrac{r}{R}, & r \geqslant R, \quad \text{在圆柱面外空间} \end{cases}$$

这里电势零点选在圆柱面上某一点。那么对于两个无限长的均匀带电圆柱筒的电场求电势时,能否按上述将每个带电体的电势分别求出后再叠加?若能叠加不是更简单吗?若不能,试说明理由。

6. 选题目的 由电势梯度求场强。

解 如题图选取坐标,先用电势定义求出 P 点电势

$$U_P = \frac{\lambda}{4\pi\varepsilon_0}\int_0^L \frac{\mathrm{d}x}{\sqrt{a^2+x^2}} = \frac{\lambda}{4\pi\varepsilon_0}\ln\frac{L+\sqrt{L^2+a^2}}{a}$$
$$= \frac{Q}{4\pi\varepsilon_0 L}\ln\frac{L+\sqrt{L^2+a^2}}{a} \qquad ①$$

轴上任一点 $P'(0,z)$ 的电势

$$U_{P'} = \frac{Q}{4\pi\varepsilon_0 L}\ln\frac{L+\sqrt{L^2+z^2}}{z}$$

由 $E_z = -\dfrac{\partial U}{\partial z}$ 求出 $\boldsymbol{E}_P$ 的 z 轴分量 E_z：

$$\begin{aligned}
E_z &= -\frac{\partial U}{\partial z}\\
&= -\frac{Q}{4\pi\varepsilon_0 L}\frac{z}{L+\sqrt{L^2+z^2}}\Big[(L+\sqrt{L^2+z^2})(-z)^{-2}\\
&\quad + \frac{1}{z}\times\frac{1}{2}(L^2+z^2)^{-\frac{1}{2}}\times 2z\Big]\\
&= \frac{Q}{4\pi\varepsilon_0 L}\Big[\frac{1}{z} - \frac{z}{L\sqrt{L^2+z^2}+L^2+z^2}\Big]\\
&= \frac{Q}{4\pi\varepsilon_0 zL}\Big[\frac{L\sqrt{L^2+z^2}+L^2+z^2-z^2}{L\sqrt{L^2+z^2}+L^2+z^2}\Big]\\
&= \frac{Q}{4\pi\varepsilon_0 zL}\frac{L(\sqrt{L^2+z^2}+L)}{\sqrt{L^2+z^2}(L+\sqrt{L^2+z^2})}\\
&= \frac{Q}{4\pi\varepsilon_0 z}\frac{1}{\sqrt{L^2+z^2}} \qquad\qquad ②
\end{aligned}$$

追问：(1) 能否用①式求 E_z？

答：因为 $P(0,a)$ 是某一定点，该点的电势 U_P 是一特定值，必须求出电势函数 $U(x,y,z)$，再求偏导数得 $E_z = -\dfrac{\partial U}{\partial z}$，因此需求出任一点 $P'(0,z)$ 的电势 $U_{P'}$，再求 $E_z = -\dfrac{\partial U_{P'}}{\partial z}$。

(2) 由②式能否得出 $\boldsymbol{E}$？

答：$\boldsymbol{E} = E_x\hat{\boldsymbol{x}} + E_y\hat{\boldsymbol{y}} + E_z\hat{\boldsymbol{z}}$，故还需求出 $E_y = -\dfrac{\partial U}{\partial y}$，$E_x = -\dfrac{\partial U}{\partial x}$。

(3) 由②式可知，当 $z\to 0$ 时，$E_z\to\infty$，从而得出在均匀带电细棒端点，场强的 $\hat{\boldsymbol{z}}$ 向分量等于 ∞，对不对？

答：不对。因为②式是在将均匀带电细棒看成线电荷的情形下求得的,对 $z \to 0$ 时细棒就不能看成线电荷,要根据电荷的具体分布求电势,故②式只适用于 z 坐标较大的各点。

2.3 静电场中的导体

讨论题

1. 选题目的 静电平衡导体的基本性质。

解 (1) 对。不带电的导体球 A 在带电 $+q$ 的导体球 B 的电场中,将有感应电荷分布于表面,如图 2.12 所示。定性画出电力线,在静电场的电力线方向上电势逐点降低,又由图 2.12 可看出电力线自导体球 B 指向导体球 A,故 B 球电势高于 A 球。

(2) 不对。若以无穷远处为电势零点 $U_\infty = 0$,由图 2.12 可知 A 球的电力线伸向无穷远处,所以 $U_A > U_\infty = 0$,即 $U_A > 0$。

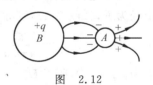

图 2.12

(3) 对。当 $r \gg R_B$ 时,必有 $r \gg R_A$,因为 A 在 B 附近,这时可将 B 球看成点电荷 q,A 球的感应电荷也可看成点电荷,而 A 球的感应电荷等量异号,它们在 P 点产生的场强大小相等方向相反,不必计算,所以 P 点的场强 $E_P = q/4\pi\varepsilon_0 r^2$。

(4) 不一定正确。因为导体球 B 表面附近的场强虽等于 $\dfrac{\sigma_B}{\varepsilon_0}$,但 B 球表面电荷不一定是均匀分布的,且要看各点 σ_B 是否等于 $q/4\pi R_B^2$,若不等,$\sigma_B \neq q/4\pi R_B^2$,则 B 球表面附近场强不等于 $\dfrac{\sigma_B}{\varepsilon_0}$。

2. **选题目的**　电势与场源电荷分布的关系。

解　将不带电的绝缘导体(与地绝缘并与其他任何带电体绝缘)置于某电场中,则该导体有 $\sum q = 0$,而导体的电势 $U \neq 0$。

3. **选题目的**　同 2 题。

解　将不带电的导体置于负电荷(或正电荷)的电场中,再将该导体接地,然后撤除接地线,则该导体有正电荷(或负电荷),并且电势为零。

4. **选题目的**　同 2 题。

解　将一带少量负电荷 $-q_0$ 的导体置于另一正电荷 $Q(Q \gg q_0)$ 的电场中,由于 $q_0 \ll Q$,带负电荷的导体并未明显改变原电场,这时该导体有过剩的负电荷,而其电势为正。

设正电荷 Q 处于 O 点,将带 $-q_0$ 的导体球置于 P 点,导体球半径为 R,如图 2.13,则导体球电势

$$U_P = U_{+Q} + U_{-q_0} = \frac{Q}{4\pi\varepsilon_0 a} + \frac{-q_0}{4\pi\varepsilon_0 (R+a)}$$

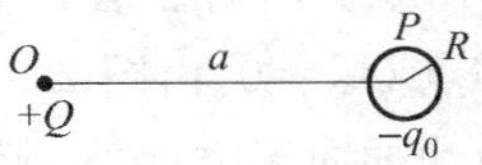

因为,$q_0 \ll Q$,所以 $U_P > 0$。

图　2.13

5. **选题目的**　有导体的静电场电势的计算。

解　题中所给 P 点的电势的计算是不对的。设球壳半径为 R,题中只给球壳的电势为 U_a,在壳内还有点电荷 q,因此壳内电势并不等于 U_a,根据电势叠加原理,壳内任一点 $P(r)$ 的电势应是壳上电荷 Q 及点电荷 q 在该点的电势的叠加,即

$$U_P = \frac{q}{4\pi\varepsilon_0 r} + \frac{Q}{4\pi\varepsilon_0 R}$$

而球壳的电势 U_a 也是由 q 及 Q 在球壳处的电势的叠加,即

$$U_a = \frac{q}{4\pi\varepsilon_0 R} + \frac{Q}{4\pi\varepsilon_0 R}$$

从而可求出 U_P 与 U_a 的关系为

$$U_P = U_a + \frac{q}{4\pi\varepsilon_0 r} - \frac{q}{4\pi\varepsilon_0 R} \neq U_a$$

另一方法求 U_P：选无穷远为电势零点，则

$$U_P = \int_P^\infty \boldsymbol{E} \cdot \mathrm{d}\boldsymbol{l} = \int_r^R \boldsymbol{E} \cdot \mathrm{d}\boldsymbol{l} + \int_R^\infty \boldsymbol{E} \cdot \mathrm{d}\boldsymbol{l}$$

$$= \int_r^R \frac{q}{4\pi\varepsilon_0 r^2} \mathrm{d}r + U_a$$

$$= \frac{q}{4\pi\varepsilon_0 r} - \frac{q}{4\pi\varepsilon_0 R} + U_a$$

6. 选题目的 导体静电平衡时的电荷分布及电势计算。

解 静电平衡时，导体 2 的内表面有感应电荷 $-Q_1$，外表面带电为 $Q_1 + Q_2$。在空腔内电场线由正电荷 Q_1 指向负电荷 $-Q_1$，即由导体 1 指向导体 2，这说明导体 1 的电势 U_1 必大于导体 2 的电势 U_2，即 $U_1 > U_2$。

分两种情况：

(1) $|Q_1| > |Q_2|$ 时，$Q_1 + Q_2 > 0$，则 $U_2 > 0$，$U_1 > 0$。

(2) $|Q_1| < |Q_2|$ 时，$Q_1 + Q_2 < 0$，则 $U_2 < 0$，U_1 的正、负不能确定。

7. 选题目的 导体静电感应及静电屏蔽。

解 三种情况空腔导体球 B 的感生电荷如下：

题图(a)。在 B 的外表面有感应电荷 $\pm q'_B$，但由于 B 接地，B 外表面在靠近 A 的一侧留下 $-q'_B < 0$ 的电荷。

题图(b)。由于 B 的空腔内球心处有点电荷 $+q$，在 B 的内表面有感应电荷 $-q$ 均匀分布，外表面有感应电荷 $+q$；又由于 B 处于点电荷 $A(+Q)$ 的电场中，在 B 的外表面有感应电荷 $\pm q'_B$。因为空腔导体 B 接地，B 外表面上在靠近 A 的一侧留下 $-q'_B < 0$ 的电荷。

题图(c)。由于 B 的空腔内偏心处有一负点电荷 $-q$，在 B 的

内表面有感应电荷$+q$不均匀分布,靠近$-q$处密集;又由于B处于点电荷$A(+Q)$的电场中,在B的外表面有感应电荷$\pm q'_B$。因为空腔导体B接地,B外表面上在靠近A的一侧留下$-q'_B<0$的电荷。

以上三种情况,接地空腔导体B外表面上的感应电荷大小、分布都一样,都是$-q'_B$,且$|-q'_B|<Q$(计算见本节计算题1),说明接地空腔导体可将腔内电荷所激发的电场完全屏蔽掉。球B外的电场仅仅由点电荷$A(+Q)$及感应电荷$-q'_B$决定。

8. 选题目的 导体表面附近的场强计算。

解 设导体表面$\mathrm{d}S$处面电荷密度为σ,则这一小面元上的电荷在其两侧紧邻处的场强$\boldsymbol{E}_1$如图2.14所示。

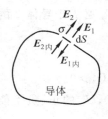

图 2.14

$$\boldsymbol{E}_1 = -\boldsymbol{E}_{1内} = \frac{\sigma}{2\varepsilon_0}\hat{\boldsymbol{n}} \quad ①$$

除上述小面电荷外,导体上其他电荷在$\mathrm{d}S$两侧紧邻处的场强为$\boldsymbol{E}_2$及$\boldsymbol{E}_{2内}$,且因为$\mathrm{d}S$很小,可认为在其附近其他电荷的电场均匀分布,即

$$\boldsymbol{E}_2 = \boldsymbol{E}_{2内} \quad ②$$

据电场叠加原理,导体外紧邻$\mathrm{d}S$处的场强

$$\boldsymbol{E}_外 = \boldsymbol{E}_1 + \boldsymbol{E}_2 \quad ③$$

导体内紧邻$\mathrm{d}S$处的场强

$$\boldsymbol{E}_内 = \boldsymbol{E}_{1内} + \boldsymbol{E}_{2内}$$

由于导体静电平衡,则应有

$$\boldsymbol{E}_{1内} + \boldsymbol{E}_{2内} = 0$$

则

$$\boldsymbol{E}_{2内} = -\boldsymbol{E}_{1内} \quad ④$$

将①,②,④三式代入③式得

$$\boldsymbol{E}_外 = -\boldsymbol{E}_{1内} + \boldsymbol{E}_{2内} = -\boldsymbol{E}_{1内} + (-\boldsymbol{E}_{1内})$$

$$=-2\boldsymbol{E}_{1内} = 2\times\frac{\sigma}{2\varepsilon_0}\hat{\boldsymbol{n}}$$

所以
$$\boldsymbol{E}_{外} = \frac{\sigma}{\varepsilon_0}\hat{\boldsymbol{n}}$$

这就是导体表面外紧邻处的电场强度,其大小为 $\frac{\sigma}{\varepsilon_0}$,方向沿该处导体表面外法向。$\boldsymbol{E}_{外}$ 比无限大均匀带电平板两侧场强大一倍。

计算题

1. **选题目的** 导体静电平衡性质的应用、感应电荷及其电场强度、电势的计算。

解 (1)静电平衡时,在金属球表面有等量异号感应电荷,靠点电荷近处表面有负感应电荷 $-q'$,远处表面有正感应电荷 $+q'$,如图 2.15 所示。

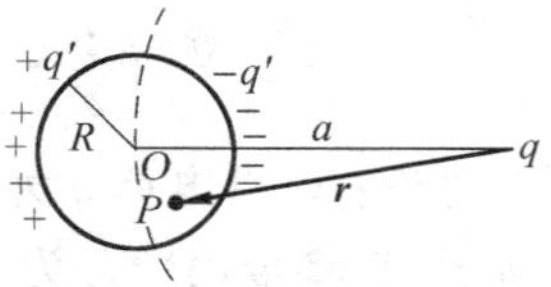

金属球内处处无净电荷,且场强处处等于零,则
$$\boldsymbol{E}_P = 0 \qquad ①$$

P 点场强由 q 及 q' 共同产生,由叠加原理有

图 2.15

$$\boldsymbol{E}_P = \boldsymbol{E}_{qP} + \boldsymbol{E}_{q'P} = \frac{q\hat{\boldsymbol{r}}}{4\pi\varepsilon_0 r^2} + \boldsymbol{E}_{q'P} \qquad ②$$

由①,②两式解得感应电荷在 P 点产生的场强为
$$\boldsymbol{E}_{q'P} = -\boldsymbol{E}_{qP} = \frac{-q\hat{\boldsymbol{r}}}{4\pi\varepsilon_0 r^2}$$

金属球是等势体,球上各点均等势,有
$$U_P = U_O \qquad ③$$

P 点电势由 q 及 q' 的电场共同产生,由电势叠加原理有

$$U_P = U_{qP} + U_{q'P} = \frac{q}{4\pi\varepsilon_0 r} + U_{q'P} \qquad ④$$

同理，O 点电势为

$$U_O = U_{qO} + U_{q'O} = \frac{q}{4\pi\varepsilon_0 a} + \int_{q'} \frac{\mathrm{d}q}{4\pi\varepsilon_0 R}$$

$$= \frac{q}{4\pi\varepsilon_0 a} + \frac{1}{4\pi\varepsilon_0 R} \int_{q'} \mathrm{d}q$$

因感应电荷在金属球表面且等量异号，即 $\int_{q'} \mathrm{d}q = 0$，代入上式得 O 点电势为

$$U_O = \frac{q}{4\pi\varepsilon_0 a} \qquad ⑤$$

由 ③，④，⑤ 三式可解出感应电荷在 P 点产生的电势为

$$U_{q'P} = U_P - \frac{q}{4\pi\varepsilon_0 r} = U_O - \frac{q}{4\pi\varepsilon_0 r} = \frac{q}{4\pi\varepsilon_0 a} - \frac{q}{4\pi\varepsilon_0 r}$$

$$= \frac{q}{4\pi\varepsilon_0}\left(\frac{1}{a} - \frac{1}{r}\right)$$

讨论：以点电荷 q 为中心、a 为半径作一球面，如图 2.15 中虚线所示，它将金属球分为左、右两部分。左部球内各点 $r > a$，感应电荷产生的电势 $U_{q'左} > 0$；右部球内各点 $r < a$，感应电荷产生的电势 $U_{q'右} < 0$。

(2) 若将金属球接地，设球上有净电荷 q_1，这时金属球的电势应为零，即 $U_球 = 0$，由叠加原理得金属球的电势

$$U_球 = \frac{q}{4\pi\varepsilon_0 r} + \frac{q_1}{4\pi\varepsilon_0 R} = 0$$

解得

$$q_1 = -\frac{R}{r}q$$

因为

$$R < r$$

2.3 静电场中的导体

所以
$$|q_1| < q$$

2. 选题目的 带电导体电场的计算。

解 （1）设 A, B 板的两侧面各带电荷,分别为 q_1, q_2, q_3, q_4,如图 2.16 所示,忽略边缘效应。据导体静电平衡条件,有

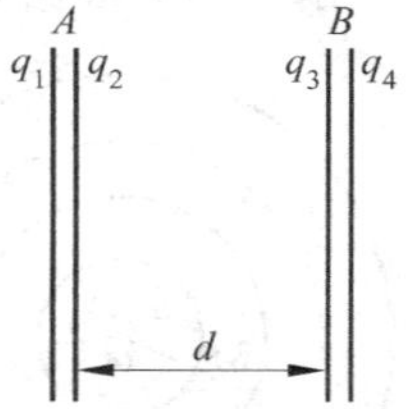

$$E_{A内} = \frac{q_1}{2\varepsilon_0 S} - \frac{q_2}{2\varepsilon_0 S} - \frac{q_3}{2\varepsilon_0 S} - \frac{q_4}{2\varepsilon_0 S} = 0$$

得
$$q_1 - q_2 - q_3 - q_4 = 0 \qquad ①$$

又有

图 2.16

$$E_{B内} = \frac{q_1}{2\varepsilon_0 S} + \frac{q_2}{2\varepsilon_0 S} + \frac{q_3}{2\varepsilon_0 S} - \frac{q_4}{2\varepsilon_0 S} = 0$$

得
$$q_1 + q_2 + q_3 - q_4 = 0 \qquad ②$$

由电荷守恒有
$$q_1 + q_2 = q_A \qquad ③$$
$$q_3 + q_4 = q_B \qquad ④$$

联立解以上四式得

$$q_2 = \frac{q_A - q_B}{2}$$

（2）以上四式还可解得

$$-q_3 = q_2 = \frac{q_A - q_B}{2}$$
$$q_1 = q_4 = \frac{q_A + q_B}{2}$$

两带电平板之间为均匀电场,电场强度为

$$E = \frac{q_2}{\varepsilon_0 S} = \frac{q_A - q_B}{2\varepsilon_0 S}$$

两板间电势差为

$$U_{AB} = Ed = \frac{q_A - q_B}{2\varepsilon_0 S} d$$

3. 选题目的 静电场中导体电荷分布及其电场的计算。

解 （1）根据导体静电平衡条件，导体内电场强度处处为零，在导体球壳内取一高斯面 S，如图 2.17 所示。

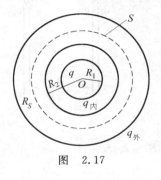

图 2.17

由高斯定理知，S 面内包围的净电荷必为零，

$$\oint_S \boldsymbol{E} \cdot d\boldsymbol{S} = 0$$

设球壳内、外表面感应电荷为 $q_内, q_外$，则

$$q + q_内 = 0$$
$$q_内 = -q$$

由电荷守恒，金属球壳原不带电，即

$$q_内 + q_外 = 0$$

所以

$$q_外 = -q_内 = q$$

再由上述电荷分布求电势分布，$q, q_内, q_外$ 是三个均匀带电球面，选无穷远为电势零点，依电势的定义式可求得

$$r \leqslant R_1, \quad U_1 = \int_r^\infty \boldsymbol{E} \cdot d\boldsymbol{r}$$
$$= \int_r^{R_1} \boldsymbol{E} \cdot d\boldsymbol{r} + \int_{R_1}^{R_2} \boldsymbol{E} \cdot d\boldsymbol{r} + \int_{R_2}^{R_3} \boldsymbol{E} \cdot d\boldsymbol{r} + \int_{R_3}^\infty \boldsymbol{E} \cdot d\boldsymbol{r}$$
$$= 0 + \int_{R_1}^{R_2} \frac{q}{4\pi\varepsilon_0 r^2} dr + 0 + \int_{R_3}^\infty \frac{q}{4\pi\varepsilon_0 r^2} dr$$
$$= \frac{q}{4\pi\varepsilon_0} \left(\frac{1}{R_1} - \frac{1}{R_2} + \frac{1}{R_3} \right) \quad (\text{等势区})$$

$R_1 \leqslant r \leqslant R_2,\quad U_2 = \int_r^{R_2} \boldsymbol{E} \cdot \mathrm{d}\boldsymbol{r} + \int_{R_2}^{R_3} \boldsymbol{E} \cdot \mathrm{d}\boldsymbol{r} + \int_{R_3}^{\infty} \boldsymbol{E} \cdot \mathrm{d}\boldsymbol{r}$

$\qquad\qquad\qquad = \int_r^{R_2} \dfrac{q}{4\pi\varepsilon_0 r^2} \mathrm{d}r + 0 + \int_{R_3}^{\infty} \dfrac{q}{4\pi\varepsilon_0 r^2} \mathrm{d}r$

$\qquad\qquad\qquad = \dfrac{q}{4\pi\varepsilon_0}\left(\dfrac{1}{r} - \dfrac{1}{R_2} + \dfrac{1}{R_3}\right)$

$R_2 \leqslant r \leqslant R_3,\quad U_3 = \int_r^{R_3} \boldsymbol{E} \cdot \mathrm{d}\boldsymbol{r} + \int_{R_2}^{\infty} \boldsymbol{E} \cdot \mathrm{d}\boldsymbol{r}$

$\qquad\qquad\qquad = 0 + \int_{R_2}^{\infty} \dfrac{q}{4\pi\varepsilon_0 r^2} \mathrm{d}r$

$\qquad\qquad\qquad = \dfrac{q}{4\pi\varepsilon_0 R_3} \qquad (\text{等势区})$

$r \geqslant R_3,\quad U_4 = \int_r^{\infty} \boldsymbol{E} \cdot \mathrm{d}\boldsymbol{r} = \int_r^{\infty} \dfrac{q}{4\pi\varepsilon_0 r^2} \mathrm{d}r$

$\qquad\qquad\qquad = \dfrac{q}{4\pi\varepsilon_0 r}$

(2) 把外球壳接地，根据电场分布可知 $q_{外}=0, q_{内}=-q$。再绝缘，求电势分布：

$r \leqslant R_1,\quad U_1 = \int_r^{R_1} \boldsymbol{E} \cdot \mathrm{d}\boldsymbol{r} + \int_{R_1}^{R_2} \boldsymbol{E} \cdot \mathrm{d}\boldsymbol{r}$

$\qquad\qquad\qquad + \int_{R_2}^{R_3} \boldsymbol{E} \cdot \mathrm{d}\boldsymbol{r} + \int_{R_3}^{\infty} \boldsymbol{E} \cdot \mathrm{d}\boldsymbol{r}$

$\qquad\qquad\qquad = 0 + \int_{R_1}^{R_2} \dfrac{q}{4\pi\varepsilon_0 r^2} \mathrm{d}r + 0 + 0$

$\qquad\qquad\qquad = \dfrac{q}{4\pi\varepsilon_0}\left(\dfrac{1}{R_1} - \dfrac{1}{R_2}\right) \qquad (\text{等势区})$

$R_1 \leqslant r \leqslant R_2,\quad U_2 = \int_r^{R_2} \boldsymbol{E} \cdot \mathrm{d}\boldsymbol{r} + \int_{R_2}^{R_3} \boldsymbol{E} \cdot \mathrm{d}\boldsymbol{r} + \int_{R_3}^{\infty} \boldsymbol{E} \cdot \mathrm{d}\boldsymbol{r}$

$\qquad\qquad\qquad = \int_r^{R_2} \dfrac{q}{4\pi\varepsilon_0 r^2} \mathrm{d}r + 0 + 0$

$$= \frac{q}{4\pi\varepsilon_0}\left(\frac{1}{r}-\frac{1}{R_2}\right)$$

$R_2 \leqslant r \leqslant R_3$, $\quad U_3 = \int_r^{R_3} \boldsymbol{E} \cdot \mathrm{d}\boldsymbol{r} + \int_{R_3}^{\infty} \boldsymbol{E} \cdot \mathrm{d}\boldsymbol{r} = 0$

$r \geqslant R_3$, $\quad U_4 = \int_r^{\infty} \boldsymbol{E} \cdot \mathrm{d}\boldsymbol{r} = 0$

(3) 把内球接地，电荷重新分布，设 R_1, R_2, R_3 各表面分别带电荷为 q_1, q_2, q_3，如图 2.18 所示。

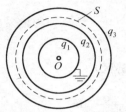

图 2.18

在外球壳内部场强处处为零，取高斯面 S，则

$$\oint_S \boldsymbol{E} \cdot \mathrm{d}\boldsymbol{S} = 0$$

由高斯定理知，S 面内包围的净电荷必为零，即

$$q_1 + q_2 = 0 \qquad ①$$

由电荷守恒知

$$q_2 + q_3 = -q \qquad ②$$

由于内球接地，内球电势 $U_1 = 0$，但从电荷分布求得

$$U_1 = \int_r^{R_1}\boldsymbol{E}\cdot\mathrm{d}\boldsymbol{r} + \int_{R_1}^{R_2}\boldsymbol{E}\cdot\mathrm{d}\boldsymbol{r} + \int_{R_2}^{R_3}\boldsymbol{E}\cdot\mathrm{d}\boldsymbol{r} + \int_{R_3}^{\infty}\boldsymbol{E}\cdot\mathrm{d}\boldsymbol{r}$$

$$= 0 + \int_{R_1}^{R_2}\frac{q_1}{4\pi\varepsilon_0 r^2}\mathrm{d}r + 0 + \int_{R_3}^{\infty}\frac{q_3}{4\pi\varepsilon_0 r^2}\mathrm{d}r$$

$$= \frac{q_1}{4\pi\varepsilon_0}\left(\frac{1}{R_1}-\frac{1}{R_2}\right) + \frac{q_3}{4\pi\varepsilon_0 R_3}$$

据 $U_1 = 0$ 得

$$\frac{q_1}{4\pi\varepsilon_0}\left(\frac{1}{R_1}-\frac{1}{R_2}\right) + \frac{q_3}{4\pi\varepsilon_0 R_3} = 0 \qquad ③$$

解①，②，③三式得内球带电荷为

$$q_1 = \frac{R_1 R_2 q}{R_2 R_3 - R_1 R_3 + R_1 R_2}$$

因为
$$R_1 < R_2$$
所以
$$q_1 < q$$
外球壳外表面带电荷为
$$q_3 = q_1 - q = \frac{(R_1 - R_2)R_3}{R_2R_3 - R_1R_3 + R_1R_2}q < 0$$

外球壳的电势
$$U_{外} = \int_{R_3}^{\infty} \boldsymbol{E} \cdot \mathrm{d}\boldsymbol{r} = \int_{R_3}^{\infty} \frac{q_1 + q_2 + q_3}{4\pi\varepsilon_0 r^2} \mathrm{d}r$$
$$= \frac{q_3}{4\pi\varepsilon_0 R_3} = \frac{(R_1 - R_2)q}{4\pi\varepsilon_0 (R_2R_3 - R_1R_3 + R_1R_2)}$$

4. 选题目的 静电场中导体外表面附近电场的计算及感应电荷的计算。

解 (1)由于静电感应,导体板上有感应电荷 q' 分布在导体板的表面。设 P 点附近导体板上面元 ΔS 的面电荷密度为 σ'_P,则 P 点的场强为

$$E_P = \frac{\sigma'_P}{\varepsilon_0} \qquad \text{①}$$

根据导体静电平衡,如图 2.19(a),在导体平板内与 P 点邻近

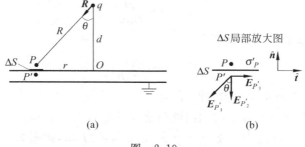

图 2.19

的一点 P' 处的场强 $E_{P'}=0$。又由场强叠加原理知,P' 处的场应由点电荷 q 的场强 $E_{P'_1}$、面电荷密度为 $\sigma_{P'}$ 的面元 ΔS 的场强 $E_{P'_2}$ 及导体平板上除 ΔS 以外其他表面感应电荷的场强 $E_{P'_3}$ 叠加,即

$$E_{P'} = E_{P'_1} + E_{P'_2} + E_{P'_3} = 0$$

如图 2.19(b)所示,$\hat{n}$ 为平板外法向,$\hat{t}$ 为平板切向,$\hat{R}$ 为从 q 指向 P 的单位矢量,有

$$E_{P'_1} = \frac{q}{4\pi\varepsilon_0 R^2}\hat{R}$$

$$E_{P'_2} = \frac{\sigma_{P'}}{2\varepsilon_0}(-\hat{n})$$

因为 P' 在 ΔS 附近,只要 P' 与 ΔS 的距离比 ΔS 的线度小得多,$E_{P'_2}$ 就可看成无限大带电平板的场强,沿平板法线向下。$E_{P'_3}$ 沿平板的切向 $\hat{t}$。

因为

$$E_{P'} = E_{P'n}\hat{n} + E_{P't}\hat{t} = 0$$

必有

$$E_{P'n} = 0, \quad E_{P't} = 0(即 E_{P'_3} = 0)$$

$$E_{P'n} = E_{P'_1}\cos\theta + E_{P'_2} = \frac{q}{4\pi\varepsilon_0 R^2}\frac{d}{R} + \frac{\sigma_{P'}}{2\varepsilon_0} = 0$$

所以

$$\sigma_P{'} = -\frac{qd}{2\pi R^3} \qquad ②$$

将②式代入①式得

$$E_P = -\frac{qd}{2\pi\varepsilon_0 R^3}$$

E_P 垂直平板指向下方,即 $-\hat{n}$ 向。

(2) 导体平板上的感应电荷是以垂足 O 为中心呈圆心对称分布的,取离 O 点为 r 处,$r \sim r+\mathrm{d}r$ 的细圆环为 $\mathrm{d}S$,如图 2.20 所示。$\mathrm{d}S$ 上的电荷为

$$dq' = \sigma' dS = -\frac{qd}{2\pi R^3} dS$$

则导体板面上的感应电荷为

$$q' = \int_S \sigma' dS = \int_0^\infty \frac{-qd}{2\pi R^3} \times 2\pi r dr$$

$$= -qd \int_0^\infty \frac{r dr}{(r^2 + d^2)^{\frac{3}{2}}} = -q$$

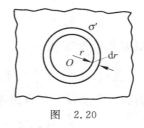

图 2.20

2.4 静电场中的电介质和电容

讨论题

1. **选题目的** 理解有介质时电场强度 E、电位移矢量 D 及 D 的高斯定理。

解 取过 q_0、介质棒以及 a, b, c 三点的直线为 x 轴,如图 2.21 所示。介质棒放入电场中后,在棒的两端有极化电荷 $\pm q'$。

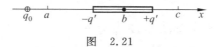

图 2.21

由高斯定理有(见原题图 2.24)

$$\oint_{S_1} \boldsymbol{E} \cdot d\boldsymbol{S} = \frac{q_0}{\varepsilon_0}$$

$$\oint_{S_2} \boldsymbol{E} \cdot d\boldsymbol{S} = \frac{q_0 - q'}{\varepsilon_0}$$

$$\oint_{S_3} \boldsymbol{E} \cdot d\boldsymbol{S} = \frac{q_0 - q' + q'}{\varepsilon_0} = \frac{q_0}{\varepsilon_0}$$

放介质棒前,空间只有电荷 q_0,且被 S_1, S_2, S_3 包围在内,所以

$$\oint_{S_1} \boldsymbol{E} \cdot \mathrm{d}\boldsymbol{S} = \oint_{S_2} \boldsymbol{E} \cdot \mathrm{d}\boldsymbol{S} = \oint_{S_3} \boldsymbol{E} \cdot \mathrm{d}\boldsymbol{S} = \frac{q_0}{\varepsilon_0}$$

由 $\boldsymbol{D}$ 的高斯定理

$$\oint_S \boldsymbol{D} \cdot \mathrm{d}\boldsymbol{S} = \sum_内 q_{自由}$$

因放入介质棒前后自由电荷分布未变,故均为

$$\oint_{S_1} \boldsymbol{D} \cdot \mathrm{d}\boldsymbol{S} = \oint_{S_2} \boldsymbol{D} \cdot \mathrm{d}\boldsymbol{S} = \oint_{S_3} \boldsymbol{D} \cdot \mathrm{d}\boldsymbol{S} = q_0$$

放入介质棒前场强由 q_0 决定,

$$E_a = \frac{q_0}{4\pi\varepsilon_0 r_a^2}, \quad E_b = \frac{q_0}{4\pi\varepsilon_0 r_b^2}, \quad E_c = \frac{q_0}{4\pi\varepsilon_0 r_c^2}$$

放入介质棒后,场强为

$$\boldsymbol{E} = \boldsymbol{E}_{q_0} + \boldsymbol{E}_{-q'} + \boldsymbol{E}_{+q'}$$

a 点处 $\boldsymbol{E}_{q_0}$, $\boldsymbol{E}_{-q'}$ 为 $\hat{\boldsymbol{x}}$ 向, $\boldsymbol{E}_{+q'}$ 为 $-\hat{\boldsymbol{x}}$ 向,且 $|\boldsymbol{E}_{-q'}| > |\boldsymbol{E}_{+q'}|$,所以

$$E_a = E_{q_0} + E_{-q'} - E_{+q'} > E_{q_0}$$

a 点场强增大。

b 点处 $\boldsymbol{E}_{q_0}$ 为 $\hat{\boldsymbol{x}}$ 向, $\boldsymbol{E}_{+q'}$, $\boldsymbol{E}_{-q'}$ 为 $-\hat{\boldsymbol{x}}$ 向,

$$E_b = E_{q_0} - E_{+q'} - E_{-q'} < E_{q_0}$$

b 点场强减弱。

c 点处 $\boldsymbol{E}_{q_0}$, $\boldsymbol{E}_{+q'}$ 为 $\hat{\boldsymbol{x}}$ 向, $\boldsymbol{E}_{-q'}$ 为 $-\hat{\boldsymbol{x}}$ 向,

$$E_c = E_{q_0} + E_{+q'} - E_{-q'} > E_{q_0}$$

c 点场强增大。

放入介质棒前,电位移矢量 $\boldsymbol{D} = \varepsilon_0 \boldsymbol{E}$,由 q_0 决定。放入介质棒后,$\boldsymbol{D} = \varepsilon_0 \boldsymbol{E} + \boldsymbol{P}$,由 q_0 和 $\pm q'$ 决定。对于均匀介质,$\boldsymbol{P}$ 与 $\boldsymbol{E}$ 同向,因此,a 点和 c 点的 D_a, D_c 值随 E_a, E_c 的增大而增大。b 点的 E_b 减小,但 $D_b = \varepsilon_0 E_b + P_b$ 的值未定,故 D_b 的变化不能确定。

2. 选题目的 电介质极化的正确理解。

解 不带电。因为从电介质极化的微观机制看有两类:一类

是非极性分子在外电场中沿电场方向产生感应电偶极矩;另一类是极性分子在外电场中其固有电偶极矩在该电场作用下沿着外电场方向取向。而这两类电介质在外电场中极化的宏观效果是一样的,在电介质的表面上出现的电荷是束缚电荷,这种电荷不像导体中的自由电荷那样能用传导的方法引走。当电介质被截成两段后撤去电场,极化的电介质又恢复原状,仍各保持中性。

3. **选题目的** 对电容概念的理解。

解 据导体静电平衡条件及高斯定理可知,金属球壳 B 的内表面有 $-q$ 电荷,外表面有电荷 $Q+q$。则按电容器电容的定义可求得

$$C = \frac{q}{U}$$

4. **选题目的** 有介质时电场及电容的计算。

解 电容器保持与电源接通时,两极板间的电压 U 保持不变。对平行板电容器,板间为均匀电场 E,可由 U 求出,即

$$U = \frac{\sigma}{\varepsilon_0} d$$

则

$$E = \frac{U}{d} = \frac{\sigma}{\varepsilon_0} \quad \text{①}$$

未变。

电容器的电容

$$C = \frac{\sigma' S}{U} \quad \text{②}$$

σ' 为充入介质后电容器极板上的面电荷密度,在介质内场强

$$E = \frac{\sigma'}{\varepsilon_0 \varepsilon_r} \quad \text{③}$$

比较①,③两式可得

$$\sigma' = \varepsilon_r \sigma > \sigma \qquad ④$$

这说明电介质极化削弱了原电场,由于电容器始终与电源连接,电源提供电荷以保持电容器极板间的电压不变。将④式代入②式得

$$C = \frac{\varepsilon_r \sigma S}{U} = \frac{\varepsilon_0 \varepsilon_r S}{d} = \varepsilon_r C_0 > C_0$$

说明电容器充入介质以后电容增大了。其物理意义是在同样的极板间电压的情况下,有介质的电容器储存的电荷是真空电容器的 ε_r 倍。

电容器的能量

$$W = \frac{1}{2}CU^2 = \frac{1}{2}\varepsilon_r C_0 U^2 = \varepsilon_r W_0$$

这说明在同样的板间电压的情况下,有介质的电容器储存的能量是真空电容器的 ε_r 倍。

5. 选题目的 平行板电容器的计算。

解 设电容器带电为 Q,如图 2.22,则下极板受电力为

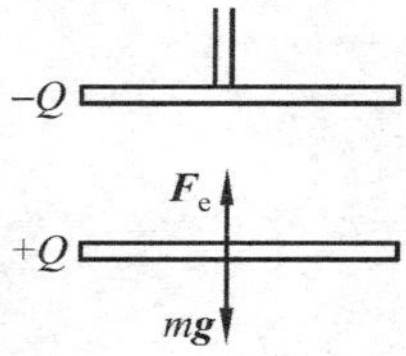

$$F_e = \frac{\frac{Q}{S}}{2\varepsilon_0}Q = \frac{Q^2}{2\varepsilon_0 S}$$

由平衡条件,有

$$F_e = mg$$

联立两式可得

$$Q = \sqrt{2\varepsilon_0 S mg}$$

图 2.22

两极板间电场为

$$E = \frac{Q}{\varepsilon_0 S} = \sqrt{\frac{2mg}{\varepsilon_0 S}}$$

两极板间电压应为

$$V = Ed = d\sqrt{\frac{2mg}{\varepsilon_0 S}}$$

2.4 静电场中的电介质和电容

6. 选题目的 孤立导体球电容的计算。

解 带电铜球处于介质中,上半球在空气中是孤立导体半球空气电容,有
$$C_上 = 2\pi\varepsilon_0 R$$
下半球浸在油中是孤立导体半球油电容,有
$$C_下 = 2\pi\varepsilon_0\varepsilon_r R$$
铜球本身是等势体,所以
$$U_上 = U_下 = U$$
因此可看成是两个电容器并联,并联总电容为
$$C = C_上 + C_下$$
据 $U = \dfrac{Q}{C}$ 知,

$$\begin{aligned}
Q_上 &= C_上 U_上 = C_上 U \\
&= C_上 \frac{Q}{C} = \frac{C_上 Q}{C_上 + C_下} \\
&= \frac{2\pi\varepsilon_0 R Q}{2\pi\varepsilon_0 R(1+\varepsilon_r)} \\
&= \frac{Q}{\varepsilon_r + 1} = \frac{2.0 \times 10^{-6}}{3.0 + 1} \\
&= 0.5 \times 10^{-6}\,\text{C}
\end{aligned}$$

$$\begin{aligned}
Q_下 &= Q - Q_上 \\
&= 2.0 \times 10^{-6} - 0.5 \times 10^{-6} \\
&= 1.5 \times 10^{-6}\,\text{C}
\end{aligned}$$

计算题

1. 选题目的 有介质时电场及电容的计算。

解 (1) 设两介质所对的极板上的面电荷密度分别为 $\pm\sigma_1$ 和 $\pm\sigma_2$,如图 2.23 所示。两极板都是导体,故每个极板各处电势相等,因而电容器两部分极板间的电势差相等,即

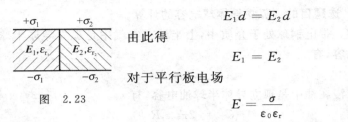

图 2.23

$$E_1 d = E_2 d$$

由此得

$$E_1 = E_2$$

对于平行板电场

$$E = \frac{\sigma}{\varepsilon_0 \varepsilon_r}$$

所以

$$E_1 = \frac{\sigma_1}{\varepsilon_0 \varepsilon_{r_1}}, \quad E_2 = \frac{\sigma_2}{\varepsilon_0 \varepsilon_{r_2}}$$

由 $E_1 = E_2$ 可得

$$\frac{\sigma_1}{\varepsilon_{r_1}} = \frac{\sigma_2}{\varepsilon_{r_2}}$$

因为

$$\varepsilon_{r_1} \neq \varepsilon_{r_2}$$

所以

$$\sigma_1 \neq \sigma_2$$

(2) 对平行板电场有 $D = \sigma$,由 $\sigma_1 \neq \sigma_2$ 可得
$$D_1 \neq D_2$$

(3) 两部分的电容分别是

$$C_1 = \frac{\varepsilon_0 \varepsilon_{r_1} \dfrac{S}{2}}{d}$$

$$C_2 = \frac{\varepsilon_0 \varepsilon_{r_2} \dfrac{S}{2}}{d}$$

由于 C_1 与 C_2 并联,所以总电容

$$C = C_1 + C_2 = \frac{\varepsilon_0 S}{2d}(\varepsilon_{r_1} + \varepsilon_{r_2})$$

2. 选题目的 有介质时电场的计算。

解 (1) **解法一** 用 D 的高斯定理解。

分析对称性：因为电荷及介质分布都是球对称的，在 $\pm Q$ 的电场中，介质极化电荷分布在介质的内、外表面，即都是均匀分布在球面上的面电荷，故与球心等距的各点场强 $\boldsymbol{E}$ 大小相等，方向沿径向 $\hat{\boldsymbol{r}}$。$\boldsymbol{D}=\varepsilon\boldsymbol{E}$，则 $\boldsymbol{D}$ 也是球对称的。

根据以上分析，在 $R_1<r<R$ 区域内过场点取与金属球同心的半径为 r 的球面 S 为高斯面，则

$$\oint_S \boldsymbol{D}\cdot\mathrm{d}\boldsymbol{S}=\oint_S D\mathrm{d}S=D\times4\pi r^2$$

由 $\boldsymbol{D}$ 的高斯定理

$$\oint_S \boldsymbol{D}\cdot\mathrm{d}\boldsymbol{S}=\sum_\text{内} q_0$$

得

$$D\times 4\pi r^2=Q$$
$$D=\frac{Q}{4\pi r^2} \qquad ①$$

同理，在 $R<r<R_2$ 区域内，取半径为 r 的同心球面为高斯面 S，由于 S 面内包围自由电荷仍是 Q，故

$$D=\frac{Q}{4\pi r^2} \qquad ②$$

在 $r<R_1$ 区域内，取半径为 r 的同心球面为高斯面 S，由于 S 面内未包围自由电荷，

$$\sum_\text{内} q_0=0$$

所以

$$\oint_S \boldsymbol{D}\cdot\mathrm{d}\boldsymbol{S}=0$$

则

$$D=0 \qquad ③$$

在 $r>R_2$ 区域内，取半径为 r 的同心球面为高斯面 S，在 S 面内包围 $+Q$ 及 $-Q$，所以

$$\sum_内 q_0 = 0$$

则
$$D = 0 \qquad ④$$

根据 $\boldsymbol{D}=\varepsilon\boldsymbol{E}$ 及 ①,②,③,④ 式可以求出各区内的 E 如下：

$r < R_1$ 时， $\qquad E = 0$

$R_1 < r < R$ 时， $\qquad E = \dfrac{D}{\varepsilon_0 \varepsilon_r} = \dfrac{Q}{4\pi\varepsilon_0 \varepsilon_{r_1} r^2}$

$R < r < R_2$ 时， $\qquad E = \dfrac{D}{\varepsilon_0 \varepsilon_{r_2}} = \dfrac{Q}{4\pi\varepsilon_0 \varepsilon_{r_2} r^2}$

$r > R_2$ 时， $\qquad E = 0$

$\boldsymbol{E}$ 与 $\boldsymbol{D}$ 同向，即 $\boldsymbol{E}$ 为 $\hat{\boldsymbol{r}}$ 向。

根据 $\boldsymbol{P}=(\varepsilon_r-1)\varepsilon_0\boldsymbol{E}$ 关系，相应地求出：

$r < R_1$ 时， $\qquad P = 0$

$R_1 < r < R$ 时， $\qquad P = \dfrac{(\varepsilon_{r_1}-1)Q}{4\pi\varepsilon_{r_1} r^2}$

$R < r < R_2$ 时， $\qquad P = \dfrac{(\varepsilon_{r_2}-1)Q}{4\pi\varepsilon_{r_2} r^2}$

$r > R_2$ 时， $\qquad P = 0$

$\boldsymbol{P}$ 与 $\boldsymbol{E}$ 同向，即 $\boldsymbol{P}$ 为 $\hat{\boldsymbol{r}}$ 向。

由电势定义式 $U_P = \displaystyle\int_P^\infty \boldsymbol{E} \cdot \mathrm{d}\boldsymbol{l}$ 求 U 的分布：

$r \leqslant R_1$ 时， $U = \displaystyle\int_r^{R_1} \boldsymbol{E} \cdot \mathrm{d}\boldsymbol{l} + \int_{R_1}^{R} \boldsymbol{E} \cdot \mathrm{d}\boldsymbol{l} + \int_{R}^{R_2} \boldsymbol{E} \cdot \mathrm{d}\boldsymbol{l}$

$\qquad\qquad\qquad + \displaystyle\int_{R_2}^\infty \boldsymbol{E} \cdot \mathrm{d}\boldsymbol{r}$

$\qquad\qquad = 0 + \displaystyle\int_{R_1}^{R} \dfrac{Q}{4\pi\varepsilon_0 \varepsilon_{r_1} r^2}\mathrm{d}r + \int_{R}^{R_2} \dfrac{Q}{4\pi\varepsilon_0 \varepsilon_{r_2} r^2}\mathrm{d}r + 0$

$$= \frac{Q}{4\pi\varepsilon_0}\left[\frac{1}{\varepsilon_{r_1}}\left(\frac{1}{R_1}-\frac{1}{R}\right)+\frac{1}{\varepsilon_{r_2}}\left(\frac{1}{R}-\frac{1}{R_2}\right)\right]$$

$R_1 \leqslant r \leqslant R$ 时，$\displaystyle U=\int_r^R \boldsymbol{E}\cdot\mathrm{d}\boldsymbol{l}+\int_R^{R_2}\boldsymbol{E}\cdot\mathrm{d}\boldsymbol{l}+\int_{R_2}^\infty \boldsymbol{E}\cdot\mathrm{d}\boldsymbol{l}$

$$=\int_r^R \frac{Q}{4\pi\varepsilon_0\varepsilon_{r_1}r^2}\mathrm{d}r+\int_R^{R_2}\frac{Q}{4\pi\varepsilon_0\varepsilon_{r_2}r^2}\mathrm{d}r+0$$

$$=\frac{Q}{4\pi\varepsilon_0}\left[\frac{1}{\varepsilon_{r_1}}\left(\frac{1}{r}-\frac{1}{R}\right)+\frac{1}{\varepsilon_{r_2}}\left(\frac{1}{R}-\frac{1}{R_2}\right)\right]$$

$R \leqslant r \leqslant R_2$ 时，$\displaystyle U=\int_r^{R_2}\boldsymbol{E}\cdot\mathrm{d}\boldsymbol{l}=\int_r^{R_2}\frac{Q}{4\pi\varepsilon_0\varepsilon_{r_2}r^2}\mathrm{d}r$

$$=\frac{Q}{4\pi\varepsilon_0\varepsilon_{r_2}}\left(\frac{1}{r}-\frac{1}{R_2}\right)$$

$r \geqslant R_2$ 时，$\displaystyle U=\int_r^\infty \boldsymbol{E}\cdot\mathrm{d}\boldsymbol{l}=0$

解法二 因为在球形电容器内，介质的交界面是电场的等势面，则各区内场强 E 与真空中的场强 E_0 有如下关系：

$$E=\frac{E_0}{\varepsilon_r}$$

先求出真空中的场强 E_0（可由 $\boldsymbol{E}$ 的高斯定理求出），再求各介质内的场强 E，然后再依 $\boldsymbol{D}=\varepsilon\boldsymbol{E}$，$\boldsymbol{P}=(\varepsilon_r-1)\varepsilon_0\boldsymbol{E}$ 求出相应的 $\boldsymbol{D}$ 及 $\boldsymbol{P}$。

画出 D-r，E-r，U-r 曲线，如图 2.24 所示。

(2) 由 $w_e=\dfrac{1}{2}DE$ 求出各区的电场能量密度 w_e：

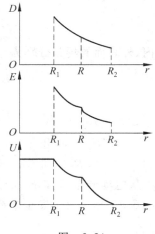

图 2.24

$r < R_1$ 时, $\quad w_e = 0$

$R_1 < r < R$ 时, $\quad w_e = \dfrac{Q^2}{32\pi^2 \varepsilon_0 \varepsilon_{r_1} r^4}$

$R < r < R_2$ 时, $\quad w_e = \dfrac{Q^2}{32\pi^2 \varepsilon_0 \varepsilon_{r_2} r^4}$

$r > R_2$ 时, $\quad w_e = 0$

（3）内层电介质的内表面即 $r = R_1$，其外法线方向是 $-\hat{r}$ 向，其极化电荷面密度为

$$\sigma' = \boldsymbol{P} \cdot \hat{n} = P\cos\pi$$
$$= \frac{(\varepsilon_{r_1} - 1)Q}{4\pi\varepsilon_{r_1} R_1^2} \times (-1)$$
$$= \frac{(1 - \varepsilon_{r_1})Q}{4\pi\varepsilon_{r_1} R_1^2} < 0$$

3. 选题目的 介质耐压的计算。

解 设加上电压后内、外导体单位长度带电量分别为 $\pm\lambda$，则可求出介质内电场分布为

$$E = \frac{\lambda}{2\pi\varepsilon_0 \varepsilon_r r}$$

其内、外表面的场强分别为

$$E_1 = \frac{\lambda}{2\pi\varepsilon_0 \varepsilon_r R_1}$$

$$E_2 = \frac{\lambda}{2\pi\varepsilon_0 \varepsilon_r R_2}$$

由 $E_1 = 2.5 E_2$ 可解出

$$R_2 = 2.5 R_1 = 2.5 \times 0.5 = 1.25 \text{cm}$$

从电场分布可知 E_1 最大，故当电压升高时，E_1 处将先被击穿。令 E_1 等于最大安全电势梯度，即 $E_1 = E^*$，则应有

$$\lambda = 2\pi\varepsilon_0 \varepsilon_r R_1 E^*$$

电缆能承受的最大电压是

$$U_1 - U_2 = \int_{R_1}^{R_2} \boldsymbol{E} \cdot \mathrm{d}\boldsymbol{l} = \int_{R_1}^{R_2} \frac{\lambda}{2\pi\varepsilon_0 \varepsilon_r r} \mathrm{d}r$$
$$= R_1 E^* \int_{R_1}^{R_2} \frac{\mathrm{d}r}{r} = R_1 E^* \ln \frac{R_2}{R_1}$$
$$= 0.5 \times 40 \times \ln 2.5 = 18.3 \text{kV}$$

4. 选题目的 电容器的能量计算。

解 因为在电容器两极板间距离从 d 变到 $2d$ 过程中极板上的电荷 Q 不变,可求出:

(1) 极板间距为 d 时,
$$C_1 = \frac{\varepsilon_0 S}{d}$$
$$W_1 = \frac{1}{2C_1} Q^2 = \frac{Q^2 d}{2\varepsilon_0 S}$$

极板间距为 $2d$ 时,
$$C_2 = \frac{\varepsilon_0 S}{2d}$$
$$W_2 = \frac{1}{2C_2} Q^2 = \frac{Q^2 d}{\varepsilon_0 S}$$
$$\Delta W = W_2 - W_1 = \frac{Q^2 d}{\varepsilon_0 S} - \frac{Q^2 d}{2\varepsilon_0 S} = \frac{Q^2 d}{2\varepsilon_0 S}$$

$\Delta W > 0$,说明此过程中,电容器能量增加。

(2) 因为电容器两极板相吸,吸力的大小为
$$F_{电} = QE = Q \frac{Q}{2\varepsilon_0 S} = \frac{Q^2}{2\varepsilon_0 S}$$

此力与板间距无关,所以缓缓拉开板间距时,外力做正功,其值为
$$A_{外} = F_{外} d = F_{电} d = \frac{Q^2 d}{2\varepsilon_0 S}$$

(3) 比较以上计算结果可知
$$A_{外} = \Delta W$$

即外力对电容器做的功等于电容器能量的增量。

*5. 选题目的　介质极化电荷与极化强度间的关系,极化电荷及均匀带电介质球电势的计算。

解　因自由电荷体密度 ρ_0 是均匀分布在各向同性均匀介质球内,则电场分布是球对称的。在介质球内取半径为 r 的同心球面 S 为高斯面,如图 2.25,由高斯定理有

图 2.25

$$\oint_S \boldsymbol{D} \cdot \mathrm{d}\boldsymbol{S} = \sum_{\text{内}} q_{\text{自由}}$$

$r<R$ 时,

$$D \times 4\pi r^2 = \rho_0 \frac{4\pi r^3}{3}$$

$$D = \frac{\rho_0 r}{3}$$

由

$$D = \varepsilon_0 \varepsilon_r E$$

可求出

$$E = \frac{\rho_0 r}{3\varepsilon_0 \varepsilon_r}$$

$r>R$ 时,$\varepsilon_r = 1$,同理可求出

$$D = \frac{\rho_0 R^3}{3r^2}$$

$$E = \frac{\rho_0 R^3}{3\varepsilon_0 r^2}$$

球心 O 的电势为

$$U_O = \int_0^\infty \boldsymbol{E} \cdot \mathrm{d}\boldsymbol{r} = \int_0^R \frac{\rho_0 r}{3\varepsilon_0 \varepsilon_r} \mathrm{d}r + \int_R^\infty \frac{\rho_0 R^3}{3\varepsilon_0 r^2} \mathrm{d}r$$

$$= \frac{\rho_0 R^2}{6\varepsilon_0 \varepsilon_r}(1 + 2\varepsilon_r) \qquad \text{①}$$

极化强度 $\boldsymbol{P}$ 的分布为

$$r < R, \quad \boldsymbol{P} = \varepsilon_0(\varepsilon_r - 1)\boldsymbol{E} = \frac{\rho_0 r(\varepsilon_r - 1)}{3\varepsilon_r}\hat{\boldsymbol{r}}$$

在 S 球内极化电荷

$$q' = -\oint_S \boldsymbol{P} \cdot d\boldsymbol{S} = -P \times 4\pi r^2$$

$$= -\frac{\varepsilon_r - 1}{\varepsilon_r}\frac{4\pi r^3}{3}\rho_0 = -\frac{\varepsilon_r - 1}{\varepsilon_r}\rho_0 V \quad \text{②}$$

可见极化电荷 q' 与体积 V 成正比,在介质球内 q' 均匀分布,所以极化电荷体密度为

$$\rho' = -\frac{\varepsilon_r - 1}{\varepsilon_r}\rho_0 \quad \text{③}$$

介质球表面极化电荷面密度为

$$\sigma' = \boldsymbol{P} \cdot \hat{\boldsymbol{n}} = \frac{\rho_0 R(\varepsilon_r - 1)}{3\varepsilon_r} \quad (r = R, \hat{\boldsymbol{n}} \text{ 与 } \hat{\boldsymbol{r}} \text{ 同向}) \quad \text{④}$$

说明介质球表面是一个均匀带电球面,球面的极化电荷

$$q'_{\text{面}} = \sigma' \times 4\pi R^2 = \frac{\varepsilon_r - 1}{\varepsilon_r}\frac{4\pi R^3}{3}\rho_0 \quad \text{⑤}$$

讨论:(1) 由②式,当 $r = R$ 时,可求出介质球体内极化电荷总和为

$$q'_{\text{体}} = -\frac{\varepsilon_r - 1}{\varepsilon_r}\rho_0\frac{4\pi R^3}{3} \quad \text{⑥}$$

⑤式为介质球表面的极化电荷,则

$$q'_{\text{体}} + q'_{\text{面}} = 0$$

这正是电荷守恒的必然结果。

(2) 综上,均匀介质球在其体内自由电荷体密度 ρ_0 均匀分布的电场中极化后,可等效为一个均匀带电体密度为 ρ 和均匀带电面密度为 σ' 的带电球。其中由③式和 ρ_0 可求出

$$\rho = \rho_0 + \rho' = \rho_0 + \left(-\frac{\varepsilon_r - 1}{\varepsilon_r}\rho_0\right) = \frac{\rho_0}{\varepsilon_r} \quad \text{⑦}$$

由④式

$$\sigma' = \frac{\rho_0 R(\varepsilon_r - 1)}{3\varepsilon_r}$$

按上述等效带电球可以求出其电场分布:

$r < R$ 时, $\oint_S \boldsymbol{E} \cdot \mathrm{d}\boldsymbol{S} = \frac{\sum q_\text{内}}{\varepsilon_0}$

$$E \cdot 4\pi r^2 = \frac{\rho_0}{\varepsilon_0 \varepsilon_r} \frac{4\pi r^3}{3}$$

$$E = \frac{\rho_0 r}{3\varepsilon_0 \varepsilon_r}$$

$r > R$ 时, $E \cdot 4\pi r^2 = \frac{1}{\varepsilon_0} \left[\frac{\rho_0}{\varepsilon_r} \frac{4\pi R^3}{3} + \frac{\rho_0 R(\varepsilon_r - 1)}{3\varepsilon_r} \cdot 4\pi R^2 \right]$

$$E = \frac{\rho_0 R^3}{3\varepsilon_0 r^2}$$

用电势叠加法将体电荷 ρ 的电势与面电荷 σ' 的电势叠加,求出介质球中心 O 的电势

$$U_O = \int_0^R \frac{\mathrm{d}q}{4\pi\varepsilon_0 r} + \frac{q'_\text{面}}{4\pi\varepsilon_0 R} = \int_0^R \frac{\rho \cdot 4\pi r^2 \mathrm{d}r}{4\pi\varepsilon_0 r} + \frac{\sigma' 4\pi R^2}{4\pi\varepsilon_0 R}$$

将④,⑦两式代入上式可得

$$U_O = \frac{\rho_0 R^2}{6\varepsilon_0 \varepsilon_r}(1 + 2\varepsilon_r)$$

*6. **选题目的** 电介质极化规律、有电介质时电场强度和极化电荷的计算。

解 均匀介质球可看成是分子正、负电荷中心均匀分布的两个等量异号体电荷密度为 $\pm \rho_\text{分子}$ 的球体 O', O,极化前两球重合,电荷体密度 $\rho' = \rho^+_\text{分子} + \rho^-_\text{分子} = 0$。

均匀介质球在均匀外电场 $\boldsymbol{E}_0$ 中可认为是均匀极化,所有分子的正、负电荷中心都产生了相对位移 $\boldsymbol{a}$,相应这两个球的球心

O',O 之间必然产生相对位移 a,如图 2.26(a)所示。则在电介质球表面上就形成了一层极化面电荷 $\pm\sigma'$,在 θ 角处电荷厚度为 d,

$$d = a\cos\theta$$
$$\sigma' = \rho_{\text{分子}} \cdot d = \rho_{\text{分子}} a\cos\theta$$

由定义,极化强度

$$\boldsymbol{P} = \frac{\sum \boldsymbol{P}_{\text{分子}}}{\Delta V} = \frac{\sum q_{\text{分子}} \boldsymbol{a}}{\Delta V} = \rho_{\text{分子}} \boldsymbol{a}$$

则

$$\sigma' = P\cos\theta \qquad ①$$

在 2.1 节已求得均匀带电球体的场强,用于此,均匀带电体电荷密度为 $\rho_{\text{分子}}$ 的球在球内点 A 处的场强分别为

$$\boldsymbol{E}'_+ = \frac{\rho_{\text{分子}}}{3\varepsilon_0}\boldsymbol{r}_+, \quad \boldsymbol{E}'_- = \frac{-\rho_{\text{分子}}}{3\varepsilon_0}\boldsymbol{r}_-$$

如图 2.26(b)所示,由叠加原理得,极化电荷在球内产生的场强为

$$\boldsymbol{E}'_{\text{内}} = \boldsymbol{E}'_+ + \boldsymbol{E}'_- = \frac{\rho_{\text{分子}}}{3\varepsilon_0}(\boldsymbol{r}_+ - \boldsymbol{r}_-)$$

$$= -\frac{\rho_{\text{分子}}}{3\varepsilon_0}\boldsymbol{a} = -\frac{\boldsymbol{P}}{3\varepsilon_0} \qquad ②$$

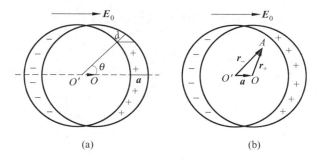

图 2.26

②式说明 $E'_内$ 是均匀场。

电介质球内总场强为

$$E_内 = E_0 + E'_内 \qquad ③$$

极化强度与总场强成正比,即

$$P = \varepsilon_0 (\varepsilon_r - 1) E_内 \qquad ④$$

将④式代入②式有

$$E'_内 = -\frac{(\varepsilon_r - 1)}{3} E_内 \qquad ⑤$$

将⑤式代入③式得

$$E_内 = E_0 - \frac{(\varepsilon_r - 1)}{3} E_内$$

解得电介质球内的总场强为

$$E_内 = \frac{3 E_0}{\varepsilon_r + 2} \qquad ⑥$$

将⑥式代入④式得极化强度矢量

$$P = \frac{3\varepsilon_0 (\varepsilon_r - 1)}{\varepsilon_r + 2} E_0 \qquad ⑦$$

求极化电荷分布。因在两球 O',O 重叠部分 $\rho' = 0$,只有表面电荷 σ',将⑦式代入①式得

$$\sigma' = \frac{3\varepsilon_0 (\varepsilon_r - 1)}{\varepsilon_r + 2} E_0 \cos\theta$$

第3章 稳恒电流磁场

3.1 磁感应强度 B、毕奥-萨伐尔定律

讨论题

1. **选题目的** 明确电流元的磁场方向。

解 根据毕奥-萨伐尔定律,电流元 Idl 在距它为 r 处的磁感应强度 dB 的方向为 $Idl \times r$ 的方向(Idl 方向为该处电流 I 的方向,r 方向是由该电流元指向场点),即垂直于 Idl 与 r 组成的平面,所以在 b,c 两点的 dB_b,dB_c 是垂直纸面向里的,a 点的 dB_a 是垂直纸面向外的,如图 3.1 所示。

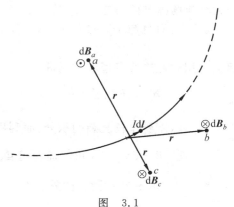

图 3.1

2. **选题目的** 明确库仑场强公式与毕奥-萨伐尔定律的区别与类似之处。

解 库仑场强公式

$$d\boldsymbol{E} = \frac{dq}{4\pi\varepsilon_0 r^3}\boldsymbol{r} \left(\text{或 } \boldsymbol{E} = \frac{q}{4\pi\varepsilon_0 r^3}\boldsymbol{r}\right)$$

毕奥-萨伐尔定律

$$d\boldsymbol{B} = \frac{\mu_0 I d\boldsymbol{l} \times \boldsymbol{r}}{4\pi r^3}$$

类似之处：(1) 都是元场源产生场的公式。一个是电荷元（或点电荷）的场强公式，一个是电流元的磁感应强度的公式。

(2) $d\boldsymbol{E}$ 和 $d\boldsymbol{B}$ 大小都是与场源到场点的距离平方成反比。

(3) 都是计算 $\boldsymbol{E}$ 和 $\boldsymbol{B}$ 的基本公式与场强叠加原理联合使用，原则上可以求解任意分布的电荷的静电场与任意形状的稳恒电流的磁场。

不同之处：(1) 库仑场强公式是直接从实验总结出来的，毕奥-萨伐尔定律是从概括闭合电流磁场的实验数据间接得到的。

(2) 电荷元的电场强度 $d\boldsymbol{E}$ 的方向与 $\boldsymbol{r}$ 方向一致或相反，而电流元的磁感应强度 $d\boldsymbol{B}$ 的方向既非 $Id\boldsymbol{l}$ 方向，也不是 $\boldsymbol{r}$ 的方向，而是垂直于 $d\boldsymbol{l}$ 与 $\boldsymbol{r}$ 组成的平面，由右手螺旋法则确定。

(3) $d\boldsymbol{E}$ 的大小与场源电荷的电量 dq 成正比，而 $d\boldsymbol{B}$ 的大小不仅与 $Id\boldsymbol{l}$ 的大小成正比，而且与 $Id\boldsymbol{l}$ 的方向（以它和 $\boldsymbol{r}$ 的夹角 θ 表示）有关。

3. 选题目的 用磁通连续定理求磁通量。

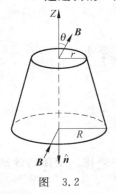

图 3.2

解 按磁通量的定义 $\varPhi_{侧} = \iint\limits_{S_{侧}} \boldsymbol{B} \cdot d\boldsymbol{S}$ 计算，需要作较复杂的积分。而利用磁通连续定理 $\oiint\limits_{S} \boldsymbol{B} \cdot d\boldsymbol{S} = 0$，可较简便求 $\varPhi_{侧}$。

如图 3.2，圆台的外表面 S 为闭合面。由磁通连续定理知 $\varPhi_S = \oiint\limits_{S} \boldsymbol{B} \cdot d\boldsymbol{S} = 0$，则

$$\varPhi_S = \varPhi_{侧} + \varPhi_{上底} + \varPhi_{下底} = 0 \qquad ①$$

又

$$\Phi_{上底} = \boldsymbol{B} \cdot \boldsymbol{S}_{上底} = B\pi r^2 \cos\theta \qquad ②$$

$$\Phi_{下底} = \boldsymbol{B} \cdot \boldsymbol{S}_{下底} = B\pi R^2 \cos(\pi - \theta) = -B\pi R^2 \cos\theta \qquad ③$$

由①,②,③三式解得通过圆台侧面的磁通量为

$$\Phi_{侧} = -(\Phi_{上底} + \Phi_{下底}) = \pi B \cos\theta (R^2 - r^2)$$

结果表明 $\Phi_{侧}$ 与圆台的高无关。

4. 选题目的 磁场叠加原理的应用。

解 设如图 3.3 所示的坐标。外磁场 $\boldsymbol{B}_0$ 沿 y 轴正向,长直线电流沿 x 轴正向。若在 r 处,直线电流的磁感应强度与 $\boldsymbol{B}_0$ 大小相等,则

$$B_0 = \frac{\mu_0 I}{2\pi r}$$

所以

$$r = \frac{\mu_0 I}{2\pi B_0} = \frac{4\pi \times 10^{-7} \times 20}{2\pi \times 10^{-3}} = 4.00 \times 10^{-3} \text{m}$$

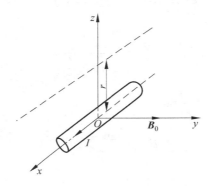

图 3.3

根据右手螺旋法则,判定出直线电流磁感应强度与 $\boldsymbol{B}_0$ 大小相等、方向相反的点一定在 xOz 平面上距 x 轴 4×10^{-3} m 且平行于 x 轴的直线上,则此直线上各点的磁感应强度为零。

5. **选题目的** 典型电流磁场的计算。

解 以 θ 表示 $\stackrel{\frown}{ab}$ 在圆心 O 处的张角,如图 3.4 所示,则由圆形电流的磁场公式可得圆弧电流在 O 处的磁场为

$$B_1 = \frac{\mu_0 I}{2r} \frac{\theta}{2\pi} = \frac{\mu_0 I \theta}{4\pi r} \quad (r \text{ 为 } \stackrel{\frown}{ab} \text{ 的半径})$$

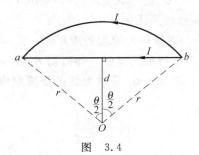

图 3.4

直电流段在 O 处的磁场为

$$B_2 = \frac{\mu_0 I}{4\pi d}\left[\cos\left(\frac{\pi}{2} - \frac{\theta}{2}\right) - \cos\left(\frac{\pi}{2} + \frac{\theta}{2}\right)\right]$$

$$= \frac{\mu_0 I}{2\pi d}\sin\frac{\theta}{2} = \frac{\mu_0 I \sin\frac{\theta}{2}}{2\pi r \cos\frac{\theta}{2}}$$

$$= \frac{\mu_0 I}{2\pi r}\tan\frac{\theta}{2}$$

$$\frac{B_2}{B_1} = \frac{\tan\frac{\theta}{2}}{\frac{\theta}{2}} > 1$$

6. **选题目的** 毕奥-萨伐尔定律的应用。

解 (1) 根据毕奥-萨伐尔定律,半圆环上各电流元 $I\mathrm{d}\boldsymbol{l}$ 在圆心 O 处的 $\mathrm{d}\boldsymbol{B}$ 的方向均垂直圆平面,因而在圆心 O 处的 $\boldsymbol{B}$ 是各电流元在该处 $\mathrm{d}\boldsymbol{B}$ 的相加,或为整个圆电流在圆心 O 处的磁感应强度的一半,即

$$B_O = \frac{1}{2}\frac{\mu_0 I}{2R} = \frac{\mu_0 I}{4R}$$

(2) 设如图 3.5(a)所示的坐标系,电流元 Idl 在 P 点产生的磁场 $d\boldsymbol{B}$ 由 $Id\boldsymbol{l}\times\boldsymbol{r}$ 确定,它在 $\hat{\boldsymbol{x}},\hat{\boldsymbol{y}},\hat{\boldsymbol{z}}$ 方向上均有分量,其中 $\hat{\boldsymbol{x}}$ 向分量为

$$dB_x = dB\sin\theta$$

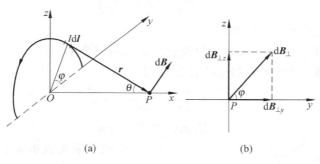

图 3.5

$d\boldsymbol{B}$ 在 yOz 面上的分量为

$$dB_\perp = dB\cos\theta$$

由图 3.5(b)可看出 $dB_\perp$ 在 $\hat{\boldsymbol{y}}$ 向的分量为

$$dB_{\perp y} = dB\cos\theta \cdot \cos\varphi$$

由对称性可知,整个半圆电流在 P 点 $\boldsymbol{B}$ 的 $\hat{\boldsymbol{y}}$ 向分量为

$$B_y = \sum dB_{\perp y} = 0$$

$d\boldsymbol{B}$ 的 $\hat{\boldsymbol{z}}$ 向分量为

$$dB_{\perp z} = dB\cos\theta \cdot \sin\varphi$$

所以半圆通电导线在 P 点的磁感应强度仅有 B_x 与 B_z 分量,即 $B_P = \sqrt{B_x^2 + B_z^2}$,且 $\boldsymbol{B}_P$ 在 xOz 平面内与 x 轴有一夹角,$a = \arctan\dfrac{B_z}{B_x}$。

计算题

1. 选题目的 典型电流磁场的叠加计算。

解 (a)图 因 O 点在两条半无限长通电直导线的延长线上,故二者在 O 点的 $\boldsymbol{B}$ 为零,在 O 点仅有 1/4 圆弧电流的磁场,即

$$B_O = \frac{1}{4}\left(\frac{\mu_0 I}{2R}\right) = \frac{\mu_0 I}{8R}$$

方向为垂直纸面向里。

(b)图 是一段半无限长直线电流和两个半径分别为 R_1, R_2 的半圆环电流产生的磁场的叠加,即

$$B_O = \frac{\mu_0 I}{4\pi R_1} + \frac{\mu_0 I}{4R_1} - \frac{\mu_0 I}{4R_2}$$

方向为垂直纸面向外。

(c)图 两根无限长直电流在 O 点的磁场大小相等均为 $B = \dfrac{\mu_0 I}{2\pi a}$,二者相互垂直,故 O 点的合磁场 $\boldsymbol{B}_O$ 的大小为 $B_O = |\boldsymbol{B}+\boldsymbol{B}| = \sqrt{2}\dfrac{\mu_0 I}{2\pi a}$,$\boldsymbol{B}_O$ 的方向如图 3.6 所示。

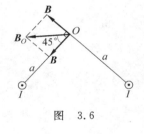

图 3.6

2. 选题目的 运动点电荷磁感应强度的计算。

解 选择(3)。当正方形以角速度 ω 绕连接 AC 的轴旋转时,只有两个 q 电荷作半径为 $\dfrac{a}{\sqrt{2}}$ 的圆周运动,此时在 O 点的磁感应强度值为 B_1。若正方形以角速度 ω 绕垂直于正方形平面且通过 O 的轴旋转时,有四个 q 电荷作半径为 $\dfrac{a}{\sqrt{2}}$ 的圆周运动,则在 O 点的磁感应强度值为 B_2。显然 B_2 是 B_1 的两倍,即 $B_1 = \dfrac{1}{2}B_2$。

3.1 磁感应强度 B、毕奥-萨伐尔定律

3. **选题目的** 利用积分进行磁场叠加和磁矩的计算。

解 (1) 由于带电线段 AB 上不同位置绕 O 点转动的线速度不同,故求磁感应强度需要用积分计算。在 AB 上任取一线元 $\mathrm{d}r$,它距 O 点的距离为 r,如图 3.7 所示,其上带电量为 $\mathrm{d}q = \lambda \mathrm{d}r$。当 AB 以角速度 ω 旋转时,$\mathrm{d}q$ 形成环形电流,其电流强度为

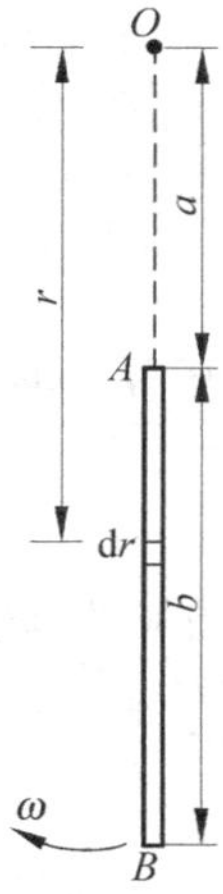

$$\mathrm{d}I = \frac{\omega \mathrm{d}q}{2\pi} = \frac{\lambda \omega}{2\pi} \mathrm{d}r$$

根据圆环电流在圆心的磁场公式,此电流在 O 点的磁感应强度为

$$\mathrm{d}B = \frac{\mu_0 \mathrm{d}I}{2r}$$

将上面的 $\mathrm{d}I$ 代入上式后,有

$$\mathrm{d}B = \frac{\lambda \omega \mu_0}{4\pi} \frac{\mathrm{d}r}{r}$$

带电线段 AB 旋转时在 O 点的总磁感应强度为

$$B_O = \int \mathrm{d}B = \frac{\lambda \omega \mu_0}{4\pi} \int_a^{a+b} \frac{\mathrm{d}r}{r} = \frac{\lambda \mu_0 \omega}{4\pi} \ln \frac{a+b}{a}$$

方向为垂直纸面向里。

(2) 旋转的带电线元 $\mathrm{d}r$ 的磁矩为

$$\mathrm{d}p_\mathrm{m} = \pi r^2 \mathrm{d}I = \frac{\lambda \omega}{2} r^2 \mathrm{d}r$$

转动的带电线段 AB 的总磁矩为

$$p_\mathrm{m} = \int \mathrm{d}p_\mathrm{m} = \int_a^{a+b} \frac{\lambda \omega}{2} r^2 \mathrm{d}r$$

$$= \frac{\lambda \omega}{6} [(a+b)^3 - a^3]$$

方向为垂直纸面向里。

图 3.7

(3) 若 $a \gg b$，由

$$\ln\frac{a+b}{a} = \ln\left(1+\frac{b}{a}\right) \approx \frac{b}{a}$$

则

$$B_O = \frac{\mu_0 \omega \lambda}{4\pi} \ln\frac{a+b}{a} \approx \frac{\mu_0 \omega}{4\pi} \frac{\lambda b}{a}$$

其中 $q = \lambda b$ 为带电线段上的总电量，故有

$$B_O \approx \frac{\mu_0 \omega q}{4\pi a}$$

而 $I = \frac{\omega q}{2\pi}$ 为运动点电荷形成的电流，上一结果又可表示为

$$B_O \approx \frac{\mu_0 I}{2a}$$

上式即是作圆周运动的点电荷形成的圆电流在圆心产生的磁感应强度的公式。

若当 $a \gg b$ 时，有

$$(a+b)^3 \approx a^3 \left(1 + \frac{3b}{a}\right)$$

则磁矩表示式可写为

$$p_\mathrm{m} = \frac{\lambda \omega}{b}[(a+b)^3 - a^3] \approx \frac{\lambda \omega}{b} a^3 \times 3\frac{b}{a} = \frac{\omega q}{2\pi}\pi a^2 = IS$$

此结果就是点电荷作匀速圆周运动时产生的圆电流的磁矩。

4. **选题目的**　典型磁场的叠加计算。

解　设 xOy 平面垂直于 OO' 轴，如图 3.8 所示。在圆柱面上平行于 OO' 轴取一长直细电流，宽度为 $\mathrm{d}l$，则电流强度为

$$\mathrm{d}I = \frac{I}{\pi R}\mathrm{d}l$$

它在轴线上一点的磁感应强度的大小为

$$\mathrm{d}B = \frac{\mu_0 \mathrm{d}I}{2\pi R} = \frac{\mu_0 I \mathrm{d}l}{2\pi^2 R^2} = \frac{\mu_0 I \mathrm{d}\theta}{2\pi^2 R} \quad (\mathrm{d}l = R\mathrm{d}\theta)$$

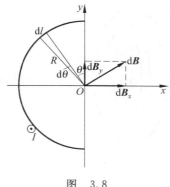

图 3.8

其方向在 xOy 平面内且与由 dl 引向 O 点的半径 R 垂直,将 dB 沿 x,y 轴分解为 dB_x, dB_y,则由半圆周的对称性可知

$$B_x = \int dB_x = 0$$

而

$$B = B_y = \int dB_y = \int dB\sin\theta = \int_0^\pi \frac{\mu_0 I\sin\theta}{2\pi^2 R}d\theta = \frac{\mu_0 I}{\pi^2 R}$$

B 的方向沿 y 轴正向。

5. **选题目的** 典型磁场的叠加计算。

解 带电圆片绕轴旋转所产生的磁场,相当于一系列半径不同的同心圆电流产生的磁场的叠加。现取半径为 r,宽为 dr 的圆环,如图 3.9 所示。此环的等效电流为

$$dI = \sigma 2\pi r dr \frac{\omega}{2\pi} = \sigma r \omega dr$$

根据圆环电流的磁场公式,它在 x 轴上 P 点的磁感应强度为

$$dB = \frac{\mu_0}{2} \frac{r^2 dI}{(r^2+x^2)^{\frac{3}{2}}} = \frac{\mu_0}{2} \frac{\sigma r^3 \omega}{(r^2+x^2)^{\frac{3}{2}}} dr$$

因 dB 沿 x 轴方向,故圆片总的磁场 B 为

$$B = \int dB = \int_0^R \frac{\mu_0}{2} \frac{\sigma r^3 \omega}{(r^2+x^2)^{\frac{3}{2}}} dr$$

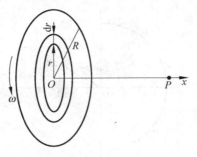

图 3.9

$$= \frac{\mu_0 \sigma \omega}{8} \int_0^R \frac{\mathrm{d}(r^4)}{(r^2+x^2)^{\frac{3}{2}}}$$

现令

$$\lambda^2 = r^2 + x^2$$

则

$$r^4 = (\lambda^2 - x^2)^2, \quad \mathrm{d}(r^4) = 4(\lambda^3 - x^2\lambda)\mathrm{d}\lambda$$

当 $r=0$ 时,$\lambda = x$;$r = R$ 时,$\lambda = (R^2 + x^2)^{\frac{1}{2}}$。则以上的积分可化简为

$$B = \frac{\mu_0 \sigma \omega}{2} \int_x^{(R^2+x^2)^{\frac{1}{2}}} (1 - x^2\lambda^{-2})\mathrm{d}\lambda$$

$$= \frac{\mu_0 \sigma \omega}{2} \left[\frac{R^2 + 2x^2}{(R^2 + x^2)^{\frac{1}{2}}} - 2x \right]$$

B 的方向为沿 x 轴正方向。

磁矩 p_m 为

$$p_\mathrm{m} = \int \pi r^2 \mathrm{d}I = \int_0^R \pi r^2 \sigma \omega r \, \mathrm{d}r = \frac{1}{4}\pi R^4 \sigma \omega$$

p_m 沿 x 轴正方向。

6. 选题目的 用积分进行磁场叠加,计算磁感应强度。

解 带电的半圆弧线绕 OO' 轴转动,形成沿半球面纬线流动的面电流,可将其看成无限多个细圆环电流 dI,如图 3.10 所示。求出所有 dI 在 O 点的磁感应强度 d$\boldsymbol{B}_O$ 并叠加后,即为所求的 O 点的 $\boldsymbol{B}_O$。

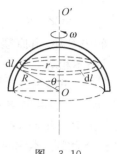

图 3.10

在带电圆弧上取弧线元 dl,其上有电荷 d$q=\dfrac{Q}{\pi R}\mathrm{d}l=\dfrac{Q\mathrm{d}\theta}{\pi}$,对称的 2d$q$ 以角速度 ω 绕 OO' 轴旋转形成半径为 r 的圆形电流 dI 为

$$\mathrm{d}I = 2\mathrm{d}q\,\frac{\omega}{2\pi} = \frac{Q\omega}{\pi^2}\mathrm{d}\theta \qquad \text{①}$$

dI 在轴线 OO' 上 O 点的磁感应强度 d$\boldsymbol{B}_O$ 方向沿轴线向上,大小可由毕奥-萨伐尔定律求出,即

$$\mathrm{d}B_O = \frac{\mu_0 r^2 \mathrm{d}I}{2(r^2 + R^2\cos^2\theta)^{\frac{3}{2}}} \qquad \text{②}$$

将 $r=R\sin\theta$ 和①式代入②式,并积分得

$$B_O = \int\mathrm{d}B_O = \int_0^{\frac{\pi}{2}} \frac{\mu_0 Q\omega\sin^2\theta}{2\pi^2 R}\mathrm{d}\theta = \frac{\mu_0 Q\omega}{8\pi R}$$

$\boldsymbol{B}_O$ 的方向为沿 OO' 向上。

3.2 安培环路定理

讨论题

1. **选题目的** 深入理解安培环路定理的物理意义。

解

$$\oint_a \boldsymbol{B} \cdot \mathrm{d}\boldsymbol{l} = \mu_0 I_1 = 8\mu_0$$

$$\oint_b \boldsymbol{B} \cdot \mathrm{d}\boldsymbol{l} = \mu_0 I_2 = 8\mu_0$$

$$\oint_c \boldsymbol{B} \cdot \mathrm{d}\boldsymbol{l} = \mu_0(I_2 - I_1) = 0$$

(1) 磁场中任一点的 $\boldsymbol{B}$ 是电流 I_1 与 I_2 各自产生的磁场 $\boldsymbol{B}_1$ 与 $\boldsymbol{B}_2$ 的矢量和，由原题图中所示的电流分布可知，各回路上各点的 $\boldsymbol{B}$ 一般不相等。

(2) 由磁场叠加原理可断定闭合回路 c 上各点的 $\boldsymbol{B}$ 都不是零，但沿一回路的 $\boldsymbol{B}$ 的环流是 $\boldsymbol{B}$ 的线积分，有可能在回路的某些元段上 $\boldsymbol{B} \cdot \mathrm{d}\boldsymbol{l} > 0$，在另一些元段上 $\boldsymbol{B} \cdot \mathrm{d}\boldsymbol{l} < 0$，而使得整个回路的线积分为零。本题回路 c 正是这种情形。

有人会做这样的推导：$\oint_L \boldsymbol{B} \cdot \mathrm{d}\boldsymbol{l} = \oint_L B \mathrm{d}l = B \oint_L \mathrm{d}l$，又由 $\oint_L \boldsymbol{B} \cdot \mathrm{d}\boldsymbol{l} = 0$ 得出 $B = 0$，即得出回路上的 B 处处为零的结论。这种推导的错误是由于不分析磁场的大小和方向的分布，就简单地把 B 提到积分号以外所引起的。

2. **选题目的** 明确安培环路定理成立的条件。

解 根据毕奥-萨伐尔定律可知圆周上各点 $\boldsymbol{B}$ 的大小处处相等，为

$$B = \frac{\mu_0 I}{4\pi R}[\cos 45° - \cos(\pi - 45°)] = \frac{\mu_0 I}{4\pi R}\sqrt{2}$$

而且 $\boldsymbol{B}$ 的方向处处与圆周相切，故有

$$\oint_L \boldsymbol{B} \cdot \mathrm{d}\boldsymbol{l} = \oint_L \frac{\sqrt{2}\mu_0 I}{4\pi R} \mathrm{d}l$$
$$= \frac{\sqrt{2}}{4} \frac{\mu_0 I}{\pi R} \times 2\pi R = \frac{\sqrt{2}}{2}\mu_0 I$$

从以上计算可以看出，有限长电流的磁场的环路积分不符合环路定理，这说明了环路定理的成立条件必须是对闭合电流或无限长电流的磁场。

3. **选题目的** 深入理解安培环路定理的物理意义。

3.2 安培环路定理

解 选(3)。因磁场的环流仅由回路内的电流决定,所以有 $\oint_{L_1} \boldsymbol{B} \cdot \mathrm{d}\boldsymbol{l} = \oint_{L_2} \boldsymbol{B} \cdot \mathrm{d}\boldsymbol{l}$。但回路 L_1,L_2 上各点的磁感应强度 $\boldsymbol{B}$ 是由回路内、外的所有电流共同产生的,电流 I_3 对 P_2 点的磁场也有贡献,所以 $B_{P_1} \neq B_{P_2}$。

4. 选题目的 安培环路定理的应用。

解 (1)

$$\oint_L \boldsymbol{B} \cdot \mathrm{d}\boldsymbol{l} = 0$$

因为积分路径上的 $\boldsymbol{B}$ 处处为零。

(2)

$$\oint_L \boldsymbol{B} \cdot \mathrm{d}\boldsymbol{l} = \mu_0 I$$

因为积分路径上的 $\boldsymbol{B}$ 不为零,也不与积分路径处处垂直,但环路 L 内包围电流 I。

计算题

1. 选题目的 安培环路定理和叠加原理的应用计算。

解 (1) **解法一** 用安培环路定理求解。

由于通电流的导体为同心的圆柱体或圆筒,故其磁场分布必然相对于 O 轴对称,即在与电缆同轴的圆柱面上各点的 $\boldsymbol{B}$ 大小都相等,方向与电流 I 成右手螺旋关系。

当 $0 < r < r_1$ 时,取轴上一点 O 为圆心,半径为 r 的圆周为积分环路 L,使其绕向与电流成右手螺旋关系,由安培环路定理可知

$$\oint_L \boldsymbol{B} \cdot \mathrm{d}\boldsymbol{l} = \mu_0 I'$$

因为

$$I' = \frac{I}{\pi r_1^2} \pi r^2$$

所以
$$B \times 2\pi r = \mu_0 \frac{Ir^2}{r_1^2}$$
$$B = \frac{\mu_0 Ir}{2\pi r_1^2}$$

当 $r_1 < r < r_2$ 时，对半径为 r 的圆周上的 **B**，同理有

$$\oint_L \boldsymbol{B} \cdot d\boldsymbol{l} = \mu_0 I$$
$$B \times 2\pi r = \mu_0 I$$
$$B = \frac{\mu_0 I}{2\pi r}$$

(为什么此时柱、筒之间的 **B** 的分布只与圆柱电流有关呢?)

当 $r_2 < r < r_3$ 时，对半径为 r 的圆周上的 **B**，同理有

$$\oint_L \boldsymbol{B} \cdot d\boldsymbol{l} = \mu_0 (I - I'')$$
$$I'' = \frac{I}{\pi(r_3^2 - r_2^2)} \pi (r^2 - r_2^2) = \frac{r^2 - r_2^2}{r_3^2 - r_2^2} I$$
$$B \times 2\pi r = \mu_0 \left(I - \frac{r^2 - r_2^2}{r_3^2 - r_2^2} I \right)$$
$$B = \frac{\mu_0 I}{2\pi r} \left(\frac{r_3^2 - r^2}{r_3^2 - r_2^2} \right)$$

当 $r_3 < r$ 时，同理取半径为 r 的圆周 L，因为 L 内 $\sum I = 0$，故

$$\oint_L \boldsymbol{B} \cdot d\boldsymbol{l} = 0$$

即
$$B \times 2\pi r = 0$$
则
$$B = 0$$

解法二 用典型电流磁场叠加法求解。

已知通有电流 I 的圆柱与圆筒单独存在时 **B** 的分布如下：

圆柱内$(r<r_1)$　　　　　$B_1=\mu_0\dfrac{Ir}{2\pi r_1^2}$

圆柱外$(r>r_1)$　　　　　$B_2=\dfrac{\mu_0 I}{2\pi r}$

圆筒内$(r<r_2)$　　　　　$B_3=0$

圆筒中间$(r_2<r<r_3)$　　$B_4=\dfrac{\mu_0 I}{2\pi r}\left(\dfrac{r^2-r_2^2}{r_3^2-r_2^2}\right)$

圆筒外$(r>r_3)$　　　　　$B_5=\dfrac{\mu_0 I}{2\pi r}$

下面用叠加法求解。

当 $0<r<r_1$ 时，

$$B=B_1+B_3=\mu_0\dfrac{Ir}{2\pi r_1^2}+0=\mu_0\dfrac{Ir}{2\pi r_1^2}$$

当 $r_1<r<r_2$ 时，

$$B=B_2+B_3=\dfrac{\mu_0 I}{2\pi r}+0=\dfrac{\mu_0 I}{2\pi r}$$

当 $r_2<r<r_3$ 时，

$$B=B_2-B_4=\dfrac{\mu_0 I}{2\pi r}-\dfrac{\mu_0 I}{2\pi r}\dfrac{r^2-r_2^2}{r_3^2-r_2^2}$$

$$=\dfrac{\mu_0 I}{2\pi r}\dfrac{r_3^2-r^2}{r_3^2-r_2^2}$$

当 $r_3<r$ 时，

$$B=B_2-B_5=\dfrac{\mu_0 I}{2\pi r}-\dfrac{\mu_0 I}{2\pi r}=0$$

(2)

$$\Phi=\int_{r_1}^{r_2}\boldsymbol{B}\cdot\mathrm{d}\boldsymbol{S}=\int_{r_1}^{r_2}BL\,\mathrm{d}r$$

$$=\int_{r_1}^{r_2}\dfrac{\mu_0 I}{2\pi r}L\,\mathrm{d}r=\dfrac{\mu_0 IL}{2\pi}\ln\dfrac{r_2}{r_1}$$

2. 选题目的　磁场叠加原理和安培环路定理的应用。

解 (1) 圆环中心 O 点的磁感应强度 $\boldsymbol{B}_O$ 是由以下通电导线的磁感应强度叠加而成的,即半无限长直电流 aa' 与 bb' 的磁场,其中 $B_{aa'} = \dfrac{\mu_0 I}{4\pi R}$(方向垂直纸面向外),$B_{bb'} = 0$。电流由 a 点分两路流入圆环,一路经 $\dfrac{1}{3}$ 圆弧(L_1)由 b 流出,另一路经 $\dfrac{2}{3}$ 圆弧(L_2)由 b 点流出。因电路均匀,根据欧姆定律,两路电流分别为 $\dfrac{2}{3}I$ 与 $\dfrac{1}{3}I$,二者在 O 点的磁场分别为

$$B_{L_1} = \frac{\mu_0 \times \dfrac{2}{3}I}{2R} \times \frac{1}{3}（垂直纸面向里）$$

$$B_{L_2} = \frac{\mu_0 \times \dfrac{1}{3}I}{2R} \times \frac{2}{3}（垂直纸面向外）$$

即

$$\boldsymbol{B}_{L_1} = -\boldsymbol{B}_{L_2}$$

所以 O 点的磁场为

$$\boldsymbol{B}_O = \boldsymbol{B}_{aa'} + \boldsymbol{B}_{bb'} + \boldsymbol{B}_{L_1} + \boldsymbol{B}_{L_2} = \boldsymbol{B}_{aa'}$$

即

$$B_O = \frac{\mu_0 I}{4\pi R}$$

方向为垂直纸面向外。

(2) 根据安培环路定理有

$$\oint_L \boldsymbol{B} \cdot \mathrm{d}\boldsymbol{l} = \mu_0 \left(I - \frac{2}{3}I\right)$$
$$= \mu_0 \times \frac{1}{3}I = \frac{1}{3}\mu_0 I$$

3. 选题目的 安培环路定理的应用。

解 均匀带电薄球壳绕 z 轴以 ω_0 旋转时,形成沿球面纬线流

动的面电流 I,如图 3.11,任取半径为 r、宽为 dl 的细圆环,其电流为

$$dI = dq\frac{\omega_0}{2\pi} = \frac{q}{4\pi R^2} \times 2\pi r \times dl\frac{\omega_0}{2\pi}$$

将 $r = R\sin\theta$, $dl = Rd\theta$ 代入上式,得

$$dI = \frac{q\omega_0}{4\pi}\sin\theta d\theta$$

带电薄球壳转动时形成的电流为

$$I = \int dI = \int_0^\pi \frac{q\omega_0}{4\pi}\sin\theta d\theta = \frac{q\omega_0}{2\pi} \qquad ①$$

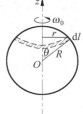

图 3.11

电流 I 在空间产生磁场 $\boldsymbol{B}$。现沿 z 轴从 $-\infty$ 到 $+\infty$,再从 $+\infty$ 绕回到 $-\infty$ 形成一个闭合路径 L,令 L 包围电流 I,则由安培环路定理可求出

$$\int_{-\infty}^{+\infty} \boldsymbol{B} \cdot d\boldsymbol{l} = \oint_L \boldsymbol{B} \cdot d\boldsymbol{l} = \mu_0 \sum_{L_内} I = \mu_0 I \qquad ②$$

将①式代入②式,得

$$\int_{-\infty}^{+\infty} \boldsymbol{B} \cdot d\boldsymbol{l} = \frac{\mu_0 q\omega_0}{2\pi}$$

此解法的巧妙在于闭合路径 L 的构思,从而在用安培环路定理计算环流时,只需较简便地计算 L 内包围的电流 I 即可。

4. **选题目的** 典型电流的磁场与磁场叠加原理的应用计算。

解 本题所给的电流分布可以看成是电流密度均匀的、半径为 R 的实心长圆柱和填充挖空区域的通有反向的、电流密度与圆柱其他部分相同的实心圆柱组成的。根据叠加原理,所求磁场即这两个通电流圆柱体的磁场的叠加。

可用安培环路定理求出半径为 R 的实心圆柱电流在 O' 处的磁感应强度为

$$B_1 = \frac{\mu_0 Ia}{2\pi(R^2 - r^2)}$$

其方向为与圆柱轴线以及 OO' 垂直,且与电流 I 成右手螺旋关系。由电流的轴对称分布可知,反向圆柱电流在基轴线上的磁感应强度为

$$B_2 = 0$$

由磁场叠加原理可得在空心圆柱轴线上的磁感应强度为

$$B = B_1 + B_2 = B_1$$

而

$$B_1 = \frac{\mu_0 I a}{2\pi(R^2 - r^2)}$$
$$= \frac{4\pi \times 10^{-7} \times 5 \times 2.5}{2\pi(5^2 - 1.5^2)} = 1.10 \times 10^{-7} \text{T}$$

方向与 B_1 方向相同。

5. 选题目的 安培环路定理的应用。

解 解法一 用安培环路定理求解。

图 3.12 为无限大平板的截面图,电流密度 i 的方向垂直纸面向外。此无限大导体板可视为无限多个薄的无限大平板的叠加,所以通电流时它的磁场具有如下特点:以板的厚度中心平分面 S_m 为对称面,其两侧的 B 的方向均平行于板面、与 i 垂直并成右手螺旋关系,如图 3.12 所示;B 的大小在与 S_m 等距离的地方应该相等。为求板外磁场 $B_{外}$,可以选如图 3.12 所示的矩形回路 $abcda$,

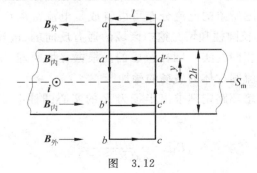

图 3.12

bc 及 da 均与板面平行,长度为 l,且与 S_m 等距。由以上分析,根据安培环路定理有

$$\oint_L \boldsymbol{B}_{外} \cdot \mathrm{d}\boldsymbol{l} = 2B_{外}\, l = \mu_0 2hli$$

由此得

$$B_{外} = \mu_0 hi$$

此结果表明 $B_{外}$ 与到板面的距离无关,说明板外为匀强磁场。方向如图所示,板上方向左,板下方向右。

为求板内磁场 $\boldsymbol{B}_{内}$,可以选矩形回路 $a'b'c'd'a'$,$b'c'$ 和 $a'd'$,与 S_m 面平行长度为 l,且与 S_m 的距离为 y,由以上对磁场的分析,根据安培环路定理可得

$$\oint_L \boldsymbol{B}_{内} \cdot \mathrm{d}\boldsymbol{l} = 2B_{内}\, l = \mu_0 \times 2yli$$

$$B_{内} = \mu_0 yi$$

此式说明板内为非均匀磁场,$B_{内}$ 的大小与场点到板厚的平分面 S_m 的距离成正比。$\boldsymbol{B}_{内}$ 的方向如图所示,S_m 上方向左,S_m 下方向右。

解法二 用磁场叠加原理求解。

已知无限大薄导体平面通有面电流密度 $\boldsymbol{i}$ 时,板两侧均为匀强磁场,其大小为

$$B = \frac{\mu_0}{2} i$$

其方向与 $\boldsymbol{i}$ 垂直且平行板面,在板两侧反向。$2h$ 厚的无限大板可视为很多厚度为 $\mathrm{d}y$ 的通电薄板叠加而成的(图 3.13),则每个薄板在空间的磁感应强度 $\mathrm{d}\boldsymbol{B}$ 的大小为

$$\mathrm{d}B = \frac{\mu_0}{2} i \mathrm{d}y$$

各薄板在厚板外一侧空间任一点 P 的 $\mathrm{d}\boldsymbol{B}_{外}$ 的方向均相同,故合成的 $\boldsymbol{B}_{外}$ 的大小应为

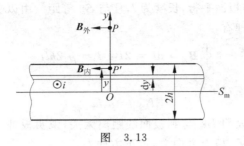

图 3.13

$$B_{外} = \int dB_{外} = \int_{-h}^{+h} \frac{\mu_0}{2} i \, dy$$

$$B_{外} = \frac{\mu_0}{2} i \times 2h = \mu_0 i h$$

$B_{外}$ 的方向在板上方向左,在板下方向右。

对板内任一点 P',其上方各通电流薄板在该点的 $dB_{内}$ 的方向向右,其下方各通电薄板在该点的 $dB_{内}$ 方向向左,在 P' 处合成的 $B_{内}$ 的大小应是这两部分通电薄板在该处的磁感强度数值之差,即

$$B_{内} = \int_{-h}^{y} \frac{\mu_0}{2} i \, dy - \int_{y}^{h} \frac{\mu_0}{2} i \, dy$$

$$= \frac{\mu_0}{2} i(h+y) - \frac{\mu_0}{2} i(h-y)$$

$$= \frac{\mu_0}{2} i \times 2y = \mu_0 i y$$

$B_{内}$ 的方向在 S_m 上方向左,S_m 下方向右。

6. 选题目的 安培环路定理的灵活应用。

解 在 B 线同方向平行的磁场中,作如图 3.14 所示的矩形回路 $abcda$,其 ab 和 cd 边与 B 线平行。由于回路内无电流,所以由安培环路定理得

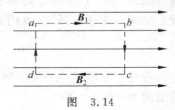

图 3.14

$$\oint_L \boldsymbol{B} \cdot \mathrm{d}\boldsymbol{l} = 0$$

而此闭合回路积分又等于沿四边积分之和,即

$$\oint_L \boldsymbol{B} \cdot \mathrm{d}\boldsymbol{l} = \int_a^b \boldsymbol{B}_1 \cdot \mathrm{d}\boldsymbol{l} + \int_b^c \boldsymbol{B} \cdot \mathrm{d}\boldsymbol{l} + \int_c^d \boldsymbol{B}_2 \cdot \mathrm{d}\boldsymbol{l} + \int_d^a \boldsymbol{B} \cdot \mathrm{d}\boldsymbol{l}$$

其中 $\int_b^c \boldsymbol{B} \cdot \mathrm{d}\boldsymbol{l}$ 及 $\int_d^a \boldsymbol{B} \cdot \mathrm{d}\boldsymbol{l}$ 因 $\boldsymbol{B} \perp \mathrm{d}\boldsymbol{l}$,所以值为零,故

$$\oint_L \boldsymbol{B} \cdot \mathrm{d}\boldsymbol{l} = \int_a^b \boldsymbol{B}_1 \cdot \mathrm{d}\boldsymbol{l} + \int_c^d \boldsymbol{B}_2 \cdot \mathrm{d}\boldsymbol{l} = 0$$

因为磁感应强度 $\boldsymbol{B}$ 是通过单位面积的磁通量即磁通密度,所以在 $\boldsymbol{B}$ 线平行的磁场中,ab 线上 $\boldsymbol{B}$ 处处等于 $\boldsymbol{B}_1$,cd 线上 $\boldsymbol{B}$ 处处等于 $\boldsymbol{B}_2$,因此有

$$B_1 \overline{ab} - B_2 \overline{cd} = 0$$

因

$$\overline{ab} = \overline{cd}$$

所以

$$B_1 = B_2$$

由于矩形回路的位置和宽度不限,此式均可成立,所以在没有电流的空间区域内,如果 $\boldsymbol{B}$ 线是同方向平行直线,则磁场一定均匀。

3.3 磁 力

讨论题

1. 选题目的 明确洛伦兹力的性质。

解 (1) 错误。因为洛伦兹力大小 $F = qvB\sin\alpha$,它不仅与速度大小有关还与速度方向有关。

(2) 正确。因 $\boldsymbol{F} = q\boldsymbol{v} \times \boldsymbol{B}$,而 $\boldsymbol{F}' = -q\boldsymbol{v} \times \boldsymbol{B}$,所以有 $\boldsymbol{F} = -\boldsymbol{F}'$。

(3) 错误。因为带电粒子受洛伦兹力作用时,其速度大小不

变,但速度方向改变,所以其动能不变、动量改变。

(4) 错误。带电粒子在磁场中的运动除与所受洛伦兹力有关外,还和它的初始速度有关。在均匀磁场 B 中,带电粒子运动的轨迹取决于粒子速度 v 与 B 的夹角 α。$\alpha=0$ 或 $\alpha=\pi$ 时,带电粒子不受洛伦兹力,故其轨迹是直线;$\alpha=\dfrac{\pi}{2}$ 时,带电粒子的轨迹是圆;α 为倾斜角时,带电粒子的运动轨迹将是螺旋线。以上各种情况,带电粒子的速率都不变。

2. 选题目的 洛伦兹力的方向判断与运动电荷的轨迹分析。

解 q_1 受的洛伦兹力大小为 $q_1 v_1 B$,方向为垂直纸面向外,轨迹为垂直于磁场 B 的圆周,如图 3.15 所示。

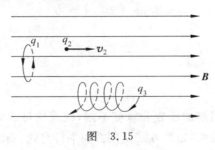

图 3.15

q_2 不受洛伦兹力,仍以 v_2 沿磁场方向作匀速直线运动,如图 3.15 所示。

q_3 受的洛伦兹力大小为 $q_3 v_3 B\sin\alpha$(α 为 v_3 与 B 的夹角),方向是垂直纸面向里,轨迹是向左伸展的螺旋线。

3. 选题目的 洛伦兹力的应用计算。

解 电子在运动过程中所受电场力为

$$f_e = -eE$$

方向沿 y 轴负方向,为了使电子束不偏转,所加磁场对电子的洛伦兹力 f_m 应与 f_e 反向且大小相等,由此判断磁场方向应垂直于电场方向,且在 xOz 平面内。设磁场 $\boldsymbol{B}$ 的方向与 x 轴夹角为 α,如图 3.16 所示,则

$$\boldsymbol{f}_\mathrm{m} = -e\boldsymbol{v} \times \boldsymbol{B}$$

令

$$\boldsymbol{f}_\mathrm{e} = -\boldsymbol{f}_\mathrm{m}$$

则有

$$eE = evB\sin\alpha = ev\frac{2E}{v}\sin\alpha$$

$$\sin\alpha = \frac{1}{2}$$

所以

$$\alpha = 30° \text{ 或 } 150°$$

即在 xOz 平面内 x 轴与磁场 $\boldsymbol{B}$ 的夹角为 30°(或 150°),如图 3.16 所示。

4. 选题目的 安培力的大小和方向的判断。

解 (1) 以圆电流水平直径为对称轴($O'O''$),对称电流元所受的安培力也是对称的,如图 3.17 所示的 $\mathrm{d}\boldsymbol{F}_1$ 与 $\mathrm{d}\boldsymbol{F}_1'$,$\mathrm{d}\boldsymbol{F}_2$ 与 $\mathrm{d}\boldsymbol{F}_2'$。

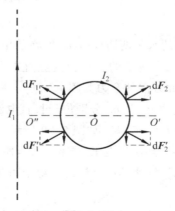

图 3.17

各电流元所受的安培力的竖直方向分量之和为零。左半圆电流所受的水平合力向左,右半圆电流所受的水平合力向右,但左半圆电流所在处的磁场较强,所以向左的磁力大于向右的磁力,故总的合力方向应是水平向左,则圆电流向左平动。

(2) 载流线圈的水平两边所处的磁场相同,但电流方向相反,其所受的安培力大小相等、方向相反,且力的作用线为同一直线,故合力为零。线圈的竖直两边因电流方向相反,其所在处的合磁场方向也相反,如图 3.18 所示,故这两段电流均受水平向左的安培力。综上可知线圈向左平动。

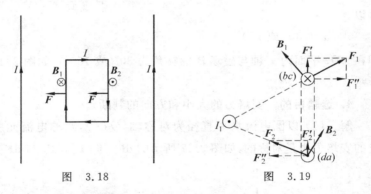

图 3.18   图 3.19

(3) 载流线圈的水平两边(ab,cd)所在的磁场分布完全相同,但电流方向相反,二者所受的安培力为竖直方向,其大小相等、方向相反且共线,故此方向的合力为零。

线圈的两竖直边 da 与 bc 分别位于长直电流 I_1 的磁场 $\boldsymbol{B}_1$ 与 $\boldsymbol{B}_2$ 处,所受的安培力为 $\boldsymbol{F}_1,\boldsymbol{F}_2$,如图 3.19 所示。现将 $\boldsymbol{F}_1,\boldsymbol{F}_2$ 分解为 $\boldsymbol{F}_1',\boldsymbol{F}_1''$ 与 $\boldsymbol{F}_2',\boldsymbol{F}_2''$,其中 $\boldsymbol{F}_1'$ 与 $\boldsymbol{F}_2'$ 方向一致,使载流线圈平动;而 $\boldsymbol{F}_1''$ 与 $\boldsymbol{F}_2''$ 为一对力偶,将使其产生转动。综上可知载流线圈既要平动也要转动。

5. **选题目的** 安培力与磁力矩数值的判断。

解 应选(4)。在长直电流 I 的磁场中,两个半圆导线上各电流元的方向与该处磁场 B 同向,故都不受安培力的作用。而两个直线段电流所在处的磁场分布一样,但方向相反,故所受安培力大小的分布一致,方向也相反,左段为垂直纸面向外,右段为垂直纸面向里,所以这两个安培力的合力 F 为零,但对 OO' 轴的磁力矩 M 不等于零(见原题图)。

计算题

1. 选题目的 洛伦兹力的综合应用计算。

解 (1)运动电子受到地磁场的作用将发生偏转。因所受的洛伦兹力为 $f=-e(v\times B_\perp)$,故力的方向为 $-v\times B_\perp$ 方向,即电子向东偏转,如图 3.20 所示。

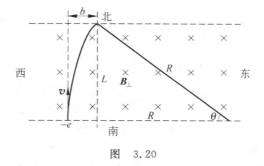

图 3.20

(2) 电子所受的洛伦兹力的大小为
$$f = evB_\perp$$
由牛顿第二定律 $f=ma_n$,可知电子的加速度为
$$a_n = \frac{evB_\perp}{m}$$
由电子的动能可求其速度,电子动能
$$E_k = \frac{1}{2}mv^2$$

$$v = \sqrt{\frac{2E_k}{m}}$$

代入 a_n 表示式,则有

$$a_n = \frac{eB_\perp}{m}\sqrt{\frac{2E_k}{m}}$$

$$= \frac{1.6 \times 10^{-19} \times 5.5 \times 10^{-5}}{9.1 \times 10^{-31}} \times \sqrt{\frac{2 \times 1.2 \times 10^4 \times 1.6 \times 10^{-19}}{9.1 \times 10^{-31}}}$$

$$= 6.28 \times 10^{14}\,\text{m/s}^2$$

(3) 电子在洛伦兹力的作用下沿圆弧运动的轨道半径为

$$R = \frac{mv}{eB_\perp} = \frac{m}{eB_\perp}\sqrt{\frac{2E_k}{m}}$$

$$= \frac{9.1 \times 10^{-31}}{1.6 \times 10^{-19} \times 5.5 \times 10^{-5}} \times \sqrt{\frac{2 \times 1.2 \times 10^4 \times 1.6 \times 10^{-19}}{9.1 \times 10^{-31}}}$$

$$= 6.72\,\text{m}$$

由图 3.20 可看出,电子偏转的距离为

$$b = R - R\cos\theta = R\left(1 - \cos\frac{\sqrt{R^2 - L^2}}{R}\right)$$

$$= 6.72 \times \left[1 - \cos\left(\frac{\sqrt{6.27^2 - 0.2^2}}{6.72}\right)\right]$$

$$= 2.98 \times 10^{-3}\,\text{m} = 2.98\,\text{mm}$$

(4) 影响不大。

2. **选题目的** 安培力的计算及对其性质的认识。

解 如图 3.21 所示,设 $\boldsymbol{B}_1$ 是电流元 $I_1 d\boldsymbol{l}_1$ 在电流元 $I_2 d\boldsymbol{l}_2$ 处的磁场,则由

$$\boldsymbol{B}_1 = \frac{\mu_0}{4\pi}\frac{I_1 d\boldsymbol{l}_1 \times \boldsymbol{r}}{r^3}$$

可得

$$B_1 = \frac{\mu_0}{4\pi}\frac{I_1 d l_1}{r^2}\sin\theta_1$$

式中 θ_1 为 $\boldsymbol{r}$(方向由 $I_1 d\boldsymbol{l}_1$ 指向 $I_2 d\boldsymbol{l}_2$)与 $I_1 d\boldsymbol{l}_1$ 的夹角,$\boldsymbol{B}_1$ 方向垂

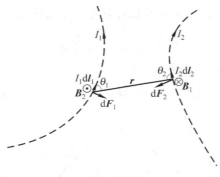

图 3.21

直纸面向里。

以 $d\boldsymbol{F}_2$ 表示 $I_2 d\boldsymbol{l}_2$ 受 $\boldsymbol{B}_1$ 的作用力,如图 3.21 所示,由

$$d\boldsymbol{F}_2 = I_2 d\boldsymbol{l}_2 \times \boldsymbol{B}_1$$

可得

$$d\boldsymbol{F}_2 = I_2 d l_2 \frac{\mu_0 I_1 d l_1}{4\pi r^2}\sin\theta_1 = \frac{\mu_0 I_1 I_2}{4\pi r^2} d l_1 d l_2 \sin\theta_1$$

方向如图 3.21 所示。

同理可得电流元 $I_1 d\boldsymbol{l}_1$ 受 $I_2 d\boldsymbol{l}_2$ 的磁场 $\boldsymbol{B}_2$ 的作用力 $d\boldsymbol{F}_1$ 的大小为

$$d F_1 = \frac{\mu_0 I_1 I_2}{4\pi r^2} d l_1 d l_2 \sin\theta_2$$

方向如图 3.21 所示。

比较 $d F_1$ 与 $d F_2$,显然

$$d F_1 \neq d F_2$$

而且二者的方向也不在同一直线上,因此这两个电流元的相互作用力不服从牛顿第三定律。应该指出,这个结论对任意两个电流元一般都是对的。

3. 选题目的 安培力的计算。

解 （1）设如图 3.22 所示的坐标系,在 ADB 半圆上任一点

a 处取电流元 Idl,其所在处长直电流 I_0 的磁场为

$$B = \frac{\mu_0}{2\pi} \frac{I_0}{x} = \frac{\mu_0 I_0}{2\pi R \sin\theta}$$

B 的方向垂直纸面向里。

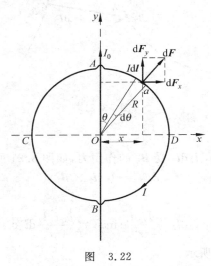

图 3.22

Idl 所受的安培力为

$$d\boldsymbol{F} = Id\boldsymbol{l} \times \boldsymbol{B}$$

此力的大小为

$$dF = IBdl = \frac{\mu_0 I_0 I}{2\pi} \frac{dl}{R\sin\theta} = \frac{\mu_0 I_0 I d\theta}{2\pi \sin\theta} \quad (dl = Rd\theta)$$

方向沿半径向外。$d\boldsymbol{F}$ 在 x,y 方向的分量分别为

$$dF_x = dF\sin\theta = \frac{\mu_0 I_0 I}{2\pi} d\theta$$

$$dF_y = dF\cos\theta = \frac{\mu_0 I_0 I}{2\pi} \frac{\cos\theta}{\sin\theta} d\theta$$

因此,ADB 所受的力为

$$F_x = \int_0^\pi \mathrm{d}F_x = \frac{\mu_0 I_0 I}{2\pi}\int_0^\pi \mathrm{d}\theta = \frac{1}{2}\mu_0 I_0 I$$

$$F_y = \int_0^\pi \mathrm{d}F_y = 0$$

可见半圆电流 ADB 受长直电流的作用力的大小为

$$F = F_x = \frac{1}{2}\mu_0 I_0 I$$

方向沿 x 轴正向。

(2) 同理,半圆电流 ACB 受长直电流的作用力的大小也是 $\frac{1}{2}\mu_0 I_0 I$。由半圆电流 ACB 与它所在的长直电流的磁场方向可知,ACB 受的安培力的方向也是沿 x 轴正向,故整个圆电流受长直电流磁场力的大小为 $\mu_0 I_0 I$,方向沿 x 轴正向。

4. **选题目的** 载流线圈所受的磁力矩的计算。

解 解法一 用积分方法求解。

因半圆线圈直径上的电流方向与 **B** 的方向平行,所以此线段不受磁场力,只有半圆弧段受磁场力的作用。若在其上任取一电流元 $I\mathrm{d}\boldsymbol{l}$,如图 3.23 所示,则该电流元受磁场力的大小为

$$\mathrm{d}F = BI\mathrm{d}l\sin\left(\frac{\pi}{2}+\theta\right) = BI\cos\theta\mathrm{d}l$$
$$= BI\cos\theta R\,\mathrm{d}\theta \quad (\mathrm{d}l = R\mathrm{d}\theta)$$

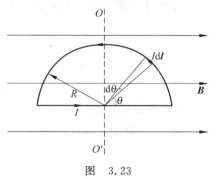

图 3.23

方向为垂直于纸面向里。它对 OO' 轴的磁力矩的大小为
$$dM = dFR\cos\theta = BIR^2\cos^2\theta d\theta$$

半圆线圈的右半部分所受的磁力矩大小为
$$M_1 = \int dM = BIR^2 \int_0^{\frac{\pi}{2}} \cos^2\theta d\theta = \frac{1}{4}BI\pi R^2$$

同理,其左半部分所受磁力的方向虽然垂直纸面向外,但受力大小与右半边一样,所受磁力矩的大小等于 M_1,且与 $\boldsymbol{M}_1$ 方向相同。因而整个半圆线圈受的磁力矩的大小为

$$M = 2M_1 = \frac{1}{2}BI\pi R^2$$
$$= \frac{1}{2} \times 5 \times 10^{-1} \times 10 \times 3.14 \times 0.1^2$$
$$= 7.85 \times 10^{-2} \text{N} \cdot \text{m}$$

其方向为从 O' 指向 O。

解法二 用磁力矩公式求解。

半圆形通电线圈磁矩的大小为
$$p_m = IS = \frac{1}{2}I\pi R^2$$

p_m 的方向为垂直于纸面向外,由通电线圈在外磁场中所受的磁力矩的公式 $\boldsymbol{M} = \boldsymbol{p}_m \times \boldsymbol{B}$,可得该线圈所受的磁力矩大小为

$$M = p_m B \sin\frac{\pi}{2} = \frac{1}{2}I\pi R^2 B$$
$$= 7.85 \times 10^{-2} \text{N} \cdot \text{m}$$

$\boldsymbol{M}$ 的方向为从 O' 指向 O。

5. **选题目的** 霍耳效应的应用计算。

解 (1) 设 v 为电子的漂移速度,根据
$$eE_H = evB$$
有

$$v = \frac{E_H}{B} = \frac{E_H l}{Bl}$$
$$= \frac{U_H}{lB} = \frac{1 \times 10^{-5}}{10^{-2} \times 1.5} = 6.67 \times 10^{-4}\,\text{m/s}$$

(2)
$$n = \frac{I}{evld} = \frac{3}{1.6 \times 10^{-19} \times 6.67 \times 10^{-4} \times 10^{-2} \times 10^{-5}}$$
$$= 2.81 \times 10^{29}/\text{m}^3 = 2.81 \times 10^{23}/\text{cm}^3$$

(3) 如图 3.24 所示。

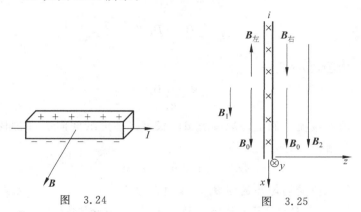

图 3.24   图 3.25

6. 选题目的 安培力的灵活应用计算。

解 建立如图 3.25 所示的坐标系,已知一无限大均匀分布面电流密度为 i 的平面在其两侧产生匀强磁场,方向与平面平行而与电流垂直,且两侧方向相反,大小相等。

$$B_{左} = B_{右} = B = \frac{\mu_0 i}{2} \qquad ①$$

如图 3.25 所示,由合磁场 B_1 和 B_2 的方向及 $B_{左}$,$B_{右}$ 的方向可知,原均匀磁场 B_0 的方向也应平行于平板并和电流垂直。设 B_0 沿 $\hat{x}$ 轴方向,则由磁场叠加原理可知

即
$$\boldsymbol{B}_1 = \boldsymbol{B}_0 + \boldsymbol{B}_{左}$$

$$B_1 = B_0 - B \qquad ②$$

$$\boldsymbol{B}_2 = \boldsymbol{B}_0 + \boldsymbol{B}_{右}$$
即
$$B_2 = B_0 + B \qquad ③$$

由②,③两式可得

$$B_0 = \frac{B_2 + B_1}{2} \qquad ④$$

$$B = \frac{B_2 - B_1}{2} \qquad ⑤$$

由①,⑤两式得

$$i = \frac{B_2 - B_1}{\mu_0}$$

若在载流平面上任取一宽 $\mathrm{d}x$,长 $\mathrm{d}y$(垂直纸面向下)的面积元 $\mathrm{d}S$,则相应的电流元为

$$I\mathrm{d}\boldsymbol{l} = i\mathrm{d}x\mathrm{d}y\hat{\boldsymbol{y}} = i\mathrm{d}S\hat{\boldsymbol{y}}$$

此电流元所受均匀外磁场 $\boldsymbol{B}_0$ 的作用力为

$$\mathrm{d}\boldsymbol{F} = I\mathrm{d}\boldsymbol{l} \times \boldsymbol{B}_0 = i\mathrm{d}SB_0\hat{\boldsymbol{y}} \times \hat{\boldsymbol{x}} = -i\mathrm{d}SB_0\hat{\boldsymbol{z}}$$

所以单位面积所受的力为

$$\frac{\mathrm{d}\boldsymbol{F}}{\mathrm{d}S} = -iB_0\hat{\boldsymbol{z}} = -\left(\frac{B_2 - B_1}{\mu_0}\right) \cdot \left(\frac{B_2 + B_1}{2}\right)\hat{\boldsymbol{z}}$$

$$= -\frac{B_2^2 - B_1^2}{2\mu_0}\hat{\boldsymbol{z}}$$

本题在考虑载流面元 $\mathrm{d}S$ 受磁场力时,易误认为是受合磁场($\boldsymbol{B}_2$ 或 $\boldsymbol{B}_1$)的力,这是不对的。因为平面上任一载流面元 $\mathrm{d}S$ 不受面上其他电流的磁场的作用力,仅受均匀外磁场 $\boldsymbol{B}_0$ 的作用力。

3.4 电磁感应

讨论题

1. 选题目的 用动生电动势和感生电动势的概念及楞次定律判断感应电动势的方向。

解 (a)图 因 AO 与 CO 两段导线在同一均匀磁场以相同的角速度转动,二者的动生电动势大小相等、方向相反(O 点的电势较 A 及 C 端低),所以 AC 棒上总的感应电动势为零。

本题也可以作辅助回路,用法拉第电磁感应定律求解:用一半圆弧导线 ADC 将 A,C 端连起(图 3.26),当 AC 转动时,此半圆回路内的磁通量不变,所以回路中感应电动势为零。又因在转动过程中 ADC 半圆弧上不可能产生动生电动势,所以 AC 直线段上感应电动势也就等于零。

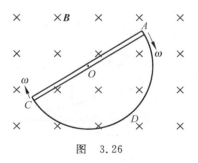

图 3.26

(b)图 AC 棒上各元段的 $\boldsymbol{v} \times \boldsymbol{B} = 0$,故 $\mathrm{d}\mathscr{E} = (\boldsymbol{v} \times \boldsymbol{B}) \cdot \mathrm{d}\boldsymbol{l} = 0$,因此棒上无动生电动势。

(c)图 线框四个边的动生电动势大小分别为

$$\mathscr{E}_{AD} = \mathscr{E}_{BC} = 0$$

$$\mathscr{E}_{AB} = B_{AB} \overline{AB} v \qquad \text{方向由 } B \text{ 指向 } A$$

$$\mathscr{E}_{CD} = B_{CD}\,\overline{CD}\,v \qquad \text{方向由 } C \text{ 指向 } D$$

因
$$B_{AB} > B_{CD}$$

故
$$\mathscr{E}_{AB} > \mathscr{E}_{CD} \quad (\text{因 } \overline{AB} = \overline{CD})$$

所以回路中电动势方向应与 $\mathscr{E}_{AB}$ 方向相同，即为顺时针方向。

也可用楞次定律判断：设 $ADCBA$ 为正方向，则其中 $\Phi > 0$，当线框向右移动时 $\dfrac{d\Phi}{dt} < 0$，由 $\mathscr{E} = -\dfrac{d\Phi}{dt}$ 可知 $\mathscr{E} > 0$，即与正方向一致，为顺时针方向。

(d)图 根据题设，可由电磁感应定律得出感应电场 $\boldsymbol{E}_\text{感}$ 的电力线为垂直于磁场、以 O 为圆心的同心圆，如图 3.27 中虚线圆所示。其方向为逆时针方向，此 $\boldsymbol{E}_\text{感}$ 沿 AC 导线的分量均为由 A 到 C 的方向。由 $\mathscr{E}_{AC} = \displaystyle\int_A^C \boldsymbol{E}_\text{感} \cdot d\boldsymbol{l}$ 可知 $\mathscr{E}_{AC} > 0$，即感生电动势的方向为由 A 指向 C。

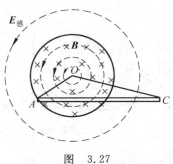

图 3.27

本题也可用楞次定律判断：考虑 $OCAO$ 回路，如图 3.27 所示。设顺时针方向为回路正方向，则磁通量 $\Phi > 0$，由 $\dfrac{d\Phi}{dt} > 0$ 可得 $\mathscr{E} < 0$，即感应电动势沿 $COAC$ 逆时针方向。因 AO 和 CO 与 $\boldsymbol{E}_\text{感}$

3.4 电磁感应

垂直,所以其中无感应电动势。只有 AC 棒上才有电动势,其方向也就是由 A 指向 C(逆时针方向)。

(e)图 由于在转动过程中,穿过圆环的总磁通量恒为零,故圆环内无感应电动势。也可以认为在转动中任一时刻各元段内由于 $v \parallel \boldsymbol{B}$,所以动生电动势 $d\mathscr{E} = 0$,因而整个圆环内感应电动势为零。

(f)图 在由 B 环与 A 环重合到 B 环与 A 环垂直的过程中,穿过 B 环的磁通量减少,所以 B 环中的感应电动势方向与 A 环中的电流方向一致。在由 B 环与 A 环垂直到二者重合的过程中,B 环中的磁通量增加,故感应电动势方向与 A 环中电流方向相反。请分析一下,如何用动生电动势公式得到这一结果。

2. **选题目的** 感应电动势的判断。

解 (g)图正确。由于回路 A 的正方向为顺时针方向,所以当 A 刚进入磁场区时,回路中磁通量增加,故有逆时针方向的感应电动势产生(即 $\mathscr{E} < 0$)。因 v 恒定,所以 $\dfrac{d\Phi}{dt}$ 为常量,则 $\mathscr{E}$ 也不变,因而电流 I 也不变。当 A 全部进入磁场区后,Φ 不再变化,所以 $\mathscr{E} = 0, I = 0$。出磁场区时 Φ 减少,$\mathscr{E} > 0$ 且不变。回路 A 全部离开磁场后,电动势以及电流又都变为零,这些都与图(g)相符(见原题图)。

3. **选题目的** 明确感应电场的性质及其与静电场的区别。

解 (1) L_1 上各点的 $\dfrac{d\boldsymbol{B}}{dt}$ 不等于零,$\boldsymbol{E}_{感}$ 也不等于零。因为 $\boldsymbol{E}_{感} = -\dfrac{r}{2}\dfrac{dB}{dt}$,所以 $\oint_{L_1} \boldsymbol{E}_{感} \cdot d\boldsymbol{l} \neq 0$。

L_2 上各点的 $\dfrac{d\boldsymbol{B}}{dt}$ 均为零(因磁场 $\boldsymbol{B}$ 被局限在圆柱内),但 L_2 上的 $\boldsymbol{E}_{感}$ 不为零。因为虽然磁场被局限在圆柱内均匀变化,但对于围绕圆柱的圆形回路来说,根据电磁感应定律仍应有感应电动势产生。再根据对称性可知圆形回路上各点的感应电场值都不为零,而且相等。因此在圆柱外各处(包括 L_2 上各点)$E_{感}$ 都不为零。但 $\oint_{L_2} \boldsymbol{E}_{感} \cdot \mathrm{d}\boldsymbol{l} = 0$,即 L_2 回路上无感生电动势$\left(\text{因 } L_2 \text{ 内磁通量 } \Phi=0, \text{故} \dfrac{\mathrm{d}\Phi}{\mathrm{d}t}=0\right)$。

(2) L_1 回路中有感应电流,L_2 回路中无感应电流。

在 L_1 上任取一小段导体,设其电阻为 ΔR,感应电动势为 $\Delta\mathscr{E}$,电流为 I,根据含源电路欧姆定律有 $\Delta\mathscr{E}=I\Delta R$,即 $\Delta U=\Delta\mathscr{E}-I\Delta R=0$,也就是说这小段导体两端的电势相等。同理可知 L_1 回路上电势处处相等(或说电势处处为零)。

在 L_2 上,因 $\mathscr{E}_{dc}=\mathscr{E}_{ab}=0$,而 $|\mathscr{E}_{ad}|=|\mathscr{E}_{bc}|\neq 0$(请读者自证),但 $\mathscr{E}_{ad}$ 和 $\mathscr{E}_{bc}$ 在回路 $abcda$ 中方向相反,所以回路中总电动势为零,因而电流也为零。这样就有

$$U_d - U_a = \mathscr{E}_{ad}$$
$$U_c - U_b = \mathscr{E}_{bc}$$

所以
$$U_a \neq U_d, \quad U_c \neq U_b$$
以及
$$U_c = U_d, \quad U_a = U_b$$

从电场分布上看:回路 L_1 内的感应电场是沿 L_1 切线方向,而 L_1 为闭合圆回路,电荷在感应电场的作用下作圆周运动,不会引起电荷在回路内的积累,所以回路内不存在保守的静电场,当然也就没有相应于保守电场的电势分布。

但在回路 L_2 中,在 dc, ab 两径向直线段上感应电场与其处处垂直,因而 $\mathscr{E}_{dc}=\mathscr{E}_{ab}=0$;在 ad 与 bc 两圆弧段,其内的感应电场处处沿同向的切线方向,这电场能使电荷向同方向移动,又因这两圆弧段的感生电动势相等,且在回路中方向相反,因而不能形成闭合

电流,其结果是:若 $\dfrac{\mathrm{d}B}{\mathrm{d}t}>0$,则在 dc 段和 ab 段上分别有正、负电荷的积累,这电荷在其周围形成保守静电场,所以有相应的电势差存在。

4. 选题目的 感生电场、感生电动势的判断。

解 (1) 导线圈包围时变磁场 $B(t)$,则有感生电动势 $\mathscr{E}_{i总}$。设导线上任意两点 a,b 间导线长为 l,感生电动势为 $\mathscr{E}_{il}$,其端电压为
$$\Delta U_l = \mathscr{E}_{il} - IR_l \qquad ①$$
导线圈中的电流
$$I = \dfrac{\mathscr{E}_{i总}}{R_{总}} \qquad ②$$
因导线粗细均匀、材料均匀,则
$$\mathscr{E}_{il} = \dfrac{l}{l_{总}}\mathscr{E}_{i总} \qquad ③$$
$$R_l = \dfrac{l}{l_{总}}R_{总} \qquad ④$$
将②,③,④三式代入①式得
$$\Delta U_l = 0$$

(2)
$$\Delta U_l = \int_l \boldsymbol{E}_c \cdot \mathrm{d}\boldsymbol{l}$$
所以导线上任意一点的库仑场强 $\boldsymbol{E}_c = 0$。

如何理解导线中有电流 I,而任意一点的 $\boldsymbol{E}_c = 0$? 这是因为有感生电场,它是非静电性场强 $\boldsymbol{E}_k$,在导线回路中有电动势即有电源,则回路中就有电流。由 $\boldsymbol{J} = \gamma(\boldsymbol{E}_c + \boldsymbol{E}_k) = \gamma\boldsymbol{E}_k$,说明导线中将有电流。

(3) 导线上任意两点 a,b 间接入电流计,如图 3.28,其中是否有电流? 虽然 $\Delta U_l = 0$,但连接电流计的导线是在时变磁场的感生电

图 3.28

场内,若该导线中有感生电动势,也相当于接入了电源,那么就会有电流。

5. **选题目的** 感应电动势的判断。

解 应选(3)。此时有 $|\mathscr{E}_{ab}|=|\mathscr{E}_{cd}|$,$\mathscr{E}_{ab}$ 方向是由 b 指向 a,$\mathscr{E}_{cd}$ 的方向是由 c 指向 d,由于二者大小相等、方向相反,所以框内总感应电动势为零,感应电流也为零。而 $\mathscr{E}_{ad}=\mathscr{E}_{bc}=0$,故 $U_a=U_d=U_A$,$U_b=U_c=U_B$。根据 $\mathscr{E}_{ab}$ 与 $\mathscr{E}_{cd}$ 的方向可知 $U_A>U_B$。

6. **选题目的** 感应电场强度与力学的综合应用。

解

$$|\boldsymbol{a}_O|=0$$

方向:无。

$$|\boldsymbol{a}_D|=\frac{E_{\text{感}}e}{m_e}=\frac{e}{m_e}\frac{r_1}{2}\frac{\mathrm{d}B}{\mathrm{d}t}=\frac{r_1 e}{2m_e}C$$

方向:在纸面内垂直于 r_1 向右(图 3.29)。

$$|\boldsymbol{a}_C|=\frac{E'_{\text{感}}e}{m_e}=\frac{e}{m_e}\frac{R^2}{2r_2}\frac{\mathrm{d}B}{\mathrm{d}t}=\frac{eR^2}{2m_e r_2}C$$

方向:在纸面内垂直于 r_2 向下。

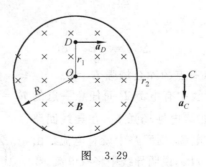

图 3.29

7. **选题目的** 判断动生电动势、感生电动势,理解法拉第电磁感应定律。

解 导线 ab 的动生电动势为

3.4 电磁感应

$$\mathscr{E}_{动} = \int_{\overline{ab}} (\boldsymbol{v} \times \boldsymbol{B}) \cdot \mathrm{d}\boldsymbol{l} = (\boldsymbol{v} \times \boldsymbol{B}) \cdot \boldsymbol{l}_B \qquad ①$$

式中,l_B 为导线 ab 在磁场内的导线 $\overline{cd}$ 的长度,如图 3.30 所示。

ab 全部在圆柱磁场区外,$l_B=0$,则

$$\mathscr{E}_{动} = 0$$

ab 进入磁场区 $l_B=\overline{cd}$,此后随 l_B 增大,ab 的动生电动势 $\mathscr{E}_{动}$ 增大,方向从 b 到 a;

ab 通过轴线时,ab 全部在磁场内时 $\mathscr{E}_{动}$ 最大,方向仍从 b 到 a;

ab 通过轴线后,随 l_B 减小,$\mathscr{E}_{动}$ 减小,方向仍从 b 到 a。

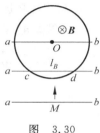

图 3.30

导线 ab 处于感生电场 $\boldsymbol{E}_i$ 中,有感生电动势

$$\mathscr{E}_{感} = \int_{\overline{ab}} \boldsymbol{E}_i \cdot \mathrm{d}\boldsymbol{l}$$

因感生电场 $\boldsymbol{E}_i$ 垂直于半径方向,即与 $\overline{Oa}$,$\overline{Ob}$ 垂直,取回路 $OabO$ 为 L,则

$$\int_{\overline{ab}} \boldsymbol{E}_i \cdot \mathrm{d}\boldsymbol{l} = \oint_L \boldsymbol{E}_i \cdot \mathrm{d}\boldsymbol{l}$$

又

$$\oint_L \boldsymbol{E}_i \cdot \mathrm{d}\boldsymbol{l} = -\iint_S \frac{\partial \boldsymbol{B}}{\partial t} \cdot \mathrm{d}\boldsymbol{S} = -\frac{\mathrm{d}B}{\mathrm{d}t} S_B$$

即 ab 的感生电动势为

$$\mathscr{E}_{感} = -\frac{\mathrm{d}B}{\mathrm{d}t} S_B \qquad ②$$

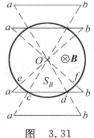

图 3.31

ab 全部在圆柱磁场外,S_B 为扇形 $OcdO$ 的面积,如图 3.31 所示。当 ab 向圆柱靠近时,面积 S_B 增大,故 $\mathscr{E}_{感}$ 随之增大,至 ab 与圆柱相切时,$\mathscr{E}_{感}$ 最大。$\mathscr{E}_{感}$ 方向从 a 到 b。

ab 的部分进入圆柱磁场内,S_B 为 $OecdfO$

面积,如图 3.31 所示,当 ab 向圆柱轴线靠近时,S_B 减小,$\mathscr{E}_感$ 随之减小,方向从 a 到 b。当 aOb 为一直线时 $S_B=0$,则 $\mathscr{E}_感=0$。

ab 通过轴线后,随 S_B 增大,$\mathscr{E}_感$ 也增大,方向从 b 到 a。

ab 移出磁场区后,S_B 逐渐减小,$\mathscr{E}_感$ 随之减小,方向从 b 到 a。

由法拉第电磁感应定律得

$$\mathscr{E}_i = -\frac{d\Phi}{dt} = -\frac{d}{dt}(\boldsymbol{B} \cdot \boldsymbol{S}) = -\frac{d\boldsymbol{B}}{dt} \cdot \boldsymbol{S} - \boldsymbol{B} \cdot \frac{d\boldsymbol{S}}{dt} \quad ③$$

因

$$d\boldsymbol{S} = \boldsymbol{l}_B \times \boldsymbol{v} dt$$

即

$$\frac{d\boldsymbol{S}}{dt} = \boldsymbol{l}_B \times \boldsymbol{v}$$

又据矢量运算

$$\boldsymbol{B} \cdot (\boldsymbol{l}_B \times \boldsymbol{v}) = \boldsymbol{l}_B \cdot (\boldsymbol{v} \times \boldsymbol{B})$$

代入③式有

$$\mathscr{E}_i = -\frac{d\boldsymbol{B}}{dt} \cdot \boldsymbol{S} - \boldsymbol{l}_B \cdot (\boldsymbol{v} \times \boldsymbol{B}) \quad ④$$

④式中第一项是由变化磁场 $\boldsymbol{B}(t)$ 产生的感生电动势 $\mathscr{E}_感$,即②式;第二项是由导线在磁场中运动切割磁力线产生的动生电动势 $\mathscr{E}_动$,即①式。$\mathscr{E}_i$ 是总的感应电动势,在变化的磁场内导线或导线回路运动时,分别计算动生电动势和感生电动势再求和,即是总的感应电动势。

计算题

1. **选题目的** 法拉第电磁感应定律的应用计算。

解 由于 $R \gg r, x \gg R$,所以可以认为大线圈在小线圈处的磁感应强度 $\boldsymbol{B}$ 均匀,并等于大线圈轴线上的 $\boldsymbol{B}$,为

$$B = \frac{\mu_0 I R^2}{2(R^2 + x^2)^{\frac{3}{2}}} \approx \frac{\mu_0 I R^2}{2x^3}$$

方向沿轴向。

设小线圈的回路方向与 x 正向成右手螺旋关系,则通过小线圈的磁通量为

$$\Phi \approx BS = \frac{\pi \mu_0 I R^2 r^2}{2x^3}$$

根据法拉第电磁感应定律有

$$\mathscr{E} = -\frac{\mathrm{d}\Phi}{\mathrm{d}t} = -\left(\frac{\mathrm{d}\dfrac{\pi\mu_0 I R^2 r^2}{2x^3}}{\mathrm{d}t}\right)$$

$$= \frac{3\mu_0 \pi r^2 I R^2}{2x^4}\frac{\mathrm{d}x}{\mathrm{d}t} = \frac{3}{2}\frac{\mu_0 \pi r^2 R^2 I}{x^4}v$$

由上式看出 $\mathscr{E} > 0$,所以感应电动势的方向与规定的回路正方向一致,即与 x 正向成右手螺旋关系。此关系也可以用楞次定律判断出来,因为当小线圈远离大线圈时,小线圈内的磁通量减少,因此感应电动势 $\mathscr{E}$ 的方向应与 x 轴正向成右手螺旋关系。

2. **选题目的** 动生电动势的计算。

解 在 A 棒上取一元段 $\mathrm{d}\boldsymbol{l}$,方向由 A 指向 C,此元段的速度 $\boldsymbol{v}$ 垂直 $\boldsymbol{B}$,且 $\boldsymbol{v} \times \boldsymbol{B}$ 的方向与 $\mathrm{d}\boldsymbol{l}$ 夹角为 α,如图 3.32 所示。动生电动势

$$\mathrm{d}\mathscr{E} = (\boldsymbol{v} \times \boldsymbol{B}) \cdot \mathrm{d}\boldsymbol{l} = vB\cos\alpha \mathrm{d}l$$

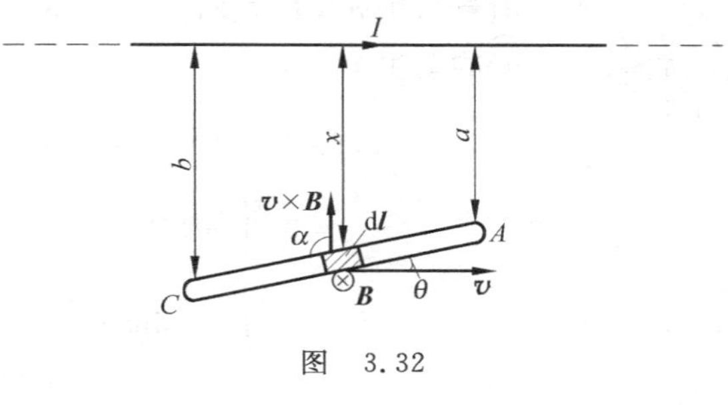

图 3.32

以 x 表示此元段离长直电流的距离,则在此元段处长直电流的磁场为

$$B = \frac{\mu_0 I}{2\pi x}$$

由图可知,和元段长 $\mathrm{d}l$ 相应的

$$\mathrm{d}x = \mathrm{d}l\sin\theta$$

因

$$\cos\alpha = -\sin\theta$$

所以

$$\mathrm{d}x = -\mathrm{d}l\cos\alpha$$

由此可得

$$\mathrm{d}\mathscr{E} = \frac{-\mu_0 Iv}{2\pi x}\mathrm{d}x$$

积分可得 AC 棒上的动生电动势为

$$\mathscr{E}_{AC} = \int\mathrm{d}\mathscr{E} = \int_a^b -\frac{\mu_0 Iv}{2\pi x}\mathrm{d}x = -\frac{\mu_0 Iv}{2\pi}\ln\frac{b}{a}$$

因 $\mathscr{E}_{AC}<0$,所以此电动势方向是由 C 指向 A。

3. 选题目的 动生电动势的计算。

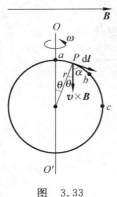

图 3.33

解 (1)当线圈转至其平面与 $\boldsymbol{B}$ 共面时(图 3.33),在 $\overset{\frown}{ab}$ 上取一元段 $\mathrm{d}l$(方向为顺时针),则 $\boldsymbol{v}\times\boldsymbol{B}$ 方向竖直向下,如图所示。$\overset{\frown}{ab}$ 的动生电动势为

$$\mathscr{E}_{\overset{\frown}{ab}} = \int_a^b (\boldsymbol{v}\times\boldsymbol{B})\cdot\mathrm{d}\boldsymbol{l}$$

$$= \int_a^b vB\mathrm{d}l\cos\alpha$$

$$= \int_a^b vB\sin\theta\mathrm{d}l$$

而

则
$$\mathcal{E}_{\widehat{ab}} = \int_0^{\frac{\pi}{4}} \omega r^2 B\sin^2\theta \mathrm{d}\theta = \left(\frac{\pi}{8} - \frac{1}{4}\right) B\omega r^2$$

同理
$$\mathcal{E}_{\widehat{ac}} = \int_0^{\frac{\pi}{2}} \omega r^2 B\sin^2\theta \mathrm{d}\theta = \frac{\pi}{4} B\omega r^2$$

(2) 当线圈由图示位置再转动时,线圈中的磁通量是由小变大,根据楞次定律可知线圈中感应电流为顺时针方向,其大小为

$$I = \frac{4\mathcal{E}_{\widehat{ac}}}{R} = \frac{\pi}{R} B\omega r^2$$

由含源电路欧姆定律可知

$$U_{ca} = \mathcal{E}_{\widehat{ac}} - I\frac{R}{4} = \frac{\pi}{4} B\omega r^2 - \frac{\pi}{R} B\omega r^2 \frac{R}{4} = 0$$

可见 a,c 两点电势相等。

同理

$$U_{ba} = \mathcal{E}_{\widehat{ab}} - I\frac{R}{8} = \left(\frac{\pi}{8} - \frac{1}{4}\right) B\omega r^2 - \frac{\pi}{R} B\omega r^2 \frac{R}{8}$$

$$= -\frac{1}{4} B\omega r^2$$

$U_{ba} < 0$,故 a 点电势高于 b 点电势。

4. 选题目的 感生电动势的计算。

解 圆筒以 ω 旋转时,相当于其表面单位长度上有环形电流 $\frac{Q}{L} \cdot \frac{\omega}{2\pi}$,这与载流螺线管的 nI 等效。由于 $L \gg a$,相当于长直螺线管,则圆筒内的磁感应强度为

$$B = \mu_0 nI = \frac{\mu_0 Q\omega}{2\pi L}$$

筒内为均匀磁场,$\boldsymbol{B}$ 方向沿 $+\hat{\boldsymbol{z}}$ 方向,筒外磁场 $B_{外} = 0$。

穿过圆形线圈的磁通量为

$$\Phi = \pi a^2 B = \frac{\mu_0 Q \omega a^2}{2L}$$

由法拉第电磁感应定律求得感生电动势为

$$\mathscr{E}_i = -\frac{d\Phi}{dt} = -\frac{\mu_0 Q a^2}{2L}\frac{d\omega}{dt} = \frac{\mu_0 Q a^2 \omega_0}{2L t_0}$$

感应电流为

$$I_i = \frac{\mathscr{E}_i}{R} = \frac{\mu_0 Q a^2 \omega_0}{2L t_0 R}$$

I_i 的流向与圆筒转动角速度 ω 的方向相同。

5. **选题目的** 熟悉动生电动势的两种计算方法。

解 （1）**解法一** 用法拉第电磁感应定律求解。

取顺时针方向为线框回路的正方向。当线框 AB 边离长直导线的距离为 x 时（图 3.34），通过线框的磁通量为

$$\Phi(x) = \int B dS = \int_x^{x+a} \frac{\mu_0 I}{2\pi r} l \, dr$$

$$= \frac{\mu_0 I l}{2\pi} \ln \frac{x+a}{x}$$

即 Φ 为 x 的函数。

由法拉第电磁感应定律得

$$\mathscr{E}_i = -\frac{d\Phi}{dt} = \frac{\mu_0 I l}{2\pi x}\frac{a}{x+a}\frac{dx}{dt}$$

因为

$$\frac{dx}{dt} = v$$

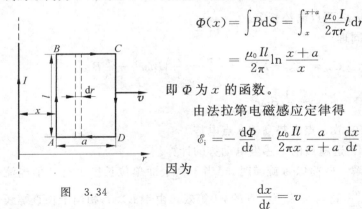

图 3.34

所以有

$$\mathscr{E}_i = \frac{\mu_0 I l a v}{2\pi x(x+a)}$$

由于 $\mathscr{E}_i > 0$，所以它的方向为顺时针方向，即 $ABCDA$ 方向。

若开始时选逆时针方向为线框回路正方向,则计算出的感应电动势 $\mathscr{E}_i$ 的表示式与上式相差一个负号,说明 $\mathscr{E}_i$ 与所选方向相反。由此确定的 $\mathscr{E}_i$ 的实际方向仍是 $ABCDA$ 方向。

解法二 用动生电动势求解。

将导线框沿 $ABCDA$ 分四段计算,即

$$\mathscr{E}_i = \int_{(A)}^{(B)} (\boldsymbol{v} \times \boldsymbol{B}) \cdot \mathrm{d}\boldsymbol{l} + \int_{(B)}^{(C)} (\boldsymbol{v} \times \boldsymbol{B}) \cdot \mathrm{d}\boldsymbol{l}$$
$$+ \int_{(C)}^{(D)} (\boldsymbol{v} \times \boldsymbol{B}) \cdot \mathrm{d}\boldsymbol{l} + \int_{(D)}^{(A)} (\boldsymbol{v} \times \boldsymbol{B}) \cdot \mathrm{d}\boldsymbol{l}$$

由于

$$\int_{(B)}^{(C)} (\boldsymbol{v} \times \boldsymbol{B}) \cdot \mathrm{d}\boldsymbol{l} = \int_{(D)}^{(A)} (\boldsymbol{v} \times \boldsymbol{B}) \cdot \mathrm{d}\boldsymbol{l} = 0$$

(因 $\boldsymbol{v} \times \boldsymbol{B}$ 与 $\mathrm{d}\boldsymbol{l}$ 垂直)

所以

$$\begin{aligned}\mathscr{E}_i &= \int_{(A)}^{(B)} (\boldsymbol{v} \times \boldsymbol{B}) \cdot \mathrm{d}\boldsymbol{l} + \int_{(C)}^{(D)} (\boldsymbol{v} \times \boldsymbol{B}) \cdot \mathrm{d}\boldsymbol{l} \\ &= \int_{(A)}^{(B)} vB_x \mathrm{d}l + \int_{(C)}^{(D)} -(vB_{x+a}) \mathrm{d}l \\ &= \int_{(A)}^{(B)} v\frac{\mu_0 I}{2\pi x} \mathrm{d}l + \int_{(C)}^{(D)} -v\frac{\mu_0 I}{2\pi(x+a)} \mathrm{d}l \\ &= v\frac{\mu_0 Il}{2\pi}\left(\frac{1}{x} - \frac{1}{x+a}\right) = \frac{\mu_0 Ilav}{2\pi x(x+a)}\end{aligned}$$

从结果看出,因 $\mathscr{E}_i > 0$,故其方向为 $ABCDA$ 方向。

(2) 将已知数据代入 $\mathscr{E}_i$ 的表示式后,则有

$$\mathscr{E}_i = \frac{4\pi \times 10^{-7} \times 5 \times 3 \times 0.2 \times 0.1}{2\pi \times 0.1 \times (0.1 + 0.1)} = 3.00 \times 10^{-6} \,\mathrm{V}$$

因为 $\mathscr{E}_i > 0$,所以它沿 $ABCDA$ 方向。

6. 选题目的 熟悉感生电动势的两种计算方法。

解 (1) **解法一** 用感应电场计算。

由于磁场的增大,在圆柱内有感应电场产生,其电力线为圆心

在 O 的同心圆且为逆时针方向，在离 O 为 r 处的感应电场强度是

$$E_{感} = -\frac{dB}{dt}\frac{r}{2}, \quad r \leqslant R$$

如图 3.35 所示，沿导线由 C 到 D 取 $\boldsymbol{E}_{感}$ 的线积分可得导线上的电动势为

$$\mathscr{E}_{CD} = \int_{(C)}^{(D)} \boldsymbol{E}_{感} \cdot d\boldsymbol{l} = \int_{(C)}^{(D)} E_{感}\cos\alpha\, dl$$

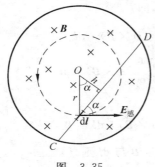

图 3.35

从图中可看出 $\cos\alpha = \dfrac{h}{r}$，所以

$$\mathscr{E}_{CD} = \int_{(C)}^{(D)} \frac{r}{2}\frac{dB}{dt}\frac{h}{r}dl = \frac{lh}{2}\frac{dB}{dt}$$

$$= \frac{1}{2}\frac{dB}{dt}l\sqrt{R^2 - \left(\frac{l}{2}\right)^2}$$

由于 $\mathscr{E}_{CD} > 0$，所以 $\mathscr{E}_{CD}$ 方向由 C 指向 D，从而 $U_D > U_C$。

对于 AM 导线段，因为它与直径重合，所以其上任一点的 $\boldsymbol{E}_{感}$ 均与导线垂直，因此 AM 上的感应电动势为

$$\mathscr{E}_{AM} = \int_{(A)}^{(M)} \boldsymbol{E}_{感} \cdot d\boldsymbol{l} = 0$$

由此可知 $U_A = U_M$。

解法二 补成回路，用法拉第电磁感应定律求解。

将直导线段 CD 两端与圆心 O 连接，形成一闭合回路 $ODCO$，如图 3.36 所示，并取 $ODCO$ 为回路正方向，则此回路中的感应电动势为

$$\mathscr{E} = -\frac{d\Phi}{dt} = -\frac{d\left(B\cdot\frac{1}{2}lh\right)}{dt} = -\frac{1}{2}lh\frac{dB}{dt}$$

$$= -\frac{1}{2}l\sqrt{R^2 - \left(\frac{l}{2}\right)^2}\frac{dB}{dt}$$

由于半径 CO 与 DO 上的感应电场与半径垂直，所以其上的

感生电动势为零,即
$$\mathscr{E}_{CD} = \mathscr{E}_{CO} = 0$$
而
$$\mathscr{E} = \mathscr{E}_{OD} + \mathscr{E}_{DC} + \mathscr{E}_{CO}$$
所以有
$$\mathscr{E} = \mathscr{E}_{DC} = -\frac{1}{2}l\sqrt{R^2 - \left(\frac{l}{2}\right)^2}\frac{dB}{dt}$$

由于 $\dfrac{dB}{dt} > 0$,所以 $\mathscr{E}_{DC} < 0$,即该感应电动势的方向是由 C 指向 D,所以 $U_D > U_C$。

也可以设想用其他线段与 CD 连成回路,用此方法求解。例如可以利用 DFC 弧与 CD 导线组成弓形闭合回路 $CDFC$,如图 3.36 所示。对此回路取 $CDFC$ 方向为正方向,则有

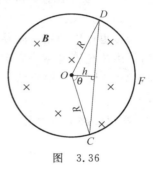

图 3.36

$$\mathscr{E} = -\frac{d\Phi}{dt} = -\frac{d(BS)}{dt} = -S\frac{dB}{dt} = -\left(\frac{1}{2}R^2\theta - \frac{1}{2}lh\right)\frac{dB}{dt}$$

由于
$$\mathscr{E} = \mathscr{E}_{CD} + \mathscr{E}_{\widehat{DFC}}$$
而
$$\mathscr{E}_{\widehat{DFC}} = \int_{(D)}^{(C)} \boldsymbol{E}_{感} \cdot d\boldsymbol{l} = -\frac{R}{2}\frac{dB}{dt}R\theta = -\frac{R^2}{2}\theta\frac{dB}{dt}$$
所以
$$\begin{aligned}\mathscr{E}_{CD} &= \mathscr{E} - \mathscr{E}_{\widehat{DFC}} \\ &= -\left(\frac{1}{2}R^2\theta - \frac{1}{2}lh\right)\frac{dB}{dt} + \frac{R^2}{2}\theta\frac{dB}{dt} \\ &= \frac{1}{2}lh\frac{dB}{dt} = \frac{1}{2}l\sqrt{R^2 - \left(\frac{l}{2}\right)^2}\frac{dB}{dt}\end{aligned}$$

因 $\mathscr{E}_{CD}>0$,即 CD 导线段上的电动势方向由 C 指向 D,从而 $U_D>U_C$,与上面结果一样。

要注意到由于 $\mathscr{E}<0$,所以在弓形回路中的感应电动势是沿 $CFDC$ 方向的。但不能由此推出 CD 导线上的电动势也是沿 DC 方向。这是因为用电磁感应定律确定出的是整个闭合回路电动势的方向,这与回路上的某一段内的感应电动势的方向不一定相同。对于弓形回路,由于 $\mathscr{E}$ 和 $\mathscr{E}_{\widehat{DFC}}$ 方向相同,但 $|\mathscr{E}|<|\mathscr{E}_{\widehat{DFC}}|$,所以 $\mathscr{E}_{CD}$ 和 $\mathscr{E}$ 的方向相反。

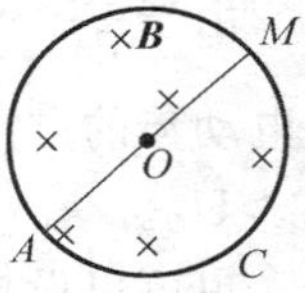

$\mathscr{E}_{AM}$ 也可以利用一段导线与 AM 构成闭合回路,再由法拉第电磁感应定律求出。例如利用半圆弧 $\widehat{MCA}$ 与 AM 构成扇形闭合回路,如图 3.37 所示。

图 3.37

由电磁感应定律有

$$\mathscr{E}=-\frac{\mathrm{d}\Phi}{\mathrm{d}t}=-\frac{\pi R^2}{2}\frac{\mathrm{d}B}{\mathrm{d}t}$$

而

$$\mathscr{E}=\mathscr{E}_{AM}+\mathscr{E}_{\widehat{MCA}}$$

$$\mathscr{E}_{\widehat{MCA}}=\int_{\widehat{MCA}}\boldsymbol{E}_{感}\cdot\mathrm{d}\boldsymbol{l}=-\frac{\pi R^2}{2}\frac{\mathrm{d}B}{\mathrm{d}t}$$

所以

$$\mathscr{E}_{AM}=\mathscr{E}-\mathscr{E}_{\widehat{MCA}}=0$$

为什么 $\mathscr{E}_{CD}\neq 0$,而 $\mathscr{E}_{AM}=0$ 呢?简单解释是,因为在 CD 导线上各点的感应电场沿 CD 方向有分量,使导线中的电荷(如自由电子)在此电场作用下沿导线移动,在导线上就会形成一定的电荷堆积分布,而建立起静电场。当电荷受到的感应电场与静电场的作用力达到平衡时,就会有稳定的电荷分布,这时 D,C 两端也就有稳定的电势差存在。而 AM 导线上各点的感应电场都与导线垂直,导线上无感应电场的分量,也就不会有电荷沿导线移动与堆积，因而没有静电场，所以也就没有电势差。

(2) 此时导体中有动生电动势 $\mathscr{E}_1$，也有感生电动势 $\mathscr{E}_2$，即

$$\mathscr{E} = \mathscr{E}_1 + \mathscr{E}_2$$

如图 3.38 所示，

$$\mathscr{E}_1 = \int_E^F (\boldsymbol{v} \times \boldsymbol{B}) \cdot \mathrm{d}\boldsymbol{l}$$

$$= \int_G^F (\boldsymbol{v} \times \boldsymbol{B}) \cdot \mathrm{d}\boldsymbol{l} = vBR$$

方向由 E 端指向 F 端。而

$$\mathscr{E}_2 = \int_F^G \boldsymbol{E}_1 \cdot \mathrm{d}\boldsymbol{l} + \int_G^E \boldsymbol{E}_2 \cdot \mathrm{d}\boldsymbol{l}$$

$$= \frac{R^2}{4}\left(\sqrt{3} + \frac{\pi}{3}\right)\frac{\mathrm{d}B}{\mathrm{d}t}$$

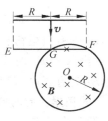

图 3.38

方向由 F 端指向 E 端。则

$$\mathscr{E} = \mathscr{E}_1 + \mathscr{E}_2 = \frac{R^2}{4}\left(\sqrt{3} + \frac{\pi}{3}\right)\frac{\mathrm{d}B}{\mathrm{d}t} - vBR$$

(3) 以顺时针为回路正方向，此时环内的感生电动势为

$$\mathscr{E} = \oint_L \boldsymbol{E} \cdot \mathrm{d}\boldsymbol{l} = -\pi r^2 \frac{\mathrm{d}B}{\mathrm{d}t}$$

因 $\mathscr{E} < 0$，故 $\mathscr{E}$ 为逆时针方向。由欧姆定律可知环内电流为

$$I = \frac{|\mathscr{E}|}{R_1 + R_2}$$

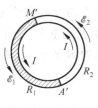

图 3.39

方向与 $\mathscr{E}$ 相同，如图 3.39 所示。因感应电场与所存在物质种类无关，所以在两个不同金属的半圆环内，感生电动势是相等的，即

$$\mathscr{E}_1 = \mathscr{E}_2 = \frac{\mathscr{E}}{2}$$

根据不均匀电路欧姆定律，对 R_1 半边有

$$U_{A'} - U_{M'} = -IR_1 + \mathscr{E}_1 = -\frac{|\mathscr{E}|R_1}{R_1+R_2} + \frac{|\mathscr{E}|}{2}$$

$$= \frac{(R_2-R_1)}{2(R_1+R_2)}|\mathscr{E}| = \frac{R_2-R_1}{2(R_1+R_2)}\pi r^2 \frac{\mathrm{d}B}{\mathrm{d}t}$$

当 $R_2 > R_1$ 时，$U_{A'} - U_{M'} > 0$ 即 $U_{A'} > U_{M'}$，在 A' 处有正电荷积累，M' 处有负电荷积累。

当 $R_2 < R_1$ 时，$U_{A'} - U_{M'} < 0$ 即 $U_{A'} < U_{M'}$，在 A' 处有负电荷积累，M' 处有正电荷积累。这是由于导线圆环电阻不均匀造成的静电荷的积累。此时圆环内既有感应电场，也有静电场。若电阻均匀，圆环内只有感应电场而没有静电场。

3.5 磁介质、自感、互感

讨论题

1. 选题目的 明确磁介质内 $\boldsymbol{H}$ 的环路定理的物理意义及 $\boldsymbol{B}$ 与 $\boldsymbol{H}$ 的关系。

解 （1）前半段不对，后半段正确。在环路定理的表示式 $\oint_L \boldsymbol{H} \cdot \mathrm{d}\boldsymbol{l} = I_0$ 中，若 I_0 为零，则 $\oint_L \boldsymbol{H} \cdot \mathrm{d}\boldsymbol{l} = 0$。这仅说明磁场强度 $\boldsymbol{H}$ 沿回路 L 的环流值为零，并不能由此推出回路 L 上的 $\boldsymbol{H}$ 处处为零。如图 3.40 所示，在均匀磁介质内的闭合回路 L 没有包围自由电流 I_1 和 I_2，$\boldsymbol{H}$ 的环路积分为零。但磁介质内各点的 $\boldsymbol{B} \neq 0$，而 $\boldsymbol{H} = \dfrac{\boldsymbol{B}}{\mu}$，所以回路 L 上各点的 $\boldsymbol{H}$ 并不等于零。

但是若被积函数 $\boldsymbol{H}$ 处处为零，则环路积分一定为零，由环路定理可知回路所包围的自由电流的代数和也一定为零。例如在通电同轴电缆外，$\boldsymbol{H}$ 处处为零，所以 $\boldsymbol{H}$ 沿与电缆套连的闭合曲线 L 的环流为零，这与回路 L 包围的通过电缆的自由电流的代数和

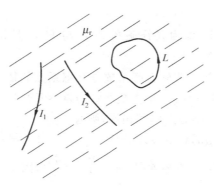

图 3.40

(一去一回)为零是相对应的。

(2) 不正确。从 H 的环路定理看,只能说 H 的环路积分值仅与回路内的自由电流有关。

从 H 的定义式 $H = \dfrac{B}{\mu_0} - M$ 可看出,各点的 H 不仅与自由电流有关还与磁化电流有关。

(3) 正确。因为对各向同性的非铁磁质有 $B = \mu H$,μ 为大于零的常数,所以 B 与 H 总是同向的。

(4) 不正确。对各向同性的非铁磁质有 $\dfrac{B}{H} = \mu$,且 μ 为常数。对铁磁质仅有 $\dfrac{B}{H} = \mu$,且 μ 不是常数。

2. 选题目的　明确各种磁介质的特性。

解　Ⅰ表示抗磁质,Ⅱ表示顺磁质。因为在各向同性的非铁磁质中,B 和 H 的数值成正比,所以反应在图像上应是直线。考虑到在顺磁质中附加磁场与外磁场方向一致,而在抗磁质中二者方向相反,因此对同样的 H,顺磁质中的 B 比抗磁质中的 B 大,所

以 Ⅱ 为前者。

Ⅲ 为铁磁质,因为在铁磁质中 B 与 H 不是正比关系,所以 B-H 为一条曲线。

3. 选题目的 明确自感系数与互感系数的物理意义。

解 (1) 应选(d)。长直螺线管的自感系数为 $L=\mu n^2 V$,已知两个螺线管均为空心且体积相同,则有

$$L_2 = \mu n_2^2 V = \mu \times 4n_1^2 V = 4L_1 \quad (L_1 = \mu n_1^2 V)$$

(2) 应选(a)。互感系数 $M=\dfrac{\Psi_{21}}{I_1}=\dfrac{\Psi_{12}}{I_2}$,因 $I_1=I_2$,所以必有 $|\Psi_{21}|=|\Psi_{12}|$。

4. 选题目的 明确自感系数与磁能公式的意义。

解 应选(3)。由于长直螺线管的自感系数为 $L=\mu\pi r^2 N^2/l$,磁能公式为 $W_\mathrm{m}=\dfrac{1}{2}LI^2$,故有

$$L_1:L_2 = 1:2, \quad W_\mathrm{m1}:W_\mathrm{m2} = 1:2$$

5. 选题目的 明确互感系数的物理意义。

解 两个线圈平面互相垂直时,互感系数最小。因为此时,当一个线圈中通以电流时,它的磁场在另一个线圈中的磁链 Ψ 最小(近似为零),根据互感定义 $\left(M=\dfrac{\Psi_{12}}{I_2}\right)$,它们的互感系数也就最小。

当两个线圈平面平行时,互感系数最大。因为此时,当一个线圈通以电流时,它的磁力线几乎全部穿过另一个线圈,使其磁链最大,因此它们的互感系数也最大。

计算题

1. 选题目的 H 的环路定理的应用计算。

解 由于环形螺线管内的磁力线为沿环的同心圆,且圆周上

各处的磁场强度大小相等。在螺线管内作周长为 l 的同心圆回路 L，方向为逆时针，如图 3.41 所示。

由 $\boldsymbol{H}$ 的环路定理可得

$$\oint_L \boldsymbol{H} \cdot \mathrm{d}\boldsymbol{l} = \sum I$$

解得

$$Hl = NI$$

即

$$H = \frac{NI}{l}$$

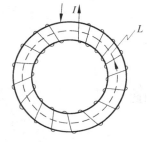

图 3.41

又知

$$B = \mu_0 \mu_r H = \frac{\mu_0 \mu_r NI}{l}$$

因为横截面半径远小于环半径，可近似地认为截面 S 上磁场分布均匀，则有

$$\Phi_m = BS = \frac{\mu_0 \mu_r NIS}{l}$$

由此可得

$$\mu_r = \frac{\Phi_m l}{\mu_0 NIS} = \frac{6 \times 10^{-5} \times 0.1}{4\pi \times 10^{-7} \times 200 \times 0.1 \times 5.0 \times 10^{-5}}$$

$$= 4.78 \times 10^3$$

2. **选题目的**　$\boldsymbol{H}$ 的环路定理的应用计算。

解　(1) 由对称性分析可知，磁场分布为柱对称，即距圆柱轴线等距处各点的 $\boldsymbol{H}$ 大小相等，方向沿切向且与电流 I 成右手螺旋关系。离轴线为 r 处的 H 与 B 可按如下方法求解。

选圆心在 O 点，半径为 r 的圆形回路 L，其方向与电流流向成右手螺旋关系，根据 $\boldsymbol{H}$ 的环路定理有

$$\oint_L \boldsymbol{H} \cdot \mathrm{d}\boldsymbol{l} = I$$

解得
$$H \times 2\pi r = \frac{I}{\pi R_1^2}\pi r^2$$
即
$$H = \frac{rI}{2\pi R_1^2}$$
因此
$$B = \mu_1 H = \frac{\mu_1 rI}{2\pi R_1^2}$$

当 $R_1 < r < R_2$ 时,同理有
$$\oint_L \boldsymbol{H} \cdot \mathrm{d}\boldsymbol{l} = I$$
解得
$$H \times 2\pi r = I$$
即
$$H = \frac{I}{2\pi r}$$
$$B = \mu_2 H = \frac{\mu_2 I}{2\pi r}$$

当 $r > R_2$ 时,同理有
$$\oint_L \boldsymbol{H} \cdot \mathrm{d}\boldsymbol{l} = I$$
解得
$$H \times 2\pi r = I$$
即
$$H = \frac{I}{2\pi r}$$
$$B = \mu_0 H = \frac{\mu_0 I}{2\pi r}$$

(2) 外层磁介质外表面的磁化面电流密度为

$$i'_{R_2} = M_2 = \frac{B_{R_2}}{\mu_0} - H_{R_2} = \frac{I(\mu_2 - \mu_0)}{\mu_0 2\pi R_2}$$

此磁化电流方向沿圆柱轴线方向。

3. **选题目的** 说明计算自感系数的两种方法。

解 解法一 设电缆内通有电流,由于电流 I 由外筒流去,在无限远处由内筒流回,故此闭合回路可以等效为电流为 I 的单匝回路。穿过此回路的磁通量即为穿过图 3.42 所示阴影面积的磁通量。已知在阴影区域($R_2 > r > R_1$)中的磁感应强度分布为

$$B = \frac{\mu_r \mu_0 I}{2\pi r}$$

所以通过长为 l,宽为 dr 的一窄条面积的磁通量为

$$d\Phi = B(l dr)$$
$$= \frac{\mu_r \mu_0 I l}{2\pi} \frac{dr}{r}$$

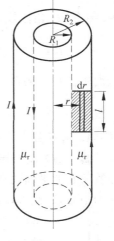

图 3.42

通过长 l 的阴影面积的磁通量为

$$\Phi = \int d\Phi = \int_{R_1}^{R_2} \frac{\mu_r \mu_0 I l}{2\pi r} dr = \frac{\mu_r \mu_0 I l}{2\pi} \ln \frac{R_2}{R_1}$$

根据自感系数的定义,单位长度的自感系数为

$$L_1 = \frac{L}{l} = \frac{\Phi}{Il} = \frac{\mu_0 \mu_r}{2\pi} \ln \frac{R_2}{R_1}$$

解法二 用磁能公式计算。

在两筒间取半径为 r,厚为 dr,长为 l 的同轴圆筒形体积,如图 3.43 所示。当电缆通有电流 I 时,此体积内储有的磁场能量为

$$dW_m = \frac{B^2}{2\mu_0 \mu_r} 2\pi r l \, dr = \frac{\mu_0 \mu_r I^2}{4\pi r} l \, dr$$

由于内筒内和外筒外磁场为零,不储存磁场能量,所以长 l 的电缆储存的总磁能为

$$W_m = \int dW_m = \int_{R_1}^{R_2} \frac{\mu_0 \mu_r I^2}{4\pi r} l\,dr$$

$$= \frac{\mu_0 \mu_r l I^2}{4\pi} \ln \frac{R_2}{R_1}$$

上式和磁能与自感系数的关系式

$W_m = \frac{1}{2} L I^2$ 相比较,可得

$$L = \frac{\mu_0 \mu_r l}{2\pi} \ln \frac{R_2}{R_1}$$

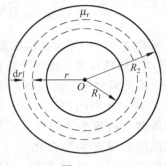

图 3.43

从而单位长度的自感系数为

$$L_1 = \frac{L}{l} = \frac{\mu_0 \mu_r}{2\pi} \ln \frac{R_2}{R_1}$$

4. 选题目的 自感系数与磁场能量的计算。

解 (1) 设两导线内通有反向等值电流 I,如图 3.44 所示,在导线所在的平面内取垂直于导线的坐标轴 r,并设其原点在左导线的中心,由此可以计算通过两导线间长为 l 的面积的磁通量为

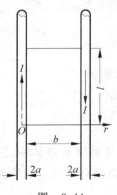

$$\Phi = \int d\Phi = \int \boldsymbol{B} \cdot d\boldsymbol{S}$$

$$= \int_a^{b+a} \left(\frac{\mu_0 I}{2\pi r} + \frac{\mu_0 I}{2\pi(b+2a-r)} \right) l\,dr$$

$$= \frac{\mu_0 I l}{\pi} \ln \frac{b+a}{a} \approx \frac{\mu_0 I l}{\pi} \ln \frac{b}{a}$$

由自感定义可得,单位长度的自感系数为

$$L_1 = \frac{L}{l} = \frac{\Phi}{I l} \approx \frac{\mu_0}{\pi} \ln \frac{b}{a}$$

图 3.44

对以上计算可能会提出这样的问题:计算中所取的单位长度导线上、下端并不

3.5 磁介质、自感、互感

闭合,而定义公式中的 Φ 是通过闭合回路的磁通量,这是否有矛盾呢? 由于题目中给出的导线是无限长的,因此可以认为沿导线长度方向的磁场分布是均匀的,这样,通过两导线间任一单位长度面积的磁通量都相等,这就可以引入单位长度自感的概念。设想两导线在无限远处闭合形成回路,当用 Φ/I 求整个回路的自感系数时,其结果和上面求得的单位长度的自感乘以导线长度是一样的。需要指出的是,单位长度的自感在研究传输线(或电缆)的电磁现象时,是很有用而且很重要的概念。

(2) 两等值反向的直线电流间的作用力为斥力,所以当导线的距离增加 dr 时,磁场力对单位长度导线做的功为

$$dW_m = F_m dr = BI dr = \frac{\mu_0 I^2}{2\pi r} dr$$

当距离由 b 增加到 $2b$ 时,所做的功为(其中电流 I 保持不变)

$$W_m = \int_{b+a}^{2b+a} \frac{\mu_0 I^2}{2\pi r} dr \approx \frac{\mu_0 I^2}{2\pi} \ln 2 > 0$$

(3) 设磁场能量增量为 ΔW_m,则

$$\Delta W_m = W_m - W_{m0} = \frac{1}{2} L_1' I^2 - \frac{1}{2} L_1 I^2$$

由于

$$L_1' = \frac{\mu_0}{\pi} \ln \frac{2b+a}{a}$$

所以

$$\Delta W_m = \frac{1}{2} \left(\frac{\mu_0}{\pi} \ln \frac{2b+a}{a} \right) I^2 - \frac{1}{2} \left(\frac{\mu_0}{\pi} \ln \frac{b+a}{a} \right) I^2$$

$$= \frac{\mu_0 I^2}{2\pi} \ln \frac{2b+a}{b+a} \approx \frac{\mu_0 I^2}{2\pi} \ln 2 > 0$$

此结果大于零说明:导线间距离增大后磁场能量是增加了,上面已计算出当两导线距离增大时,磁场力需要做功,磁场力做功的同时,磁场能又增加了,这能量是从哪里来的呢? 此时应注意到当导线间距增大时,导线中会出现与原电流相反方向的感应电动

势，因而外接电源要反抗导线中的感应电动势以维持导线中电流不变。这样，电源要做功 $W_电$。

若忽略导线中电阻保持电流 I 不变，则应有

$$\mathscr{E}_电 + \mathscr{E}_感 = 0$$

电源做功为

$$W_电 = \int_初^末 \mathscr{E}_电 I \mathrm{d}t = \int_初^末 -\mathscr{E}_感 I \mathrm{d}t$$
$$= \int_初^末 \frac{\mathrm{d}\Phi}{\mathrm{d}t} I \mathrm{d}t = I(\Phi_末 - \Phi_初)$$

现以单位长度（即 $l=1$）的平行直导线计算磁通，有

$$\Phi_初 \approx \frac{\mu_0 I}{\pi} \ln \frac{b}{a}$$

$$\Phi_末 \approx \frac{\mu_0 I}{\pi} \ln \frac{2b}{a}$$

代入 $W_电$ 得

$$W_电 = I \left(\frac{\mu_0 I}{\pi} \ln \frac{2b}{a} - \frac{\mu_0 I}{\pi} \ln \frac{b}{a} \right)$$
$$= \frac{\mu_0 I^2}{\pi} \ln 2 = W_m + \Delta W_m$$

5. 选题目的 明确互感系数的计算方法。

解 由于互感系数 $M_{12} = M_{21}$，所以既可以通过计算 Ψ_{12} 求解，也可以通过计算 Ψ_{21} 来求解。但本题只能以计算长直电流磁场通过导体圆环的磁通量来求解互感系数。设圆心 O 为 r 坐标轴的原点，如图 3.45 所示。当两长直导线通有电流 I 时，它们之间距圆环圆心 O 为 r 处的磁感应强度为

$$B = \frac{\mu_0 I}{2\pi} \left(\frac{1}{a+r} + \frac{1}{a-r} \right)$$

因而通过圆环导线的磁通量 Ψ 为

$$\Psi = \int_S \boldsymbol{B} \cdot \mathrm{d}\boldsymbol{S} = \int_S B \mathrm{d}S$$

$$= \int_{-a}^{a} \frac{\mu_0 I}{2\pi} \left(\frac{1}{a+r} + \frac{1}{a-r} \right)$$
$$\times 2\sqrt{a^2 - r^2}\, dr$$
$$= \frac{2\mu_0 Ia}{\pi} \int_{-a}^{a} \frac{dr}{\sqrt{a^2 - r^2}}$$
$$= 2\mu_0 Ia$$

由互感系数定义可知

$$M = \frac{\Psi}{I} = 2\mu_0 a$$

6. 选题目的 互感系数的计算。

解 （1）计算 M_{21}。设螺线管 1 内通有电流 I_1（图 3.46），则在管内产生均匀磁场 B_1，其大小为

$$B_1 = \mu_0 \frac{N_1}{l} I_1$$

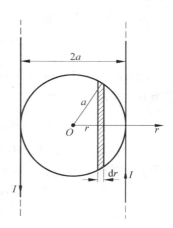

图 3.45

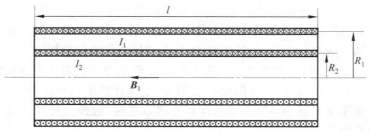

图 3.46

磁场 B_1 穿过螺线管 2 的磁通量 Ψ_{21} 为

$$\Psi_{21} = N_2 \Phi_{21} = N_2 B_1 S_2 \quad (\Phi_{21} = B_1 S_2)$$
$$= \frac{N_2 N_1}{l} \mu_0 I_1 \pi R_2^2$$

由互感系数定义得

$$M_{21} = \frac{\Psi_{21}}{I_1} = \frac{N_1 N_2}{l} \mu_0 \pi R_2^2$$

（2）计算 M_{12}。设螺线管 2 通有电流 I_2，它在管内产生均匀磁场 $\boldsymbol{B}_2$，其大小为

$$B_2 = \mu_0 \frac{N_2}{l} I_2$$

由于在螺线管 2 外面 I_2 的磁场为零，所以 I_2 的磁场穿过螺线管 1 的磁通量 Ψ_{12} 为

$$\begin{aligned}\Psi_{12} &= N_1 \Phi_{12} = N_1 B_2 S_2 \\ &= \frac{N_2 N_1}{l} \mu_0 I_2 \pi R_2^2\end{aligned}$$

由互感系数定义得

$$M_{12} = \frac{\Psi_{12}}{I_2} = \frac{N_1 N_2}{l} \mu_0 \pi R_2^2$$

可见

$$M_{21} = M_{12}$$

若本题中的两个同轴线圈不等长，例如 $l_2 > l_1$，如图 3.47 所示，这就需要选择便于计算的途径，很明显计算 M_{12} 较方便。即设线圈 2 通有电流 I_2，计算磁场 $\boldsymbol{B}_2$ 穿过线圈 1 的磁通量就可以求出互感系数 M_{12} 也就是 M_{21}。若计算 M_{21}，就要假设线圈 1 中通有电流 I_1，但它穿过线圈 2 的磁场不均匀，很难计算出其磁通量，因而也就不易计算出 M_{21}。可见计算互感系数时，选择方便的计算途径是很重要的。

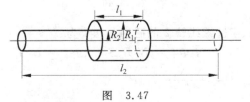

图 3.47

3.6 位移电流、麦克斯韦方程组

讨论题

1. **选题目的** 明确位移电流的物理意义及其与传导电流的区别。

解 （1）传导电流是电荷的宏观定向移动。而位移电流是电场以及电介质极化的变化，它与电荷宏观移动无直接关系。

（2）二者都服从安培环路定理。

（3）传导电流只存在于导体中，因为在导体中才有可以作宏观定向移动的自由电荷。而位移电流不依赖于自由电荷，哪里有变化的电场，哪里就有位移电流，所以在导体、介质、真空中都可以存在位移电流。

（4）导体中的传导电流要产生热效应，而且服从焦耳-楞次定律。如果只有电场的变化，位移电流就不会产生热效应。在介质中的位移电流包含有电极化的变化，即束缚电荷的微观移动，这就有可能产生热效应，例如：当有极分子在高频变化的电场作用下反复改变极化方向时，分子取向极化的能量就可以转化成不规则运动的热能，所以也可以产生较显著的热效应，不过它不服从焦耳-楞次定律。

2. **选题目的** 明确麦克斯韦方程的物理意义。

解 静电场的高斯定理中的 E 是静电场场强，即是静止电荷产生的电场，是保守场。

真空中电磁场的高斯定理中的 E 是总电场，即是电荷产生的电场和变化磁场产生的电场的叠加，其中变化磁场产生的电场是涡旋场，不是保守场。

3. **选题目的** 明确麦克斯韦方程的物理意义。

解 真空中磁通连续原理表示式 $\left(\oint_S \boldsymbol{B} \cdot \mathrm{d}\boldsymbol{S} = 0\right)$ 中的 $\boldsymbol{B}$ 是自由电荷定向运动形成的稳恒电流产生的磁感应强度。而电磁场中磁通连续原理表示式 $\left(\oint_S \boldsymbol{B} \cdot \mathrm{d}\boldsymbol{S} = 0\right)$ 中的 $\boldsymbol{B}$ 是自由电荷定向运动形成的稳恒电流产生的磁感应强度与变化电场产生的磁感应强度的叠加。

4. **选题目的** 传导电流、位移电流的判断与计算。

解 电容 $C = \dfrac{Q}{V}$，如图 3.48。

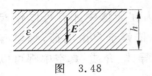

图 3.48

平板电容器

$$V = Eh$$

$$C = \frac{\varepsilon S}{h}$$

(1) 漏电电流是传导电流 I_c

$$I_c = -\frac{\mathrm{d}Q}{\mathrm{d}t} = -C\frac{\mathrm{d}V}{\mathrm{d}t} = -Ch\frac{\mathrm{d}E}{\mathrm{d}t}$$

传导电流密度为

$$\boldsymbol{J}_c = -\frac{Ch}{S}\frac{\mathrm{d}\boldsymbol{E}}{\mathrm{d}t} = -\varepsilon\frac{\mathrm{d}\boldsymbol{E}}{\mathrm{d}t} \qquad ①$$

极板间有时变电场则有位移电流 I_d，位移电流密度

$$\boldsymbol{J}_d = \frac{\mathrm{d}\boldsymbol{D}}{\mathrm{d}t} = \varepsilon\frac{\mathrm{d}\boldsymbol{E}}{\mathrm{d}t} \qquad ②$$

两极板间同时存在传导电流 I_c 和位移电流 I_d，且处处有

$$I = I_c + I_d$$

由①式及②式得

$$\boldsymbol{J}_c + \boldsymbol{J}_d = -\varepsilon\frac{\mathrm{d}\boldsymbol{E}}{\mathrm{d}t} + \varepsilon\frac{\mathrm{d}\boldsymbol{E}}{\mathrm{d}t} = 0$$

则

$$I = 0 \qquad ③$$

又由 $\boldsymbol{B}$ 的环路定理
$$\oint_L \boldsymbol{B} \cdot \mathrm{d}\boldsymbol{l} = \mu_0 \sum I$$
可得极板空间的磁感应强度
$$B = 0$$

(2) 似稳电流
$$I_c = \frac{V}{R}, \quad C = \frac{Q}{V}$$
代入
$$I_c = -\frac{\mathrm{d}Q}{\mathrm{d}t}$$
得
$$-\frac{\mathrm{d}Q}{\mathrm{d}t} = \frac{Q}{RC}$$
分离变量解方程有
$$\frac{\mathrm{d}Q}{Q} = -\frac{\mathrm{d}t}{RC}$$
得
$$\ln\frac{Q}{Q_0} = -\frac{t}{RC}$$
即
$$Q = Q_0 \mathrm{e}^{-t/RC} \qquad ④$$

由平板电容器：
$$C = \frac{\varepsilon S}{h}, \quad R = \frac{h}{\gamma S}$$
可得
$$RC = \frac{\varepsilon}{\gamma} \qquad ⑤$$
将⑤式代入④式得
$$Q = Q_0 \mathrm{e}^{-\frac{\gamma}{\varepsilon}t} \qquad ⑥$$

漏电电流即传导电流 I_c 可由⑥式求出，

$$I_c = -\frac{dQ}{dt} = \frac{\gamma}{\varepsilon} Q_0 e^{-\frac{\gamma}{\varepsilon} t}$$

位移电流

$$I_d = -I_c$$

即

$$I_d = -\frac{\gamma}{\varepsilon} Q_0 e^{-\frac{\gamma}{\varepsilon} t}$$

5. **选题目的** 理解位移电流和 H 的环路定理。

解 平板电容器充电时，两极板间的位移电流为

$$I_d = \frac{d\Phi_D}{dt} = S\frac{dD}{dt} = S\frac{d\sigma_0}{dt} = \frac{dq}{dt} = I_0 \quad (传导电流)$$

如题图，环路 L_1 所围面积小于电容器极板面积，即

$$\oint_{L_1} \boldsymbol{H} \cdot d\boldsymbol{l} < I_d$$

而

$$\oint_{L_2} \boldsymbol{H} \cdot d\boldsymbol{l} = I_0 = I_d$$

所以

$$\oint_{L_1} \boldsymbol{H} \cdot d\boldsymbol{l} < \oint_{L_2} \boldsymbol{H} \cdot d\boldsymbol{l}$$

计算题

1. **选题目的** 位移电流的计算与电磁场中 H 的环路定理的应用。

解 (1) 对平行板电容器有

$$D = \sigma = \frac{q}{S} = \frac{q_0 \sin\omega t}{\pi R^2}$$

位移电流密度 j_d 为

3.6 位移电流、麦克斯韦方程组

$$j_\mathrm{d} = \frac{\partial D}{\partial t} = \frac{q_0 \omega}{\pi R^2}\cos\omega t$$

(2) 因电容器两极板间的传导电流为零,根据电磁场中 $\boldsymbol{H}$ 的环路定理,则有

$$\oint_L \boldsymbol{H} \cdot \mathrm{d}\boldsymbol{l} = \iint_S \boldsymbol{j}_\mathrm{d} \cdot \mathrm{d}\boldsymbol{S}$$

现以两极板中心连线为对称轴,在平行于极板的平面内,以该平面与中心线交点为圆心、r 为半径作圆形回路 L。根据对称性可知,L 上各点的 $\boldsymbol{H}$ 值相等,方向沿圆的切线方向,现选回路 L 的方向与 $\boldsymbol{H}$ 的方向一致,则有

$$\oint_L \boldsymbol{H} \cdot \mathrm{d}\boldsymbol{l} = H \times 2\pi r$$

而

$$\iint \boldsymbol{j}_\mathrm{d} \cdot \mathrm{d}\boldsymbol{S} = \iint j_\mathrm{d}\mathrm{d}S = j_\mathrm{d}\pi r^2$$

则有

$$H \times 2\pi r = j_\mathrm{d}\pi r^2$$

即

$$H = \frac{j_\mathrm{d} r}{2} = \frac{q_0 \omega r}{2\pi R^2}\cos\omega t$$

2. 选题目的 位移电流的计算。

解 根据电容定义有

$$C = \frac{q_0}{u}$$

则

$$q_0 = Cu$$

而

$$\sigma_0 = \frac{q_0}{S} = \frac{Cu}{S}$$

在平行板电容器中有

$$D = \sigma_0$$

所以位移电流密度 j_d 为

$$j_d = \frac{\partial D}{\partial t} = \frac{C}{S}\frac{\partial u}{\partial t}$$

位移电流 I_d 为

$$I_d = j_d S = C\frac{\partial u}{\partial t} = \frac{dq_0}{dt}$$

3. 选题目的 位移电流的计算及电磁场中 H 的环路定理的应用。

解 （1）位移电流密度为

$$\begin{aligned} j_d &= \frac{\partial D}{\partial t} = \frac{\partial(\varepsilon_0 E)}{\partial t} \\ &= \varepsilon_0 \frac{\partial E}{\partial t} = \varepsilon_0 \frac{\partial(720\sin 10^5 \pi t)}{\partial t} \\ &= 720 \times 10^5 \pi\varepsilon_0 \cos 10^5 \pi t \ \text{A/m}^2 \end{aligned}$$

（2）因电容器极板中间的传导电流密度为零，由电磁场中的 H 环路定理可知

$$\oint_L \boldsymbol{H} \cdot d\boldsymbol{l} = \iint_S \boldsymbol{j}_d \cdot d\boldsymbol{S}$$

以两极板中心连线为对称轴，在平行于极板的平面内，以该平面与中心线交点为圆心、r 为半径作圆形回路 L。根据对称性可知，L 上各点的磁场强度 $\boldsymbol{H}$ 的大小相等，方向沿圆周切线方向，现选回路 L 的方向与 $\boldsymbol{H}$ 的方向一致，则有

$$\oint_L \boldsymbol{H} \cdot d\boldsymbol{l} = H \times 2\pi r$$

$$\iint_S \boldsymbol{j}_d \cdot d\boldsymbol{S} = j_d \pi r^2$$

因此

$$H \times 2\pi r = j_d \pi r^2$$

即
$$H = \frac{j_d r}{2} = \frac{720 \times 10^5 \times 10^{-2} \varepsilon_0 \pi \cos 10^5 \pi t}{2}$$
$$= 3.6 \times 10^5 \pi \varepsilon_0 \cos 10^5 \pi t \text{ A/m}$$

其峰值为
$$H = 3.6 \times 10^5 \pi \varepsilon_0 \text{ A/m}$$

4. 选题目的　位移电流的计算、匀速运动点电荷的磁场。

解　(1) 以点电荷 q 为中心、r 为半径作球面 $S_{球}$,球面被半径为 R 的圆割出一个球冠,其面积为 $S_{冠}$,如图 3.49 所示。球冠的高为 h,则 $S_{冠} = 2\pi r h$。

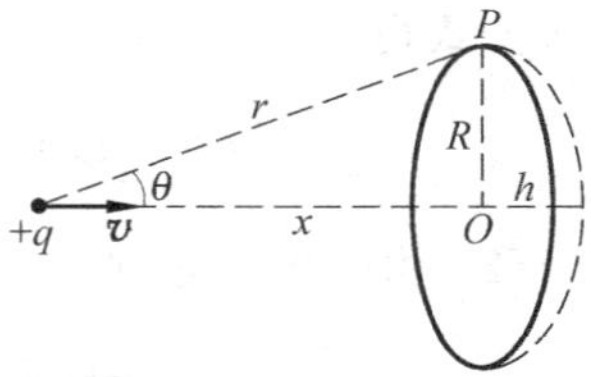

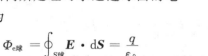

由高斯定理可求通过球面的电通量为

$$\Phi_{e球} = \oint_{S_{球}} \boldsymbol{E} \cdot \mathrm{d}\boldsymbol{S} = \frac{q}{\varepsilon_0}$$

图　3.49

则通过球冠的电通量为

$$\Phi_{e冠} = \frac{q}{\varepsilon_0} \frac{S_{冠}}{S_{球}} = \frac{q}{\varepsilon_0} \frac{2\pi r h}{4\pi r^2}$$

又通过半径为 R 的圆的电通量等于通过相应球冠的电通量,即

$$\Phi_{e圆} = \Phi_{e冠} = \frac{q}{\varepsilon_0} \frac{2\pi r h}{4\pi r^2}$$

将
$$h = r - x \quad r = \sqrt{x^2 + R^2}$$

代入上式并化简得

$$\Phi_{e圆} = \frac{q}{2\varepsilon_0} \left(1 - \frac{x}{\sqrt{x^2 + R^2}}\right)$$

通过圆面积的位移电流为

$$I_d = \varepsilon_0 \frac{d\Phi_{e圆}}{dt} = \frac{q}{2} \frac{d}{dt}\left(1 - \frac{x}{\sqrt{x^2+R^2}}\right)$$

$$= \frac{q}{2} \frac{-R^2 \frac{dx}{dt}}{(x^2+R^2)^{3/2}}$$

因为

$$\frac{dx}{dt} = -v$$

代入上式得

$$I_d = \frac{q}{2} \frac{R^2 v}{(x^2+R^2)^{3/2}}$$

(2) 由全电流定律

$$\oint_L \boldsymbol{H} \cdot d\boldsymbol{l} = I_c + I_d = I_d$$

式中 L 为过 P 点的半径为 R 的圆周,将(1)求得的 I_d 及 $H = \dfrac{B}{\mu_0}$ 代入上式,即

$$B \times 2\pi R = \mu_0 \frac{qR^2 v}{2(x^2+R^2)^{3/2}}$$

于是

$$B = \frac{\mu_0}{4\pi} \frac{qvR}{(x^2+R^2)^{3/2}} = \frac{\mu_0}{4\pi} \frac{qvr\sin\theta}{r^3}$$

是 P 点的磁感应强度。

上式写成矢量式为

$$\boldsymbol{B} = \frac{\mu_0}{4\pi} \frac{q\boldsymbol{v} \times \boldsymbol{r}}{r^3}$$

此式即为匀速运动点电荷的磁感应强度计算式。

*3.7 电磁场的相对性

计算题

1. **选题目的** 匀速直线运动的点电荷的电场计算。

解 匀速直线运动的点电荷的电场表示式为

$$E = \frac{Q}{4\pi\varepsilon_0 r^2} \times \frac{(1-\beta^2)}{(1-\beta^2\sin^2\theta)^{3/2}} \hat{r}$$

在点电荷运动的正前方,因为 $\theta = 0$,所以有

$$E = \frac{Q}{4\pi\varepsilon_0 r^2}(1-\beta^2)\hat{r}$$

与点电荷运动方向垂直方向上的场点,$\theta = \frac{\pi}{2}$,则有

$$E = \frac{Q}{4\pi\varepsilon_0 r^2 (1-\beta^2)^{1/2}} \hat{r}$$

2. **选题目的** 电场变换式及运动电荷的电场和磁场的关系。

解 设在电容器静止的参照系中,板间的电场强度为 E',则

$$E'_{x'} = \frac{\sigma_0}{\varepsilon_0} \quad E'_{y'} = 0 \quad E'_{z'} = 0$$

(1) 当电容器以 $u = u\hat{x}$ 运动时,根据电场变换式及运动电荷的电场与磁场的关系式,可得出在板间有

$$E_x = E'_{x'} = \frac{\sigma_0}{\varepsilon_0}$$
$$E_y = \gamma E'_{y'} = 0$$
$$E_z = \gamma E'_{z'} = 0$$

即

$$E = \frac{\sigma_0}{\varepsilon_0}\hat{x}$$

而

$$B = \frac{u \times E}{c^2} = 0$$

（2）当电容器以 $u = u\hat{y}$ 运动时，则在板间有

$$E_x = \gamma E'_{x'} = \gamma \frac{\sigma_0}{\varepsilon_0}$$

$$E_y = E'_{y'} = 0$$

$$E_z = \gamma E'_{z'} = 0$$

即

$$E = \gamma \frac{\sigma_0}{\varepsilon_0} \hat{x}$$

而

$$B = \frac{u \times E}{c^2} = \frac{\gamma \sigma_0 u \hat{y} \times \hat{x}}{c^2 \varepsilon_0} = -\frac{\gamma \sigma_0 u}{c^2 \varepsilon_0} \hat{z}$$

3. 选题目的　电场变换式及运动电荷的磁场与电场关系式的应用。

解　建立如图 3.50 所示的坐标系。

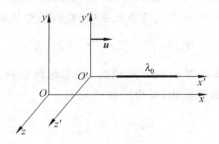

图　3.50

长直带电导线静止时的电场为

$$E' = \frac{\lambda_0 r'}{2\pi\varepsilon_0 r'^2}$$

式中 r' 为导线与场点的距离。

3.7 电磁场的相对性

按

$$E'_{x'} = 0$$
$$E'_{y'} = \frac{\lambda_0 y'}{2\pi\varepsilon_0 (z'^2 + y'^2)}$$
$$E'_{z'} = \frac{\lambda_0 z'}{2\pi\varepsilon_0 (z'^2 + y'^2)}$$

又因

$$y = y'$$
$$z = z'$$

根据电场变换式有

$$E_x = E'_{x'} = 0$$
$$E_y = \gamma E'_{y'} = \frac{\gamma\lambda_0 y}{2\pi\varepsilon_0 (y^2 + z^2)}$$
$$E_z = \gamma E'_{z'} = \frac{\gamma\lambda_0 z}{2\pi\varepsilon_0 (y^2 + z^2)}$$

故

$$\boldsymbol{E} = \frac{\gamma\lambda_0 \boldsymbol{r}}{2\pi\varepsilon_0 r^2}$$

由电场与磁场的关系式可得

$$\boldsymbol{B} = \frac{\boldsymbol{u} \times \boldsymbol{E}}{c^2} = \frac{\gamma\lambda_0 \boldsymbol{u} \times \boldsymbol{r}}{2\pi c^2 \varepsilon_0 r^2}$$

4. 选题目的　电荷不变性、电场变换式及运动电荷的磁场与电场关系式的应用。

解　如图 3.51 所示，建立实验室参考系 S 和随平板运动的参考系 S'。

先求电场。

S' 系，平板内任意一点 $P(x')$，$-\dfrac{d_0}{2} \leqslant x' \leqslant \dfrac{d_0}{2}$ 时，

$$\boldsymbol{E}'_{内} = \frac{\rho_0 x'}{\varepsilon_0} \hat{\boldsymbol{x}}' \qquad ①$$

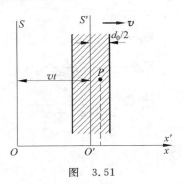

图 3.51

$|x'| \geqslant \dfrac{d_0}{2}$ 时,

$$\boldsymbol{E}'_{\text{外}} = \pm \dfrac{\rho_0 d_0}{2\varepsilon_0} \hat{x}' \qquad ②$$

S 系,由电场变换式

$$E = E_x = E'_x = E' \qquad ③$$

在 S 系中 P 点的坐标为 x,O' 的坐标为 $x_{O'}$。由洛伦兹变换得

$$x' = \gamma(x - vt) = \gamma(x - x_{O'}) \qquad ④$$

令 $x - x_{O'} = X_{O'}$,这是在 S 系中看 P 点对 O' 的坐标。

将④式代入①式再代入③式得

$$E_{\text{内}} = \dfrac{\gamma \rho_0 X_{O'}}{\varepsilon_0} \qquad ⑤$$

由②式及③式得

$$E_{\text{外}} = \dfrac{\rho_0 d_0}{2\varepsilon_0} \qquad ⑥$$

怎样理解板内场强增大 γ 倍,而板外场强不变?

由电荷不变性和运动长度缩短知,在 S' 系中电荷体密度为 ρ_0,在 S 系中为 $\rho = \gamma \rho_0$;在 S' 系中平板厚度为 d_0,在 S 系中测厚度为 $d = \dfrac{d_0}{\gamma}$,则 $\rho d = \gamma \rho_0 \dfrac{d_0}{\gamma} = \rho_0 d_0$,故板外场强未变。

3.7 电磁场的相对性

再求磁场。

在 S' 系中,由于平板静止,静止电荷磁场 $B'=0$。

在 S 系中,由运动电场产生磁场的关系式为

$$B = \frac{v \times E}{c^2}$$

可知,因 E 与 v 同向,故在全空间 $B=0$。

怎样理解有电荷定向运动而没有磁场?

板上的电荷 $\rho = \gamma \rho_0$ 有定向运动速度 v,在板内有传导电流,传导电流密度

$$J_c = -\rho v = -\gamma \rho_0 v$$

又由于平板运动,$X_{O'}$ 要改变,从而使 $E_内$ 变化,则有位移电流,位移电流密度

$$J_d = \varepsilon_0 \frac{2E_内}{2t} = \gamma \rho_0 \frac{dX_{O'}}{dt} = \gamma \rho_0 v$$

因此,全电流密度

$$J_全 = J_c + J_d = 0$$

第4章 热　　学

4.1　气体动理论

讨论题

1. **选题目的**　对平衡态概念的正确理解。

解　这种情况下金属棒所处的状态不是平衡态。因为平衡态是指在不受外界影响的条件下，一个系统的宏观性质不随时间改变的状态。而该金属棒的一端与冰水混合器接触，另一端与沸水接触，这是在外界影响条件下达到的稳定态，不是平衡态。

2. **选题目的**　理想气体状态方程的应用。

解　由

$$pV = \frac{M}{\mu}RT$$

可求得

$$\mu = \frac{M}{V}\frac{RT}{p} = \rho\frac{RT}{p} = \frac{0.241 \times 8.31 \times 300}{3 \times 10^5}$$
$$= 2 \times 10^{-3}\,\text{kg/mol}$$

这是氢气（H_2）。

3. **选题目的**　理想气体状态方程的应用。

解　连接图 4.1(a)中的 $\overline{O1}$ 及 $\overline{O2}$ 两线，由图可知这两条直线的斜率有如下关系：

$$\frac{p_2}{T_2} < \frac{p_1}{T_1}$$

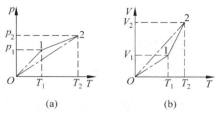

图 4.1

即有

$$\frac{T_2}{p_2} > \frac{T_1}{p_1} \qquad ①$$

由 1,2 两状态的状态方程知

$$V_1 = \frac{M}{\mu}\frac{RT_1}{p_1} \qquad ②$$

$$V_2 = \frac{M}{\mu}\frac{RT_2}{p_2} \qquad ③$$

根据①,②,③三式可得

$$V_2 > V_1$$

即气体体积增大。

对图 4.1(b)的情形,连接 $\overline{O1}$ 及 $\overline{O2}$ 两直线,比较这两直线的斜率,有

$$\frac{V_2}{T_2} > \frac{V_1}{T_1}$$

即有

$$\frac{T_2}{V_2} < \frac{T_1}{V_1} \qquad ④$$

由 1,2 两状态的状态方程知

$$p_1 = \frac{M}{\mu}\frac{RT_1}{V_1} \qquad ⑤$$

$$p_2 = \frac{M}{\mu}\frac{RT_2}{V_2} \qquad \text{⑥}$$

根据④,⑤,⑥三式可得

$$p_2 < p_1$$

即气体压强减小。

4. 选题目的 理想气体状态方程的应用。

解 最初平衡时隔板的两侧压强相等,设均为 p_0。当隔板两侧温度改变而隔板未动时,两侧压强将分别为

左侧: $\qquad p_1' = p_0 \times \dfrac{278}{273} = 1.018 p_0$

右侧: $\qquad p_2' = p_0 \times \dfrac{303}{293} = 1.034 p_0$

以上计算表明:

$$p_1' < p_2'$$

所以隔板将向左移动。

5. 选题目的 对温度的微观本质的理解。

解 从微观来看,温度是分子热运动平均平动动能的量度,与定向运动无关。容器的运动是定向运动,当容器运动时,容器内的分子热运动并无变化,所以气体温度不会升高。

当容器突然停止时,气体分子作定向运动的动能通过气体分子与器壁以及分子与分子之间的碰撞而转化为分子热运动动能,这样气体分子的平均动能就增加了。这将表现为气体温度的升高,又由于容器体积未变,因而气体的压强将增大。

例如,一绝热密封容器体积为 10^{-3}m^3,以 100m/s 的速度作匀速直线运动,容器中有 100g 的氢气。当容器突然停止时氢气的温度、压强各增加多少?

$$\frac{1}{2}Mv^2 = \frac{i}{2}\frac{M}{\mu}R\Delta T$$

$$\Delta T = \frac{\mu v^2}{iR} = \frac{2\times 10^{-3}\times 100^2}{5\times 8.31} = 0.481\text{K}$$

由状态方程

$$pV = \frac{M}{\mu}RT$$

因为 V 不变,所以

$$\Delta p \cdot V = \frac{M}{\mu}R\Delta T$$

$$\Delta p = \frac{MR \cdot \Delta T}{\mu V}$$

$$= \frac{100\times 10^{-3}\times 8.31\times 0.481}{2\times 10^{-3}\times 10^{-3}} = 2\times 10^5 \text{Pa}$$

6. 选题目的 对速率分布函数 $f(v)$ 的正确理解。

解 $f(v) = \dfrac{\mathrm{d}N}{N\mathrm{d}v}$,其物理意义是:平衡态时在 v 附近单位速率区间内分子数占总分子数的比率,它必须满足

$$\int_0^\infty f(v)\mathrm{d}v = 1$$

(1) $f(v)\mathrm{d}v = \dfrac{\mathrm{d}N}{N}$,其物理意义是:在 v 到 $v+\mathrm{d}v$ 区间内的分子数占总分子数的比率。在 $f(v)$-v 图上它是画斜线的小矩形面积,如图 4.2 所示。

(2) $Nf(v)\mathrm{d}v = \mathrm{d}N$,其物理意义是:在 v 到 $v+\mathrm{d}v$ 区间内的分子数。

(3) $\int_{v_1}^{v_2} f(v)\mathrm{d}v = \dfrac{\Delta N_{v_1\to v_2}}{N}$,其物理意义是:$v_1$ 到 v_2 区间内的分子数占总分子数的比率。在 $f(v)$-v 图上是 v_1 到 v_2 范围内曲线下的面积,如图 4.2 所示。

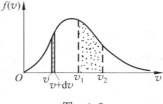

图 4.2

7. 选题目的 已知 $f(v)$ 求平均值。

解 (1)

$$\bar{v} = \frac{\sum_{i=1}^{N} v_i \Delta N_i}{\sum_{i=1}^{N} \Delta N_i} = \frac{\int_0^N v \mathrm{d}N}{\int_0^N \mathrm{d}N} = \frac{\int_0^\infty v N f(v) \mathrm{d}v}{\int_0^\infty N f(v) \mathrm{d}v} = \int_0^\infty v f(v) \mathrm{d}v$$

这是对所有分子的速率求平均值。

(2) 设 v_1 到 v_2 之间有 j 个分子,则 v_1 到 v_2 间的速率平均值为

$$\bar{v} = \frac{\sum_{i=1}^{j} v_i \Delta N_i}{\sum_{i=1}^{j} \Delta N_i} = \frac{\int_0^j v \mathrm{d}N}{\int_0^j \mathrm{d}N} = \frac{\int_{v_1}^{v_2} v N f(v) \mathrm{d}v}{\int_{v_1}^{v_2} N f(v) \mathrm{d}v} = \frac{\int_{v_1}^{v_2} v f(v) \mathrm{d}v}{\int_{v_1}^{v_2} f(v) \mathrm{d}v}$$

这是对 v_1 到 v_2 间的 j 个分子的速率求平均值。

8. 选题目的 理解麦克斯韦速率分布曲线。

解 如图 4.3 所示麦克斯韦速率分布曲线,过最概然速率 v_p 作一与 $f(v)$ 平行的直线,它将速率分布曲线分为左、右两部分。因左侧曲线下的面积小于右侧,这表明速率 $v < v_p$ 的分子数占总分子数的百分比小于 $v > v_p$ 的分子数占总分子数的百分比,而平均速率 $\bar{v}$ 是系统内所有分子速率的平均值,所以必定有 $\bar{v} > v_p$。

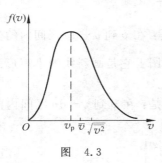

图 4.3

无论系统粒子速率分布函数如何,都有

$$\overline{(v - \bar{v})^2} = \overline{v^2 - 2v\bar{v} + \bar{v}^2}$$
$$= \overline{v^2} - 2\bar{v}^2 + \bar{v}^2 = \overline{v^2} - \bar{v}^2$$

而
$$\overline{(v-\bar{v})^2} \geqslant 0$$
即
$$\overline{v^2} - \bar{v}^2 \geqslant 0$$
所以
$$\overline{v^2} \geqslant \bar{v}^2$$
即
$$\sqrt{\overline{v^2}} \geqslant \bar{v}$$

*9. **选题目的** 由速率分布函数 $f(v)$ 导出粒子按平动动能分布的函数 $\varphi(\varepsilon)$。

解 分布函数的定义是
$$f(v) = \frac{\mathrm{d}N_v}{N\mathrm{d}v}, \qquad \varphi(\varepsilon) = \frac{\mathrm{d}N_\varepsilon}{N\mathrm{d}\varepsilon} \qquad ①$$
由
$$v = \sqrt{\frac{2\varepsilon}{m}}$$
得
$$\mathrm{d}v = \frac{\mathrm{d}\varepsilon}{\sqrt{2m\varepsilon}} \qquad ②$$

当 $\mathrm{d}v$ 与 $\mathrm{d}\varepsilon$ 满足②式的对应关系时，则分布在 v 到 $v+\mathrm{d}v$ 中的分子数 $\mathrm{d}N_v$ 与分布在 ε 到 $\varepsilon+\mathrm{d}\varepsilon$ 中的分子数 $\mathrm{d}N_\varepsilon$ 是相同的，即
$$\mathrm{d}N_v = \mathrm{d}N_\varepsilon \qquad ③$$
由①式和②式可得
$$f(v)\mathrm{d}v = \varphi(\varepsilon)\mathrm{d}\varepsilon$$
即
$$\varphi(\varepsilon) = \frac{f(v)\mathrm{d}v}{\mathrm{d}\varepsilon} \qquad ④$$
将②式代入④式得

$$\varphi(\varepsilon) = \frac{1}{\sqrt{2m\varepsilon}} f\left(\sqrt{\frac{2\varepsilon}{m}}\right)$$

可见

$$\varphi(\varepsilon) \neq f\left(\sqrt{\frac{2\varepsilon}{m}}\right)$$

*10. **选题目的** 由已知 $f(v)$-v 曲线画出 $\varphi(\varepsilon)$-ε 曲线。

解 由题所给 $f(v)$-v 曲线图可知,

当 $0 < v < v_0$ 时,$f(v) = kv$(k 为斜率)

又由上题中④式 $\varphi(\varepsilon) = \dfrac{f(v)\mathrm{d}v}{\mathrm{d}\varepsilon}$ 及 $\mathrm{d}\varepsilon = mv\mathrm{d}v$ 或 $\mathrm{d}\varepsilon = \sqrt{2m\varepsilon}\,\mathrm{d}v$

的关系对应有如下结果:

当 $0 < \varepsilon < \dfrac{1}{2}mv_0^2$ 时,$\varphi(\varepsilon) = \dfrac{f(v)}{mv} = \dfrac{k}{m}$ (常量) ①

当 $v_0 < v < 2v_0$ 时,$f(v) = kv_0$ (常量)

当 $\dfrac{1}{2}mv_0^2 < \varepsilon < 2mv_0^2$ 时,$\varphi(\varepsilon) = \dfrac{kv_0}{\sqrt{2m\varepsilon}} \propto \varepsilon^{-\frac{1}{2}}$ ②

当 $v > 2v_0$ 时,$f(v) = 0$

当 $\varepsilon > 2mv_0^2$ 时,$\varphi(\varepsilon) = 0$ ③

按①,②,③三式定性画出 $\varphi(\varepsilon)$-ε 曲线,如图 4.4 所示。

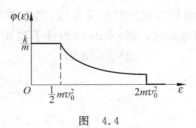

图 4.4

11. **选题目的** 大气压强随高度变化的计算。

解 由

可以求
$$p = p_0 e^{-\mu gh/RT}$$

$$p = 1 \times e^{-29 \times 10^{-3} \times 9.8 \times 3600/8.31 \times 300} = 0.664 \text{atm}$$

这是我国西藏拉萨的大气压强（1atm=101325Pa）。

12. 选题目的 对理想气体内能的分析。

解 由
$$p = nkT$$
得
$$T = \frac{p}{nk}$$

由此知，当 p 和 n 各减一半时，温度不变。

理想气体的内能为
$$E = \frac{M}{\mu} \frac{i}{2} RT$$

因为气体体积不变时，n 减小则 M 减少，由上式知，温度 T 不变，M 减少则内能减少。

理想气体分子平均动能为
$$\bar{\varepsilon} = \frac{i}{2} kT$$

因为 i，T 未变，故 $\bar{\varepsilon}$ 不变。

13. 选题目的 理想气体 $\bar{\lambda}$，$\bar{Z}$ 的计算。

解
$$\bar{Z} = \sqrt{2} \pi d^2 n \bar{v}$$
将
$$p = nkT$$
$$\bar{v} = \sqrt{\frac{8kT}{m\pi}}$$
代入上式得

$$\bar{Z} = \sqrt{2}\pi d^2 \frac{p}{kT}\sqrt{\frac{8kT}{\pi m}} \propto \frac{p}{\sqrt{T}}$$

若 p 不变,则

$$\bar{Z} \propto \frac{1}{\sqrt{T}}$$

即恒压下加热理想气体,T 增高。由上式知气体分子的平均碰撞频率减小。

理解:由于 $\bar{Z} \propto n\bar{v}$,p 不变时 $n \propto \frac{1}{T}$,$\bar{v} \propto \sqrt{T}$。加热时,T 增加则 n 减小,使分子碰撞机会减少;而 $\bar{v}$ 增大会使分子碰撞机会增加;但由于 n 减小比 $\bar{v}$ 增大得更快,所以 $\bar{Z}$ 将减小。

气体分子的平均自由程为

$$\bar{\lambda} = \frac{kT}{\sqrt{2}\pi d^2 p} \propto \frac{T}{p}$$

当 p 不变,加热时,T 增加则 $\bar{\lambda}$ 增大。前面已经分析了在 p 不变时对气体加热,则气体分子平均碰撞频率将减小,那么这时气体分子平均自由程增大就很显然了。

14. **选题目的** 对范德瓦耳斯方程的正确理解。

解 我们所说的气体压强是指实际测得的压强,在范德瓦耳斯方程中的 p 就是气体压强。方程中的 v 代表 1mol 范氏气体的容积。

15. **选题目的** 对气体分子平均自由程 $\bar{\lambda}$ 的理解。

解 设容器线度为 l,分子平均自由程的理论值为 $\bar{\lambda}_{理论}$。当

$$\bar{\lambda}_{理论} > l$$

时表明,平均来说,分子尚未与其他分子碰撞,就要与器壁碰撞。因而从这个含义来说,实际上 l 就等于分子平均自由程 $\bar{\lambda}$,即 $\bar{\lambda}=l$。这并不说明分子与分子之间就不发生碰撞了。

16. **选题目的** 理想模型的建立。

解 (1) 推导压强公式时,是讨论分子与器壁的碰撞,这时气体分子运动范围远远大于分子本身的线度,故将分子看成是质点。

(2) 讨论气体分子内能时,要考虑分子内部的结构,分子的微观模型是由原子组成的,按每个分子含有的原子数分为单原子分子气体、双原子分子气体和多原子分子气体。

(3) 在研究分子碰撞时,不能再把分子简化为质点,这时把气体分子看作有效直径为 d 的钢球。

(4) 范德瓦耳斯考虑了气体分子本身占有一定体积及分子之间的相互作用力,建立了比理想气体分子模型更接近实际气体分子的分子模型,即有吸引力的钢球模型。

以上几例说明,对于同样的气体分子,要根据所研究的不同问题,突出主要矛盾,忽略次要因素来建立抽象的理想模型。

计算题

1. **选题目的** 理想气体内能公式的应用。

解 1mol 理想气体的内能为

$$E = \frac{i}{2}RT$$

1mol 水蒸气的内能

$$E_1 = \frac{6}{2}RT = 3RT$$

1mol 氢气的内能

$$E_2 = \frac{5}{2}RT$$

$\frac{1}{2}$mol 氧气的内能

$$E_3 = \frac{1}{2} \times \frac{5}{2}RT = \frac{5}{4}RT$$

1mol 水蒸气分解成同温度的氢气和氧气时,内能增加为

$$\frac{\Delta E}{E_1} = \frac{E_2 + E_3 - E_1}{E_1} = \frac{\frac{5}{2}RT + \frac{5}{4}RT - 3RT}{3RT} = 25\%$$

2. 选题目的 麦克斯韦速率分布律用于计算平均速率。

解 (1) 因为

$$\frac{1}{2}m\overline{v^2} = \frac{3}{2}kT = \frac{3}{2}\frac{R}{N_A}T$$

所以

$$N_A = \frac{3RT}{m\overline{v^2}} = \frac{3 \times 8.31 \times 300}{6.2 \times 10^{-14} \times 10^{-3} \times (1.40 \times 10^{-2})^2}$$

$$= 6.15 \times 10^{23}/\text{mol}$$

(2) 由麦克斯韦速率分布律求得分子的平均速率为

$$\bar{v} = \sqrt{\frac{8kT}{\pi m}} = \sqrt{\frac{8 \times 1.38 \times 10^{-23} \times 300}{\pi \times 6.2 \times 10^{-17}}}$$

$$= 1.30 \times 10^{-2} \text{m/s}$$

3. 选题目的 已知速率分布函数 $f(v)$,求平均值。

解

$$\overline{\left(\frac{1}{v}\right)} = \int_0^\infty \frac{1}{v} f(v) \mathrm{d}v$$

$$= \int_0^\infty \frac{1}{v} \times 4\pi \left(\frac{m}{2\pi kT}\right)^{3/2} e^{-mv^2/2kT} v^2 \mathrm{d}v$$

$$= 4\pi \left(\frac{m}{2\pi kT}\right)^{3/2} \int_0^\infty v e^{-mv^2/2kT} \mathrm{d}v = \left(\frac{2m}{\pi kT}\right)^{1/2}$$

*__4. 选题目的__ 麦克斯韦速度分布律的应用。

解 如图 4.5,在 yOz 平面的器壁上取一小面积 $\mathrm{d}A$。先求速度在 v 到 $v+\mathrm{d}v$ 内的分子在 $\mathrm{d}t$ 时间内与 $\mathrm{d}A$ 的碰撞数,由麦克斯韦速度分布律可知,速度分布在 v 到 $v+\mathrm{d}v$ 内的分子数密度为

$$nf(v)\mathrm{d}v_x \mathrm{d}v_y \mathrm{d}v_z$$

4.1 气体动理论

以 v 为轴线作一底面积为 $\mathrm{d}A$,高为 $v_x\mathrm{d}t$ 的斜柱体,如图 4.5 所示。则在平衡态下,斜柱体内的分子在 $\mathrm{d}t$ 时间内都能与 $\mathrm{d}A$ 相碰,这个分子数应是

$$nf(\boldsymbol{v})\mathrm{d}v_x\mathrm{d}v_y\mathrm{d}v_z \cdot v_x\mathrm{d}t \cdot \mathrm{d}A$$

这就是速度分布在 v 到 $v+\mathrm{d}v$ 内的分子在 $\mathrm{d}t$ 时间内与 $\mathrm{d}A$ 的碰撞数。

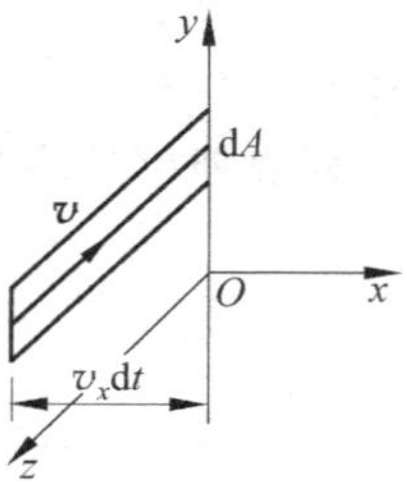

再求速度分布在 v 到 $v+\mathrm{d}v$ 内的分子单位时间碰到单位面积器壁上的分子数,这就是

$$nf(\boldsymbol{v}) \cdot v_x\mathrm{d}v_x\mathrm{d}v_y\mathrm{d}v_z$$

图 4.5

与 yOz 平面的器壁相碰的分子必有 $v_x \geqslant 0$,而 v_y, v_z 则是任意的,那么具有各种速度的分子单位时间碰到单位面积器壁上的分子数为

$$n_0 = \int_{-\infty}^{+\infty}\int_{-\infty}^{+\infty}\int_{0}^{+\infty} nf(\boldsymbol{v})v_x\mathrm{d}v_x\mathrm{d}v_y\mathrm{d}v_z$$

其中

$$f(\boldsymbol{v}) = f(v_x)f(v_y)f(v_z)$$

且有

$$\int_{-\infty}^{+\infty} f(v_y)\mathrm{d}v_y = 1$$

$$\int_{-\infty}^{+\infty} f(v_z)\mathrm{d}v_z = 1$$

则

$$n_0 = n\int_{0}^{+\infty} f(v_x)v_x\mathrm{d}v_x = n\left(\frac{m}{2\pi kT}\right)^{1/2}\int_{0}^{+\infty} \mathrm{e}^{-mv_x^2/2kT}v_x\mathrm{d}v_x$$

由积分表

$$\int_{0}^{\infty} x^n \mathrm{e}^{-\lambda x^2}\mathrm{d}x = \frac{1}{2\lambda} \qquad (\text{式中 } n = 1)$$

用于上式得

$$n_0 = n\left(\frac{m}{2\pi kT}\right)^{1/2}\frac{kT}{m} = n\sqrt{\frac{kT}{2\pi m}}$$

麦克斯韦速率分布律已求出

$$\bar{v} = \sqrt{\frac{8kT}{\pi m}}$$

则

$$n_0 = \frac{1}{4}n\bar{v}$$

即单位时间碰到单位面积器壁上的分子数为 $\frac{1}{4}n\bar{v}$。

5. **选题目的** 理想气体热传导现象的计算。

解 （1）如图 4.6，通过绝热材料内半径为 r 的圆柱面的热流为

$$\frac{dQ}{dt} = -\kappa\frac{dT}{dr}\Delta S = -\kappa\frac{dT}{dr}\times 2\pi rL$$

由于绝热材料内、外表面温度恒定，故导热是稳定的，因而 $\frac{dQ}{dt}$ 应与 r 无关，而 $\frac{dT}{dr} = -\frac{dQ}{dt}\Big/2\pi r\kappa L$ 与 r 有关，不同 r 处 $\frac{dT}{dr}$ 不同。

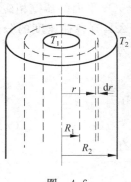

图 4.6

（2）上式中有 r, T 两个变量，需解微分方程，将 r, T 两个变量分离在等式两边，则

$$\frac{dQ}{dt}\frac{dr}{r} = -2\pi\kappa L\,dT$$

$$\int_{R_1}^{R_2}\frac{dQ}{dt}\frac{dr}{r} = -2\pi\kappa L\int_{T_1}^{T_2}dT$$

$$\frac{dQ}{dt}\ln\frac{R_2}{R_1} = -2\pi\kappa L(T_2 - T_1)$$

$$\frac{1}{L}\frac{dQ}{dt} = \frac{2\pi\kappa(T_1 - T_2)}{\ln\frac{R_2}{R_1}}$$

$$= \frac{2\pi \times 0.1 \times (373 - 293)}{\ln\frac{4}{2}} = 72.5 \text{J/m} \cdot \text{s}$$

6. 选题目的 由麦克斯韦速率分布律求分子数按能量分布规律及其应用。

解 (1) 由

$$\varepsilon = \frac{1}{2}mv^2$$

得

$$v = \sqrt{\frac{2\varepsilon}{m}}$$

$$dv = \frac{1}{\sqrt{2m\varepsilon}}d\varepsilon$$

代入麦克斯韦速率分布律

$$f(v)dv = \frac{4}{\sqrt{\pi}}\left(\frac{m}{2kT}\right)^{3/2} e^{-mv^2/2kT} v^2 dv$$

可得

$$\Phi(\varepsilon)d\varepsilon = \frac{4}{\sqrt{\pi}}\left(\frac{m}{2kT}\right)^{3/2} e^{-\varepsilon/kT}\varepsilon \times \frac{2}{m}d\varepsilon \times \frac{1}{\sqrt{2m\varepsilon}}$$

$$= \frac{2}{\sqrt{\pi}}(kT)^{-3/2}\varepsilon^{1/2}e^{-\varepsilon/kT}d\varepsilon$$

(2) ε_p 即 $\Phi(\varepsilon)$ 的极值所对应的 ε 值，由

$$\left.\frac{d\Phi(\varepsilon)}{d\varepsilon}\right|_{\varepsilon_p} = 0$$

可得

$$\varepsilon_p = \frac{1}{2}kT$$

而
$$\frac{1}{2}mv_p^2 = \frac{1}{2}m\left(\frac{2kT}{m}\right) = kT > \varepsilon_p$$

因此不能用 $\frac{1}{2}mv_p^2$ 来求 ε_p，这是两个不同的概念。ε_p 为最概然能量，其物理意义是能量在 ε_p 附近单位能量区间内的分子数的比率最大，而 $\frac{1}{2}mv_p^2$ 是没有物理意义的。

再求 $\bar{\varepsilon}$：
$$\bar{\varepsilon} = \int_0^\infty \varepsilon \Phi(\varepsilon) d\varepsilon = \int_0^\infty \varepsilon \frac{2}{\sqrt{\pi}} (kT)^{-3/2} \varepsilon^{1/2} e^{-\varepsilon/kT} d\varepsilon$$
$$= \frac{3kT}{2\sqrt{\pi}}$$

而
$$\frac{1}{2}m\overline{v^2} = \frac{1}{2}m\left(\frac{3kT}{m}\right) = \frac{3}{2}kT > \bar{\varepsilon}$$

所以不能用 $\frac{1}{2}m\overline{v^2}$ 来求 $\bar{\varepsilon}$，$\bar{\varepsilon}$ 是平均能量，而 $\frac{1}{2}m\overline{v^2}$ 是平均平动动能。

7. **选题目的** 由 $\bar{\lambda}$ 求压强 p。

解 因为质子有效直径远小于空气分子有效直径 d，故质子可以看作质点。以质子运动轨迹为轴，以 d 为直径作曲折圆柱体，凡中心在这个圆柱体内的分子都可与质子相碰。每秒钟质子运动距离为 $\bar{v}$，在轴长为 $\bar{v}$、直径为 d 的柱体内有 $\frac{\pi d^2}{4}\bar{v}n$ 个空气分子，则平均碰撞频率为
$$\bar{Z} = \frac{\pi d^2}{4}\bar{v}n$$

这里空气分子可认为静止不动。

$$\bar{\lambda} = \frac{\bar{v}}{\bar{Z}} = \frac{4}{\pi d^2 n}$$

将 $p = nkT$ 代入上式,得

$$\bar{\lambda} = \frac{4kT}{\pi d^2 p}$$

可求出 p,

$$p = \frac{4kT}{\pi d^2 \bar{\lambda}} = \frac{4 \times 1.38 \times 10^{-23} \times 300}{\pi \times (3 \times 10^{-10})^2 \times 10^5 \times 10^3} = 5.85 \times 10^{-10} \, \text{Pa}$$

4.2 热力学第一定律

讨论题

1. **选题目的** 正确理解内能、热量两概念。

解 物体分子的无规则热运动能量的总和在宏观上是物体的内能,内能是状态量。

传热过程中所传递的能量的多少叫热量,热量是过程量。

(1) 这种说法不对。温度是状态参量,用于描述某平衡态冷热程度,而热量是过程量,因此温度高低与热量多少没有直接联系。

(2) 不一定。理想气体内能是温度的单值函数,则温度愈高,内能愈大。而非理想气体内能一般是温度和体积的函数,即 $E(T,V)$,则温度高不一定内能就大。

2. **选题目的** 理解热量概念。

解 不一定。例如绝热压缩过程,系统未吸热,温度却升高了。

有可能。例如绝热膨胀过程,系统与外界无热交换,系统的温度下降了。

3. **选题目的** $W = \int p \, dV$ 的适用范围。

解 $W = \int p \, dV$ 这个关系式只适用于准静态过程,但系统不

238　　　第4章　热　学

限于理想气体,对非理想气体的准静态过程也适用。

4. 选题目的　对功的理解。

解　不一定。因为系统体积不变则没有做体积功,但还可以做机械功,如摩擦时是克服摩擦力做功,系统体积未变。

系统体积改变也不一定对外做功。例如系统向真空自由膨胀过程,体积增大了,但系统未做功。一般来说系统体积膨胀则对外做正功;系统体积缩小时,外界对系统做正功。

5. 选题目的　理解准静态过程概念。

解　在过程中任意时刻,系统都无限地接近平衡态,这样的过程称准静态过程。或者说准静态过程就是实际过程进行得无限缓慢的情况,过程中系统状态变化是无穷小量。而气体绝热自由膨胀过程,系统与外界是有限的压差,过程进行很快,因此不是准静态过程。

6. 选题目的　对理想气体过程中热容量正、负的分析。

解　(1) $1 \to 2$ 过程

因为
$$(\Delta T)_{12} = (\Delta T)_{1'2}$$

所以
$$(\Delta E)_{12} = (\Delta E)_{1'2} \qquad ①$$

而 $1' \to 2$ 是绝热压缩过程,外界对系统做功,
$$(\Delta E)_{1'2} = -W_{1'2} > 0 \qquad ②$$

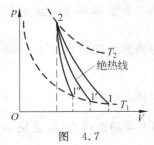

图 4.7

系统内能增大。由①式及②式得
$$(\Delta E)_{12} = -W_{1'2} > 0 \qquad ③$$

从图 4.7 看,某过程的功等于该过程曲线下的面积,比较 $1 \to 2$ 与 $1' \to 2$ 两过程的功的大小有
$$|W_{12}| > |W_{1'2}|$$

或

4.2 热力学第一定律

$$W_{12} < W_{1'2}$$

因此 1→2 过程吸热为

$$Q_{12} = (\Delta E)_{12} + W_{12} = -W_{1'2} + W_{12} < 0$$

$Q_{12} < 0$ 说明 1→2 过程系统向外界放热。其热容量

$$C_{12} = \left(\frac{\mathrm{d}Q}{\mathrm{d}T}\right)_{12} < 0$$

(2) $1' \to 2$ 是绝热压缩过程

$$C_{1'2} = \left(\frac{\mathrm{d}Q}{\mathrm{d}T}\right)_{1'2} = 0$$

(3) $1'' \to 2$ 过程

$$(\Delta E)_{1''2} = (\Delta E)_{1'2} = -W_{1'2} < 0$$

从图 4.7 可看出

$$|W_{1''2}| < |W_{1'2}|$$

或

$$W_{1''2} > W_{1'2}$$

$1'' \to 2$ 过程系统吸热为

$$Q_{1''2} = (\Delta E)_{1''2} + W_{1''2} = -W_{1'2} + W_{1''2} > 0$$

$1'' \to 2$ 过程的热容量为

$$C_{1''2} = \left(\frac{\mathrm{d}Q}{\mathrm{d}T}\right)_{1''2} > 0$$

7. 选题目的 理想气体任一过程 $\Delta E, \Delta T, W, Q$ 的正负的分析。

解 如图 4.8,三个过程的始末态均为 1 和 3,故有

$$(\Delta T)_{123} = (\Delta T)_{13} = (\Delta T)_{12'3}$$

由绝热膨胀过程 1→3 知

$$(\Delta E)_{13} = -W_{13} < 0$$

所以有

$$(\Delta E)_{123} = (\Delta E)_{13} = (\Delta E)_{12'3} < 0$$

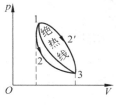

图 4.8

(1) 从图 4.8 看 1→2→3 过程与 1→3 过程系统对外做正功,且
$$W_{123} < W_{13}$$
则
$$Q_{123} = (\Delta E)_{123} + W_{123}$$
$$= -W_{13} + W_{123} < 0 \quad \text{系统放热}$$

(2) 由图 4.8 可知,1→2′→3 过程系统对外做正功 $W_{12'3}$,且
$$W_{12'3} > W_{13}$$
则
$$Q_{12'3} = (\Delta E)_{12'3} + W_{12'3}$$
$$= -W_{13} + W_{12'3} > 0 \quad \text{系统吸热}$$

(3) $Q_{12'3}$ 及 Q_{123} 数值的大小等于其对应图 4.8 中的面积,即
$$|Q_{123}| = S_{1321}, \quad |Q_{12'3}| = S_{12'31}$$
显然
$$S_{12'31} > S_{1321}$$
所以
$$|Q_{12'3}| > |Q_{123}|$$

8. **选题目的** 理想气体等值过程分析。

解 (1) 不可能。因为 $dV=0$,即 $dW=0$,则
$$dQ = dE$$
对系统加热:
$$dQ > 0$$
所以
$$dE > 0$$
内能增加。

(2) 不可能。因为等温过程 $pV=C$,当 V 减小时必然 p 增大,则有
$$dW = pdV < 0$$
又等温过程 $dT=0$ 时 $dE=0$,所以

$$dQ = dW < 0$$

系统只能放热。

（3）不可能。因为等压压缩时 $dV<0$，则
$$dW = pdV < 0$$

由状态方程有
$$pdV = \frac{M}{\mu}RdT$$

因为
$$pdV < 0$$

所以
$$\frac{M}{\mu}RdT < 0$$
$$dT < 0$$

因而系统内能增量
$$dE < 0$$

根据热力学第一定律该过程系统吸热为
$$dQ = dE + dW < 0$$

$dQ<0$ 说明等压压缩过程系统放热。

（4）可能。绝热压缩过程
$$pV^{\gamma} = C$$

由于 V 减小则 p 增大，
$$dW = pdV < 0$$

对绝热过程 $dQ=0$，则有
$$dE = -dW > 0$$

系统内能增加。

9. 选题目的　理想气体等值过程的分析。

解　（1）$1\rightarrow 2$ 过程是等压升温过程，$(\Delta E)_{12}>0$。等压过程 $\dfrac{V_1}{T_1} = \dfrac{V_2}{T_2}$，因为 $T_2>T_1$，所以 $V_2>V_1$，体积膨胀，系统对外做正功，

$W_{12} > 0$,由热力学第一定律

$$Q_{12} = (\Delta E)_{12} + W_{12} > 0$$

系统吸热

(2) 2→3 过程是等温升压过程,$(\Delta E)_{23} = 0$。因为等温过程有 $p_2 V_2 = p_3 V_3$,而 $p_3 > p_2$,所以 $V_3 < V_2$,这是压缩过程,外界做正功,$W_{23} < 0$,由热力学第一定律得

$$Q_{23} = (\Delta E)_{23} + W_{23} < 0 \quad \text{系统放热}$$

(3) 3→1 过程:由图 4.9 可知 $p \propto T$,有

$$\frac{p_1}{T_1} = \frac{p_3}{T_3}$$

这是等容过程,则 $W_{31} = 0$。又知 $p_1 < p_3$,则 $T_1 < T_3$,此过程中系统降温,所以 $(\Delta E)_{31} < 0$。由热力学第一定律得

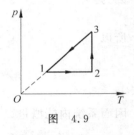

图 4.9

$$Q_{31} = (\Delta E)_{31} + W_{31} < 0 \quad \text{系统放热}$$

(4) 1231 循环过程,$\Delta E = 0$。由图 4.9 可知该循环是逆循环,$W < 0$,由热力学第一定律得

$$Q = W < 0$$

系统放热。

10. 选题目的 对理想气体等值过程的分析。

解 由题图知,ab 为等容过程,cd 为等容过程,db 为等温过程,$T_a = T_c = T_1$,$T_b = T_d = T_2$。

ab 过程:$W_1 = 0$,$(\Delta T)_1 = T_2 - T_1 > 0$,则 $(\Delta E)_1 > 0$,由热力学第一定律知,此过程系统吸热,则

$$Q_1 = (\Delta E)_1 + W_1 > 0$$

cd 过程:$W_2' = 0$,$(\Delta T)_2' = T_2 - T_1 > 0$,则 $(\Delta E)_2' > 0$,并有 $(\Delta E)_2' = (\Delta E)_1$。由热力学第一定律知 $Q_2' = (\Delta E)_2' = (\Delta E)_1$。

db 过程:$(\Delta E)_2'' = 0$,由热力学第一定律知

$$Q_2'' = W_2'' < 0 \quad \text{(等温压缩过程)}$$

则对 cdb 过程,系统吸热,有
$$Q_2 = Q_2' + Q_2'' = (\Delta E)_1 + W_2'' = Q_1 + W_2'' < Q_1$$
所以
$$Q_1 > Q_2$$

11. **选题目的** 理想气体等值过程的分析。

解 设初态 V_1, T_1,末态 V_2, T_{2p}, T_{2Q}。按题意 $V_2 = 2V_1$。

(1) 等压膨胀过程
$$\frac{V_2}{T_{2p}} = \frac{V_1}{T_1}$$
$$T_{2p} = \frac{V_2}{V_1} T_1 = 2T_1$$
$$(\Delta T)_p = T_{2p} - T_1 = T_1'$$

(2) 绝热膨胀过程
$$T_1 V_1^{\gamma-1} = T_{2Q} V_2^{\gamma-1}$$
$$(\Delta T)_Q = T_{2Q} - T_1 = \left(\frac{V_1}{V_2}\right)^{\gamma-1} T_1 - T_1'$$
$$= \left[\left(\frac{1}{2}\right)^{\gamma-1} - 1\right] T_1$$

因为
$$\gamma > 1$$
所以
$$\left(\frac{1}{2}\right)^{\gamma-1} < 1$$
$$|(\Delta T)_Q| = \left[1 - \left(\frac{1}{2}\right)^{\gamma-1}\right] T_1 < T_1'$$

所以
$$|(\Delta T)_Q| < (\Delta T)_p$$

12. **选题目的** 逻辑论证法。

解 用反证法:假设两条绝热线 1 与 2 相交于 a, b 两点,如

图 4.10 所示,那么这可形成一个循环过程 a-1-b-2-a 正循环。这个循环过程中,系统与外界无热交换,但系统对外做了正功,这是违背热力学第一定律的。因此假设不成立,即两条绝热线不可能如图 4.10 那样相交。

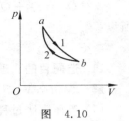

图 4.10

13. 选题目的 根据 p-V 图求系统做功、热力学第一定律的应用。

解 由已知及题图所示过程进行方向可知,$ECDE$ 为正循环,系统对外做功为 70J;$ABEA$ 为逆循环,系统做功为 -30J,则在循环 $ABCDEA$ 中,系统对外做净功为 $70+(-30)=40$J,该循环 $\Delta E=0$。由热力学第一定律知 $ABCDEA$ 循环中,系统吸热为

$$Q = W = 40\text{J}$$

又

$$Q = Q_{AB} + Q_{BEC} + Q_{CD} + Q_{DEA}$$
$$= 0 + Q_{BEC} + 0 + (-100) = 40\text{J}$$

则 BEC 过程吸热

$$Q_{BEC} = 140\text{J}$$

14. 选题目的 绝热系统内,两个分系统间状态变化的分析。

解 由题意知氦气与氧气初态 M,V,T 相同,根据状态方程

$$pV = \frac{M}{\mu}RT$$

可得

$$p_{\text{He}}\mu_{\text{He}} = p_{\text{O}_2}\mu_{\text{O}_2}$$

因为

$$\mu_{\text{He}} < \mu_{\text{O}_2}$$

所以

$$p_{\text{He}} > p_{\text{O}_2}$$

若将活塞放松,活塞必然向氧气一方移动,活塞移动过程对氦气来说是绝热膨胀过程,氦气对外做正功,即 $W_{He}>0$,又因为绝热,$Q=0$。根据热力学第一定律得

$$(\Delta E)_{He} = -W_{He} < 0$$

氦气温度下降,即末态温度 $T_{He}<T$。

活塞移动过程对氧气是绝热压缩过程,氧气对外做负功,$W_{O_2}<0$,因为绝热 $Q=0$,由热力学第一定律得

$$(\Delta E)_{O_2} = -W_{O_2} > 0$$

氧气温度上升,末态温度 $T_{O_2}>T$。

比较末态两部分气体的温度有

$$T_{O_2} > T_{He}$$

思考:请想想对上述过程能用绝热过程方程 $PV^\gamma=C$ 来分析吗?为什么?

计算题

1. **选题目的** 理想气体等值过程的计算。

解 (1) 等容过程气体对外做功,$W=0$,

$$Q = \nu C_{V,m}(T-T_0)$$

$$T = \frac{Q}{\nu C_{V,m}} + T_0 = \frac{500}{2 \times \frac{5}{2} \times 8.31} + 273 = 285\text{K}$$

因为

$$\frac{p}{p_0} = \frac{T}{T_0}$$

所以

$$p = \frac{T}{T_0}p_0 = \frac{285}{273} \times 1 = 1.04\text{atm}$$

(2) 等温过程系统对外做功

$$W = Q = 500\text{J}$$

又等温过程系统做功
$$W = \nu RT_0 \ln \frac{V}{V_0} = Q$$

由此可求出
$$V = V_0 e^{Q/\nu RT_0} = 2 \times 22.4 \times 10^{-3} e^{500/2 \times 8.31 \times 273} = 0.050 \text{m}^3$$

（3）等压过程系统吸热为
$$Q = \nu C_{p,m}(T - T_0)$$
$$T = \frac{Q}{\nu C_{p,m}} + T_0 = \frac{500}{2 \times \frac{7}{2} \times 8.31} + 273 = 281.6\text{K}$$

由理想气体状态方程
$$pV = \nu RT$$

对等压过程有
$$p\Delta V = \nu R \Delta T$$
$$W = p\Delta V = \nu R \Delta T = 2 \times 8.31 \times (282 - 273) = 150\text{J}$$

2. **选题目的**　热容量的计算。

解　由热力学第一定律
$$\text{d}Q = \text{d}E + \text{d}W$$

等压过程系统吸热($\nu = 1$)
$$(\text{d}Q)_p = (\text{d}E)_p + (\text{d}W)_p = c(\text{d}T)_p + ap(\text{d}T)_p + p(\text{d}v)_p$$
$$= (c + ap)(\text{d}T)_p + pa(\text{d}T)_p = (c + 2ap)(\text{d}T)_p$$

定压摩尔热容量
$$C_{p,m} = \frac{1}{\nu}\left(\frac{\partial Q}{\partial T}\right)_p = c + 2ap$$

等容过程系统吸热($\nu = 1$)。

因为
$$\text{d}W = 0, \quad (\text{d}Q)_V = \text{d}E$$

则
$$(\text{d}Q)_V = (c + ap)(\text{d}T)_V + aT(\text{d}p)_V$$

由
$$v = v_0 + aT + bp$$
得
$$p = (v - v_0 - aT)/b$$
则
$$(dp)_V = -\frac{a}{b}(dT)_V$$

代入$(đQ)_V$可得
$$(đQ)_V = \left(c + ap - \frac{a^2}{b}T\right)(dT)_V$$

所以
$$C_{V,m} = \frac{1}{\nu}\left(\frac{\partial Q}{\partial T}\right)_V = c + ap - \frac{a^2}{b}T$$

3. **选题目的** 热容量的计算。

解 由热力学第一定律
$$đQ = dE + đW$$

等压过程系统吸热($\nu = 1$)
$$(đQ)_p = C_{V,m}(dT)_p + \frac{a}{v^2}(dv)_p + p(dv)_p$$
$$C_{p,m} = \frac{1}{\nu}\left(\frac{\partial Q}{\partial T}\right)_p = C_{V,m} + \frac{a}{v^2}\left(\frac{\partial v}{\partial T}\right)_p + p\left(\frac{\partial v}{\partial T}\right)_p$$
$$C_{p,m} - C_{V,m} = \left(\frac{a}{v^2} + p\right)\left(\frac{\partial v}{\partial T}\right)_p \qquad ①$$

由范德瓦耳斯方程
$$\left(p + \frac{a}{v^2}\right)(v - b) = RT$$

得
$$\frac{a}{v^2} + p = \frac{RT}{v - b} \qquad ②$$

在等压条件下将②式对T求偏导数得

$$-\frac{2a}{v^3}\left(\frac{\partial v}{\partial T}\right)_p = \frac{R}{v-b} - \frac{RT}{(v-b)^2}\left(\frac{\partial v}{\partial T}\right)_p$$

$$\left(\frac{\partial v}{\partial T}\right)_p = \frac{R}{\dfrac{RT}{v-b} - \dfrac{2a(v-b)}{v^3}} \qquad ③$$

将②,③两式代入①式得

$$C_{p,m} - C_{V,m} = \frac{RT}{v-b}\cdot\frac{R}{\dfrac{RT}{v-b}-\dfrac{2a(v-b)}{v^3}} = \frac{R}{1-\dfrac{2a(v-b)^2}{RTv^3}}$$

4. 选题目的 计算热循环效率。

解 (1) 由题给已知量可以求出

$$T_a = \frac{p_a V_a}{R} = \frac{1 \times 32.8}{0.082} = 400\text{K}$$

$$T_b = \frac{p_b V_b}{R} = \frac{3.18 \times 16.4}{0.082} = 636\text{K}$$

$$T_c = \frac{p_c V_c}{R} = \frac{4 \times 16.4}{0.082} = 800\text{K}$$

$$T_d = \frac{p_d V_d}{R} = \frac{1.26 \times 32.8}{0.082} = 504\text{K}$$

(2) 在这个循环过程中只有 bc 过程吸热

$$Q_1 = C_{V,m}(T_c - T_b) = \frac{i}{2}R(T_c - T_b)$$

$$= \frac{3}{2} \times 8.31 \times (800 - 636) = 2.044 \times 10^3 \text{J}$$

循环过程中只有 da 过程放热

$$Q_2 = C_{V,m}(T_d - T_a) = \frac{i}{2}R(T_d - T_a)$$

$$= \frac{3}{2} \times 8.31 \times (504 - 400) = 1.296 \times 10^3 \text{J}$$

循环效率

4.2 热力学第一定律

$$\eta = 1 - \frac{Q_2}{Q_1} = 1 - \frac{1.296 \times 10^3}{2.044 \times 10^3} = 36.59\%$$

5. 选题目的 计算热循环的效率。

解 ab 为等温过程,系统吸热

$$Q'_1 = RT_a \ln\frac{V_1}{V_2} = RT_b \ln\frac{V_1}{V_2}$$

bc 为等压过程,系统放热

$$Q_2 = C_{p,m}(T_b - T_c) = C_{p,m}T_b\left(1 - \frac{T_c}{T_b}\right) = C_{p,m}T_b\left(1 - \frac{V_2}{V_1}\right)$$

ca 为等容过程,系统吸热

$$Q''_1 = C_{V,m}(T_a - T_c) = C_{V,m}T_a\left(1 - \frac{T_c}{T_a}\right)$$

因为

$$T_a = T_b, \quad \frac{T_c}{T_b} = \frac{V_2}{V_1}$$

所以

$$Q''_1 = C_{V,m}T_b\left(1 - \frac{V_2}{V_1}\right)$$

循环效率

$$\eta = 1 - \frac{Q_2}{Q'_1 + Q''_1} = 1 - \frac{C_{p,m}T_b\left(1 - \frac{V_2}{V_1}\right)}{RT_b\ln\frac{V_1}{V_2} + C_{V,m}T_b\left(1 - \frac{V_2}{V_1}\right)}$$

将

$$C_{V,m} = \frac{3}{2}R, \quad C_{p,m} = \frac{5}{2}R$$

代入上式得

$$\eta = 1 - \frac{5 \times \left(1 - \frac{V_2}{V_1}\right)}{2\ln\frac{V_1}{V_2} + 3\left(1 - \frac{V_2}{V_1}\right)}$$

6. **选题目的** 计算卡诺循环效率。

解 (1) 前一个卡诺循环效率

$$\eta = \frac{A}{Q_1} = \frac{A}{A+Q_2} = \frac{T_1-T_2}{T_1}$$

故

$$Q_2 = \frac{T_2}{T_1-T_2}A$$

又因两个卡诺循环工作在相同的两条绝热线之间,故它们向低温热源 T_2 放热相等,即 $Q_2'=Q_2$。

后一个卡诺循环吸热

$$Q_1' = A' + Q_2' = A' + \frac{T_2}{T_1-T_2}A$$

该循环的效率

$$\eta' = \frac{A'}{Q_1'} = \frac{A'}{A'+\frac{T_2}{T_1-T_2}A} = \frac{1}{1+\frac{T_2}{T_1-T_2}\frac{A}{A'}}$$

$$= \frac{1}{1+\frac{273+27}{127-27}\times\frac{8000}{10000}} = 29.41\%$$

(2) 因为

$$\eta' = 1 - \frac{T_2}{T_1'}$$

所以

$$T_1' = \frac{T_2}{1-\eta'} = \frac{273+27}{1-0.2941} = 425\text{K}$$

7. **选题目的** 对已给的装置及某些条件,能抽象成热力学过程,并进行计算。

解 (1) A,B 中的气体初态温度相同 $T_A=T_B$,末态温度也相同 $T_A'=T_B'$,所以二者温度变化是一样的,$\Delta T = T_A'-T_A = T_B'-T_B$。

A 中气体经历等容过程,系统吸热 Q,向 B 部分放热 Q_1,因而净吸热为

$$Q - Q_1 = C_{V,m}\Delta T + W = \frac{i}{2}R\Delta T \qquad ①$$

B 中气体经历等压过程,系统吸热为

$$Q_1 = C_{p,m}\Delta T = \frac{i+2}{2}R\Delta T \qquad ②$$

①+②得

$$Q = (C_{V,m} + C_{p,m})\Delta T$$

$$\Delta T = \frac{Q}{C_{V,m} + C_{p,m}} = \frac{Q}{(i+1)R} = \frac{335}{(5+1) \times 8.31} = 6.72\text{K}$$

B 中气体吸热

$$Q_1 = \frac{i+2}{2}R\Delta T = \frac{5+2}{2} \times 8.31 \times 6.72 = 196\text{J}$$

A 中气体吸热

$$Q - Q_1 = 335 - 196 = 139\text{J}$$

(2) A 中气体经历等压过程,压强为 1atm,系统只吸热不放热,

$$Q = C_{p,m}\Delta T$$

$$\Delta T = \frac{Q}{C_{p,m}} = \frac{335}{\frac{7}{2} \times 8.31} = 11.5\text{K}$$

B 中气体经历绝热、等压过程,$Q_B = 0$,且 $Q_B = C_{p,m}\Delta T$,所以 $\Delta T = 0$,系统温度不变。

物理图像:过程中绝热隔板上升,同时活塞也上升。

A 中气体经历等压膨胀过程,系统从外界吸收热量 Q,其中一部分用于增加内能使系统温度升高;另一部分用于对外做功使隔板上升。

B 中气体经历绝热过程又保持压强不变、温度不变,必然体积

也不变，整个气体向上平移。A 中气体对它做功 W，它对活塞做功 W，所以它对外做的净功等于零，系统内能不变。

8. **选题目的** 卡诺致冷机的计算。

解 （1）卡诺致冷循环致冷系数
$$w = \frac{T_2}{T_1 - T_2} = \frac{260}{300 - 260} = 6.5$$

又
$$w = \frac{Q_2}{W}$$

故
$$W = \frac{Q_2}{w} = \frac{2.09 \times 10^5}{6.5} = 3.22 \times 10^4 \text{J}$$

（2）电功率
$$P = \frac{q}{w} = \frac{2.09 \times 10^2}{6.5} = 32.2 \text{W}$$

（3）做冰块需用时
$$t = \frac{Q_2}{q} = \frac{2.09 \times 10^5}{2.09 \times 10^2} = 10^3 \text{s} \approx 16.7 \text{min}$$

4.3 热力学第二定律

讨论题

1. **选题目的** 对热力学第二定律的正确理解。

解 热力学第二定律的开尔文表述：其惟一效果是热全部转变为功的过程是不可能的。但在一个循环过程中，系统除了从高温的外界吸热、对外做功以外，还一定有其他效果，即向低温外界放热，因而并不违背热力学第二定律。

2. **选题目的** 逻辑论证。

解 用反证法。

解法一 假设两条绝热线相交于一点 A,则可作一等温线与该两绝热线相交(如图 4.11),从而形成一个单热源循环,这是违背热力学第二定律的,因此原假设不成立,即两条绝热线不能相交。

解法二 假设两条绝热线相交于一点 A,再作一等温线 T 与该两绝热线相交于 1,2 两点,形成一循环过程 $12A1$(如图 4.11)。

$1 \to 2$ 为可逆等温过程

$$(\Delta S)_T = \int \frac{dQ}{T} = \frac{Q}{T} > 0$$

$2 \to A$ 为绝热可逆过程

$$(\Delta S)_{2A} = 0$$

$A \to 1$ 为绝热可逆过程

$$(\Delta S)_{A1} = 0$$

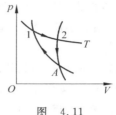

图 4.11

循环过程总熵变

$$(\Delta S)_{12A1} = (\Delta S)_T + (\Delta S)_{2A} + (\Delta S)_{A1} = \frac{Q}{T} > 0$$

熵是态函数,对于一个循环过程 $\Delta S = 0$,上述结论不合理,则假设不成立。即两条绝热线不可能相交。

3. **选题目的** 加深对热力学第二定律的表述的理解。

解 气体在等温膨胀过程中从外界吸收热量全部用于对外做功,与此同时气体体积膨胀了,因此热全部转变为功不是其惟一效果,故不违背热力学第二定律。

4. **选题目的** 理解可逆过程的概念。

解 引入可逆过程这一理想过程是为了研究热过程的规律,建立热力学理论,因为自然界的宏观过程都是不可逆过程,为了弄清不可逆过程的性质、规律,就要理解可逆过程。

准静态过程不一定是可逆过程,因为有摩擦的准静态过程也不可逆,无耗散的准静态过程才是可逆过程。可逆过程一定是准静态过程,因为非准静态过程不可能可逆。

实际的热交换过程都是不可逆的。但如果有热接触的两个物体的温度差是无限小,它们之间的热交换在理论上就认为是可逆的。

5. **选题目的**　理解可逆过程的概念。

解　(1)理想气体初态为 V_0, p_0, T_0,抽掉隔板,气体迅速膨胀体积为 $2V_0$,因为气体向真空膨胀 $W=0$,最后温度复原仍为 T_0,所以 $\Delta E=0$。由热力学第一定律知此过程中

$$Q = \Delta E + W = 0$$

系统不吸热也不放热。

(2)原说法不对。这是等温压缩,外界对气体做的功 W 与系统对外放的热 Q 相等,且

$$W = Q = p_0 V_0 \ln 2$$

这样压缩的结果,虽然理想气体回到原始状态 V_0, p_0, T_0,但外界发生了功变热的过程,其后果不可能完全消除,即外界并未复原。因而原来的绝热膨胀也就是不可逆的。

6. **选题目的**　理解熵增加原理。

解　(1)不对。绝热过程 $\mathrm{d}Q=0$,但如果是不可逆的过程如气体绝热自由膨胀,则就有 $\Delta S>0$,只有可逆绝热过程才有 $\Delta S=0$。

(2)不对。这要看系统是否为孤立系,或者过程是否为循环过程。如理想气体可逆等温膨胀时,$\Delta S>0$;可逆等温压缩时,$\Delta S<0$。

(3)对。这就是熵增加原理的数学表述。

7. **选题目的**　理解熵是态函数。

解　用 $\int_{(R)1}^{2} \dfrac{\mathrm{d}Q}{T} = \Delta S$ 计算不可逆过程的熵变时,所设想的可逆过程的始末态应该和原不可逆过程始末态相同。这是因为熵是

4.3 热力学第二定律

态函数,只要始末状态一样则熵变相等。

而可逆绝热过程与绝热自由膨胀过程从同一初态出发,其末态是不同的,因而不能用前者来计算后者的熵变。

8. 选题目的 理解熵是态函数。

解 由 $S=k\ln\Omega$ 可知 S 与系统的 Ω 相联系。孤立系在一定条件下的平衡态与 Ω_{max} 对应,即 S_{max}。热力学第二定律的微观意义是:在孤立系中一切宏观自然过程进行的方向是从有序趋向无序,即从 Ω 小向 Ω 大进行,那么就是从 S 小向 S 大进行,即 $\Delta S > 0$;在可逆过程中 Ω 不变,因而 $\Delta S = 0$。

9. 选题目的 利用温熵图证卡诺循环效率。

解 卡诺循环由两个等温过程 ab 及 cd,两个绝热过程 bc 及 da 组成,在 T-S 图上是一矩形,如图 4.12 所示。卡诺循环中只有等温膨胀过程 ab 是吸热的:

$$Q_1 = \int_a^b T_1 dS = T_1(S_2 - S_1)$$

只有等温压缩过程 cd 是放热的:

$$|Q_2| = \int_d^c T_2 dS = T_2(S_2 - S_1)$$

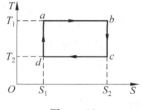

图 4.12

卡诺循环的效率

$$\eta_C = 1 - \frac{|Q_2|}{Q_1} = 1 - \frac{T_2(S_2 - S_1)}{T_1(S_2 - S_1)}$$

即

$$\eta_C = 1 - \frac{T_2}{T_1}$$

10. 选题目的 理解熵增加原理。

解 因为"一杯开水"不是孤立系,若把周围空气包括到系统内才是一孤立系,那么开水在空气中冷却的过程系统的熵必增。

计算题

1. 选题目的 逻辑论证。

解 用反证法:假设气体可以自动地收缩,从而导出热量自动地从低温热源传向高温热源。

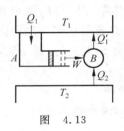

图 4.13

如图 4.13 所示,气缸 A 内理想气体从高温热源 T_1 吸热 Q_1 进行等温膨胀,对外做功 W,再用此功驱动一台卡诺致冷机 B,使之从低温热源 T_2 吸热 Q_2,向 T_1 放热 Q_1'。由于假设气体可以自动收缩,则可令气缸内气体自动恢复原体积。在这一循环过程中的能量关系如下:

气缸 A 内系统 $\qquad Q_1 = W \qquad$ ①

卡诺致冷机 B $\qquad W + Q_2 = Q_1' \qquad$ ②

①+②得

$$Q_1 + Q_2 = Q_1'$$

所以

$$Q_2 = Q_1' - Q_1$$

现在把 A,B 看成一部复合机,则此机不需外界做功就能使热量 Q_2 自动地从 T_2 传到 T_1。这是违背热力学第二定律的克劳修斯表述的,故原假设不成立,即由于热量不可能自动地从低温热源传向高温热源,因而气体不可能自动收缩,就是说气体自由膨胀是不可逆的。

2. 选题目的 计算熵变。

解 (1) 0℃的冰化为 0℃的水,温度不变。按可逆等温过程计算熵变:

$$\Delta S = \int \frac{dQ}{T} = \frac{1}{T} \int dQ = \frac{m\lambda}{T} = \frac{6000}{273} = 22.0 \text{J/K}$$

(2) 由
$$S = k\ln\Omega$$
可知
$$\Delta S = S_\text{水} - S_\text{冰} = k\ln\Omega_\text{水} - k\ln\Omega_\text{冰} = k\ln\frac{\Omega_\text{水}}{\Omega_\text{冰}}$$

$$\frac{\Omega_\text{水}}{\Omega_\text{冰}} = e^{\Delta S/k} = e^{22.0/1.38\times10^{-23}} = 10^{6.90\times10^{23}}$$

3. 选题目的 理想气体熵变的计算。

解 $1\to 2$ 为等压过程：$T_2 = T_1\dfrac{V_2}{V_1} = 2T_1$，此过程系统吸热 $\dddot{}Q = C_{p,\text{m}}dT$。

$2\to 3$ 为等容过程：系统吸热 $\dddot{}Q = C_{V,\text{m}}dT$。

$1\to 2\to 3$ 过程的熵变为

$$\Delta S = \int_{T_1}^{T_2}\frac{\dddot{}Q}{T} + \int_{T_2}^{T_3}\frac{\dddot{}Q}{T} = C_{p,\text{m}}\ln\frac{T_2}{T_1} + C_{V,\text{m}}\ln\frac{T_3}{T_2}$$

$$= C_{p,\text{m}}\ln\frac{T_2}{T_1} - C_{V,\text{m}}\ln\frac{T_2}{T_1} = (C_{p,\text{m}} - C_{V,\text{m}})\ln 2$$

$$= R\ln 2 = 5.76\text{J/K}$$

$1\to 3$ 为等温过程，系统吸热 $\dddot{}Q = pdV$。

$$\Delta S = \int_{(1)}^{(3)}\frac{\dddot{}Q}{T} = \int_{(1)}^{(3)}\frac{pdV}{T} = \int_{V_1}^{V_3}\frac{p_1V_1}{T_1}\frac{dV}{V} = \frac{p_1V_1}{T_1}\ln\frac{V_3}{V_1}$$

$$= 8.31\ln\frac{40}{20} = 5.76\text{J/K}$$

$1\to 4$ 为绝热过程，$(\Delta S)_{14} = 0$，$4\to 3$ 为等压过程，$\dddot{}Q = C_{p,\text{m}}dT$，所以 $1\to 4\to 3$ 过程的熵变为

$$\Delta S = \int_{T_1}^{T_4}\frac{\dddot{}Q}{T} + \int_{T_4}^{T_3}\frac{\dddot{}Q}{T} = 0 + \int_{T_4}^{T_3}\frac{C_{p,\text{m}}dT}{T} = C_{p,\text{m}}\ln\frac{T_3}{T_4}$$

$$= C_{p,\text{m}}\ln\frac{T_1}{T_4} = C_{p,\text{m}}\ln\left(\frac{p_1}{p_4}\right)^{\frac{\gamma-1}{\gamma}} = C_{p,\text{m}}\frac{\gamma-1}{\gamma}\ln\frac{p_1}{p_3}$$

$$= R\ln\frac{V_3}{V_1} = 8.31 \times \ln\frac{40}{20} = 5.75 \text{J/K}$$

以上三种过程算出 $\Delta S = S_3 - S_1$ 的结果一样,说明熵是态函数,ΔS 与过程无关,仅由始末态决定。

4. 选题目的 不可逆过程熵变的计算。

解 1→2 是绝热自由膨胀过程,这是不可逆过程。因为绝热系统吸热 $Q=0$,又因向真空膨胀系统做功 $W=0$,由热力学第一定律可知此过程的始末态系统内能增量 $\Delta E=0$,对理想气体来说在绝热自由膨胀过程始末态的温度 $T_1 = T_2$。为了求这一过程的熵变 $(\Delta S)_{12}$,可设想一个可逆等温过程,体积从 V_1 膨胀到 V_2,则

$$(\Delta S)_{12} = \int_{V_1}^{V_2}\frac{p\mathrm{d}V}{T} = \nu R\ln\frac{V_2}{V_1}$$

(1) 从 2 状态无限缓慢压缩至 V_1 (状态 3),这是可逆绝热压缩过程,如图 4.14 所示 2→3 过程。$(\Delta S)_{23}=0$,从 1→2→3 整个过程的熵变为

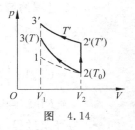

图 4.14

$$\Delta S = (\Delta S)_{12} + (\Delta S)_{23} = \nu R\ln\frac{V_2}{V_1}$$

又由理想气体熵变计算可知

$$\Delta S = \int\frac{\mathrm{d}Q}{T} = \int_{T_1}^{T_2}\frac{\nu C_{V,\mathrm{m}}\mathrm{d}T}{T} + \int_{V_1}^{V_2}\frac{p\mathrm{d}V}{T}$$
$$= \nu C_{V,\mathrm{m}}\ln\frac{T_2}{T_1} + \nu R\ln\frac{V_2}{V_1}$$

对于 2→3 过程

$$(\Delta S)_{23} = \nu C_{V,\mathrm{m}}\ln\frac{T}{T_0} + \nu R\ln\frac{V_1}{V_2} = 0$$

故

$$\nu C_{V,\mathrm{m}}\ln\frac{T}{T_0} = -\nu R\ln\frac{V_1}{V_2} \qquad ①$$

(2) 从状态 2 很快压缩至 V_1 (状态 3')的过程 2→3'是不可逆绝热压缩过程,状态 $2(V_2, T_0)$,状态 $3'(V_1, T')$。为计算 2→3'过程的熵变,设想从状态 2 先经等容升温的可逆过程,温度从 T_0 升到 T',即状态 $2'(V_2, T')$;再从状态 2' 经可逆等温压缩过程到 $3'(V_1, T')$。则 2→2'→3'的熵变

$$(\Delta S)_{23'} = \int \frac{\mathrm{d}Q}{T} = \int_{T_0}^{T'} \frac{\nu C_{V,m} \mathrm{d}T}{T} + \int_{V_2}^{V_1} \frac{\nu R \mathrm{d}V}{V}$$

$$= \nu C_{V,m} \ln \frac{T'}{T_0} + \nu R \ln \frac{V_1}{V_2}$$

将①式代入上式得

$$(\Delta S)_{23'} = \nu C_{V,m} \ln \frac{T'}{T_0} - \nu C_{V,m} \ln \frac{T}{T_0} = \nu C_{V,m} \ln \frac{T'}{T}$$

因 2→3'是不可逆绝热压缩,$(\Delta S)_{23'} > 0$,根据上式有

$$\nu C_{V,m} \ln \frac{T'}{T} > 0$$

即

$$T' > T$$

这说明(1),(2)所进行的两过程的末态不同。

对于 1→2→3' 整个过程,其熵变为

$$\Delta S = (\Delta S)_{12} + (\Delta S)_{23'}$$

$$= \nu R \ln \frac{V_2}{V_1} + \nu C_{V,m} \ln \frac{T'}{T} > \nu R \ln \frac{V_2}{V_1}$$

5. 选题目的 不可逆过程熵变的计算。

解 因为湖水质量比冰块质量大得多,可认为冰块和湖水达到热平衡时的温度为 +15℃,即 $T_3 = 288\mathrm{K}$。

先计算冰块从 $T_1 = 263\mathrm{K}$ 到 $T_2 = 273\mathrm{K}$ 的熵变:

$$\Delta S_1 = \int \frac{\mathrm{d}Q}{T} = \int_{T_1}^{T_2} \frac{mc_{冰} \mathrm{d}T}{T} = mc_{冰} \ln \frac{T_2}{T_1}$$

$$= 10 \times 10^{-3} \times 2.09 \times 10^3 \times \ln \frac{273}{263} = 0.78 \mathrm{J/K}$$

计算 $T_2=273\text{K}$ 的冰变为同温度的水的熵变：
$$\Delta S_2 = \int \frac{\text{d}Q}{T} = \frac{m\lambda_{\text{冰}}}{T_2} = \frac{10\times 10^{-3}\times 3.34\times 10^5}{273} = 12.2\text{J/K}$$

计算 $T_2=273\text{K}$ 的水升温到 $T_3=288\text{K}$ 过程中的熵变：
$$\Delta S_3 = \int \frac{\text{d}Q}{T} = \int_{T_2}^{T_3}\frac{mc_{\text{水}}\text{d}T}{T} = mc_{\text{水}}\ln\frac{T_3}{T_2}$$
$$= 10\times 10^{-3}\times 4.18\times 10^3\times \ln\frac{288}{273} = 2.24\text{J/K}$$

再计算湖水与冰块混合过程中的熵变：由于冰块升温、融化、再升温这三个过程所吸的热都由湖水提供，则湖水放热 Q 为
$$Q = -[mc_{\text{冰}}(T_2-T_1) + m\lambda_{\text{冰}} + mc_{\text{水}}(T_3-T_2)]$$
湖水放热过程温度不变，可设想一可逆等温放热过程，计算其熵变
$$\Delta S_4 = \int \frac{\text{d}Q}{T} = \frac{Q}{T_3} = \frac{-m}{T_3}[c_{\text{冰}}(T_2-T_1) + \lambda_{\text{冰}} + c_{\text{水}}(T_3-T_2)]$$
$$= \frac{-10^{-2}}{288}\times [2.09\times 10^3(273-263) + 3.34\times 10^5$$
$$+ 4.18\times 10^3\times (288-273)]$$
$$= -14.5\text{J/K} < 0$$

冰块和湖水系统在这个过程中的总熵变
$$\Delta S = \Delta S_1 + \Delta S_2 + \Delta S_3 + \Delta S_4$$
$$= 0.78 + 12.2 + 2.24 + (-14.5) = 0.72\text{J/K} > 0$$

上述结果说明，对于冰块和湖水这个孤立系统来说进行的是一个不可逆过程，其熵变 $\Delta S>0$，这与熵增加原理相符。

6. 选题目的 不可逆过程的熵变计算。

解 先求两种温度的水混合后的温度 T，因为低温水吸热等于高温水放热，即
$$m_1 c_p(T-T_1) = m_2 c_p(T_2-T)$$

解得
$$T = \frac{T_1 + T_2}{2} = \frac{(273+27)+(273+87)}{2} = 330\text{K}$$

熵变为
$$\Delta S = \Delta S_1 + \Delta S_2 = \int_{T_1}^{T} \frac{\text{d}Q}{T} + \int_{T_2}^{T} \frac{\text{d}Q}{T}$$
$$= \int_{T_1}^{T} \frac{m_1 c_p \text{d}T}{T} + \int_{T_2}^{T} \frac{m_2 c_p \text{d}T}{T}$$
$$= m_1 c_p \ln \frac{T}{T_1} + m_2 c_p \ln \frac{T}{T_2}$$
$$= 10 \times 4.18 \times \left(\ln \frac{330}{300} + \ln \frac{330}{360}\right) = 0.334\text{J/K} > 0$$

7. 选题目的 热力学第一定律及热力学第二定律的综合应用。

解 (1) 把氦气与氧气一起作为一个系统，因为容器是绝热的且是刚性的，该系统进行的过程与外界没有热交换，系统对外未做功，故由热力学第一定律知，系统的总内能不变，即
$$(C_{V,\text{m}})_{\text{He}}(T - T_A) + (C_{V,\text{m}})_{\text{O}_2}(T - T_B) = 0 \qquad ①$$

由①式解得
$$T = \frac{(C_{V,\text{m}})_{\text{He}} T_A + (C_{V,\text{m}})_{\text{O}_2} T_B}{(C_{V,\text{m}})_{\text{He}} + (C_{V,\text{m}})_{\text{O}_2}} = \frac{\frac{3}{2}RT_A + \frac{5}{2}RT_B}{\frac{3}{2}R + \frac{5}{2}R}$$
$$= \frac{3 \times 300 + 5 \times 600}{3 + 5} = 487.5\text{K}$$

再求压强 p：设初态 A,B 两部分的体积为 V_A,V_B，末态的体积为 V'_A,V'_B，但由于容器是刚性的，
$$V_A + V_B = V'_A + V'_B \qquad ②$$

由状态方程

$$V_A = \frac{RT_A}{p_0}$$
$$V_B = \frac{RT_B}{p_0}$$
$$V'_A = \frac{RT}{p} = V'_B$$
③

将③式代入②式得

$$\frac{RT_A}{p_0} + \frac{RT_B}{p_0} = 2\frac{RT}{p}$$

$$p = \frac{2T}{T_A + T_B}p_0 = \frac{2 \times 487.5}{300 + 600} \times 1 \approx 1.08 \text{atm}$$

(2) 由理想气体熵变计算式(对任意可逆过程)

$$\Delta S = \nu C_{p,m} \ln \frac{T}{T_0} - \nu R \ln \frac{p}{p_0}$$

可求氦气熵变:

$$(\Delta S)_{He} = (C_{p,m})_{He} \ln \frac{T}{T_A} - R\ln \frac{p}{p_0}$$

$$= \frac{5}{2} \times 8.31 \times \ln \frac{487.5}{300} - 8.31 \times \ln \frac{1.08}{1}$$

$$= 9.45 \text{J/K}$$

氧气熵变

$$(\Delta S)_{O_2} = (C_{p,m})_{O_2} \ln \frac{T}{T_B} - R\ln \frac{p}{p_0}$$

$$= \frac{7}{2} \times 8.31 \times \ln \frac{487.5}{600} - 8.31 \times \ln \frac{1.08}{1}$$

$$= -6.68 \text{J/K}$$

系统的熵变

$$\Delta S = (\Delta S)_{He} + (\Delta S)_{O_2} = 9.45 + (-6.68) = 2.77 \text{J/K} > 0$$

系统进行绝热不可逆过程 $\Delta S > 0$,符合熵增加原理。

4.3 热力学第二定律

8. 选题目的 熵增加原理的正确应用。

解 (1) 对题中所给答案 $\Delta S = \nu R \ln \dfrac{(p_1+p_2)^2}{p_1 p_2}$ 是否合理？可取一特例来说明。设 A,B 中的同种气体初态 $p_1 = p_2$，则接通后，由于状态相同，熵应不变。但将 $p_1 = p_2 = p$ 代入上式得 $\Delta S = \nu R \ln 4 > 0$，故知该答案不合理。

分析其错误原因：当 A,B 接通达到平衡后，两部分气体压强相等，温度和量也相同，所以最后两部分的体积相等，各占有 $V' = \dfrac{V_1+V_2}{2}$，而不是 $V_1 + V_2$。

$$V_1 = \frac{\nu R T}{p_1}, \quad V_2 = \frac{\nu R T}{p_2} \qquad ①$$

可设想每部分气体均经历一可逆等温过程，体积分别由 V_1，V_2 变到 V'，则系统的总熵变 ΔS 为

$$\begin{aligned}\Delta S &= \Delta S_1 + \Delta S_2 = \nu R \ln \frac{V'}{V_1} + \nu R \ln \frac{V'}{V_2} \\ &= \nu R \ln \frac{V_1+V_2}{2V_1} + \nu R \ln \frac{V_1+V_2}{2V_2} \\ &= \nu R \ln \frac{(V_1+V_2)^2}{4 V_1 V_2} \qquad ②\end{aligned}$$

将①式代入②式可得

$$\Delta S = \nu R \ln \frac{(p_1+p_2)^2}{4 p_1 p_2} \qquad ③$$

对于特例 $p_1 = p_2 = p$，代入③式有

$$\Delta S = \nu R \ln \frac{4p^2}{4p^2} = 0$$

说明熵不改变是合理的。则②，③两式结果是正确的。当 $p_1 \neq p_2$ 时混合过程是不可逆过程，应有 $\Delta S > 0$。

证明 因为

$$(p_1 - p_2)^2 > 0$$

即
$$p_1^2 + p_2^2 - 2p_1p_2 > 0$$
$$p_1^2 + p_2^2 > 2p_1p_2$$
$$p_1^2 + p_2^2 + 2p_1p_2 > 4p_1p_2$$

所以
$$(p_1 + p_2)^2 > 4p_1p_2 \qquad ④$$

将④式代入③式有
$$\Delta S > 0$$

(2) 若 A, B 中是不同种的气体,接通后两种气体各占有体积为 $V_1 + V_2$,接通前后系统熵变为

$$\Delta S = \Delta S_1 + \Delta S_2 = \nu R \ln \frac{V_1 + V_2}{V_1} + \nu R \ln \frac{V_1 + V_2}{V_2}$$
$$= \nu R \ln \frac{(V_1 + V_2)^2}{V_1 V_2} \qquad ⑤$$

由
$$p_1 V_1 = \nu R T$$

及
$$p_2 V_2 = \nu R T$$

可得
$$\frac{(p_1 + p_2)^2}{p_1 p_2} = \frac{(V_1 + V_2)^2}{V_1 V_2}$$

代入⑤式得
$$\Delta S = \nu R \ln \frac{(p_1 + p_2)^2}{p_1 p_2} \qquad ⑥$$

将 $p_1 = p_2$ 代入⑥式得
$$\Delta S > 0$$

结果正确,这是因为不同种气体的混合过程是不可逆过程,熵必增加。

*9. 选题目的　能量退降的计算及理解。

解　(1) 由热力学第一定律,外界对实际致冷机做功
$$W = Q_1 - Q_2 = 2400 - 800 = 1600 \text{J}$$
热库和工作物质总熵变
$$\Delta S = \Delta S_{\text{工质}} + \Delta S_{T_1} + \Delta S_{T_2}$$
一次循环系统复原,
$$\Delta S_{\text{工质}} = 0$$
热库 T_1 吸热
$$\Delta S_{T_1} = \frac{Q_1}{T_1} = \frac{2400}{400} = 6 \text{J/K}$$
热库 T_2 放热
$$\Delta S_{T_2} = \frac{-Q_2}{T_2} = \frac{-800}{200} = -4 \text{J/K}$$
所以
$$\Delta S = 0 + 6 + (-4) = 2 \text{J/K} > 0$$

(2) 若是可逆致冷机,致冷系数为
$$w_{\text{卡}} = \frac{T_2}{T_1 - T_2} = \frac{Q_2'}{W'}$$
外界做功
$$W' = \frac{Q_2'(T_1 - T_2)}{T_2} = \frac{800 \times (400 - 200)}{200} = 800 \text{J}$$

讨论：① 从数据上分析：
$$W - W' = 1600 - 800 = 800 \text{J}$$
说明在同样的低温热库与高温热库之间工作的致冷机,当从低温热库吸取同样的 800J 的热量时,外界对实际致冷机做的功比对可逆机做的功要多 800J,即 $W-W'=800\text{J}$。

由于
$$T_1 \Delta S = 400 \times 2 = 800 \text{J}$$
故

$$W - W' = T_1 \Delta S$$

② 从理论上分析：外界对可逆致冷机做功

$$W' = Q_2'\left(\frac{T_1}{T_2} - 1\right)$$

实际致冷机一次循环的熵变

$$\Delta S = \frac{Q_1}{T_1} - \frac{Q_2}{T_2}$$

解得

$$Q_1 = T_1 \Delta S + \frac{Q_2}{T_2} \cdot T_1$$

外界做功

$$W = Q_1 - Q_2 = T_1 \Delta S + \frac{Q_2}{T_2} T_1 - Q_2 = T_1 \Delta S + \left(\frac{T_1}{T_2} - 1\right) Q_2$$

将

$$Q_2' = Q_2$$

代入上式得

$$W = T_1 \Delta S + \left(\frac{T_1}{T_2} - 1\right) Q_2' = T_1 \Delta S + W'$$

故

$$W - W' = T_1 \Delta S \qquad\qquad ①$$

③ 外界对实际致冷机多做的功

$$W - W' = Q_1 - Q_1' = Q^* \qquad\qquad ②$$

以热量 Q^* 传至高温热库 T_1，再利用热机将此热量 Q^* 对外做功，取低温热库为 T_0，则

$$W^* = \left(1 - \frac{T_0}{T_1}\right) Q^*$$

这里不能用来做功的部分能量即能量退降值为

$$E_d = Q^* - W^* = \frac{T_0}{T_1} Q^*$$

将②式及①式代入上式得

$$E_d = \frac{T_0}{T_1}(W - W') = \frac{T_0}{T_1}T_1 \Delta S = T_0 \Delta S$$

上述讨论说明,经过不可逆过程就有越来越多的能量不能被用来做功了,这就是能量退降的物理意义。由于不可逆过程熵变 $\Delta S > 0$,能量退降值 $E_d \propto \Delta S$,即 ΔS 越大,能量退降愈多。又 $E_d \propto T_0$,即低温热源温度越高,能量退降愈多。为了充分利用能量应尽量减少不可逆因素,尽量降低低温热源的温度,当然后者是有一定限度的。

第5章 振动与波

5.1 简谐振动及其合成

讨论题

1. **选题目的** 理解简谐振动概念。

解 （1）不是简谐振动。皮球受重力 mg 作用，mg 不随位移而变。

（2）不是简谐振动，但小球在竖直面上的投影的运动是简谐振动。$x = A\cos(\omega t + \phi)$，$\omega$ 为圆周运动角速率，A 为圆周运动的半径。

（3）是简谐振动。且圆频率 $\omega = \sqrt{\dfrac{g}{R}}$，$R$ 为球面半径。

（4）是简谐振动。且圆频率 $\omega = \sqrt{\dfrac{a+g}{l}}$。

2. **选题目的** 理解简谐振动的初相位及圆频率概念。

解 ϕ 在这里是单摆的角位移，不是简谐振动的初相位。单摆的振动表达式为 $\phi = \phi_m \cos(\omega t + \delta)$，式中 δ 是单摆振动的初相位，ω 是其圆频率，且 $\omega = \sqrt{\dfrac{g}{l}}$，$l$ 为摆长。而单摆的角速度 $\Omega = \dfrac{\mathrm{d}\phi}{\mathrm{d}t}$ 不是单摆振动的圆频率。

3. **选题目的** 单摆角振幅的计算。

解 设小球质量为 m，向左摆时摆长为 l_1，如图 5.1 所示。单

摆 t 时刻摆角为 θ，取逆时针方向 θ 为正，小球受重力 $m\boldsymbol{g}$、拉力 $\boldsymbol{T}$ 的合力在沿 m 运动圆弧切向的分力为 $f=-mg\sin\theta$，当 θ 很小时 $\sin\theta\approx\theta$，$f\approx-mg\theta$，小球切向加速度 $a_t=l\dfrac{\mathrm{d}^2\theta}{\mathrm{d}t^2}$，由牛顿第二定律有

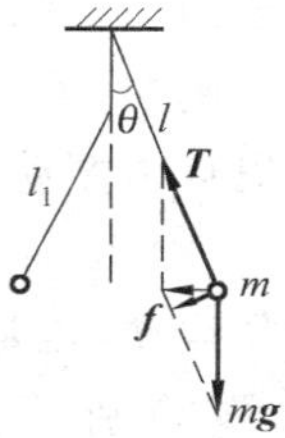

$$-mg\theta = ml\frac{\mathrm{d}^2\theta}{\mathrm{d}t^2}$$

$$\frac{\mathrm{d}^2\theta}{\mathrm{d}t^2} + \frac{g}{l}\theta = 0 \qquad ①$$

①式表明当摆角 θ 很小时，单摆的振动是简谐振动，其圆频率为

图 5.1

$$\omega = \sqrt{\frac{g}{l}} \qquad ②$$

其振动表达式为

$$\theta = \theta_0 \cos(\omega t + \phi) \qquad ③$$

θ_0 为单摆的最大摆角即角振幅。

简谐振动过程中机械能守恒，且 $E=E_{\text{kmax}}=E_{\text{pmax}}$，当小球 m 处于平衡位置时 $\theta=0$，动能最大，为 E_{kmax}，

$$E = E_{\text{kmax}} = \frac{1}{2}mv_{\max}^2 = \frac{1}{2}m\left[\left(\frac{\mathrm{d}\theta}{\mathrm{d}t}\right)_{\max} l\right]^2$$
$$= \frac{1}{2}m\theta_0^2\omega^2 l^2 = \frac{1}{2}m\theta_0^2 gl$$

由题意，小球向左、向右两方摆动的机械能相同，向左摆动的角振幅为 $\theta_{0左}$，向右摆动的角振幅 $\theta_{0右}=\theta_0$，故

$$\frac{1}{2}m\theta_{0左}^2 gl_1 = \frac{1}{2}m\theta_0^2 gl$$

化简得

$$\frac{\theta_{0左}}{\theta_{0右}} = \sqrt{\frac{l}{l_1}} = \sqrt{\frac{1.5}{1.5-0.5}} = 1.19$$

4. 选题目的 理解简谐振动的概念。

解 简谐振动是运动学的一个概念,而无阻尼自由振动是动力学的一个概念,这两个概念中的任一个并没有包容另一个。

例如:(1) 不计阻力的自由落体触地后又反弹回去,这是无阻尼自由振动,但不是简谐振动。

(2) 做简谐振动演示的"正弦机构",它把圆运动转换为直线往复运动,这是简谐振动,但它不是无阻尼自由振动。

(3) 弹簧振子是无阻尼自由振动,同时它也是简谐振动。

5. 选题目的 理解简谐振动的基本概念。

解 (1) 不对。因为简谐振动的速度 $v=-\omega A\sin(\omega t+\phi)$ 不是常数,故经过相等距离所需时间不同。

(2) 不对。由 x-t,v-t 图比较 x 和 v 的相位时,应从 $t=0$ 看起,如题图所示,v 的第一个极大值是在 x 的第一个极大值的左方,故 v 比 x 领先。

(3) 不对。比较两个量的相位时,应都写成余弦(或正弦)函数,并使前面的系数同号。与 $x=A\cos(\omega t+\phi)$ 比较相位时,$a=-\omega^2 A\cos(\omega t+\phi)$ 应写成

$$a = \omega^2 A\cos(\omega t+\phi+\pi)$$

这样可看出 a 与 x 相位不同,而且是反相。

若比较 v 与 x 的相位,v 应写成

$$v=-\omega A\sin(\omega t+\phi)=\omega A\cos\left(\omega t+\phi+\frac{\pi}{2}\right)$$

则 v 比 x 领先 $\frac{\pi}{2}$。

6. 选题目的 用旋转矢量法表示简谐振动。

解 由题给出的三个简谐振动表达式可知其初相分别是 $\frac{\pi}{2}$,$\frac{7\pi}{6}$ 和 $\frac{11\pi}{6}$,以此画出旋转矢量图,如图 5.2(a)所示。令振幅矢量逆

时针匀速转动,根据各时刻振幅矢量在 x 轴的投影即可画出振动曲线 x-t,如图 5.2(b)所示。

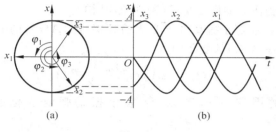

图 5.2

7. 选题目的 简谐振动的能量。

解 (1)因为简谐振动能量

$$E = \frac{1}{2}kA^2 = \frac{1}{2}m\left(\frac{2\pi}{T}\right)^2 \cdot A^2$$

将已知条件代入得

$$E_1 = \frac{1}{2}m\left(\frac{2\pi}{T_1}\right)^2 A_1^2$$

$$E_2 = \frac{1}{2}m\left(\frac{2\pi}{T_1/2}\right)^2\left(\frac{A_1}{2}\right)^2 = \frac{1}{2}m\left(\frac{2\pi}{T_1}\right)^2 A_1^2 = E_1$$

二者振动能量相等。

(2)

$$E = \frac{1}{2}kA^2$$

将已知条件代入上式得

$$E_1 = \frac{1}{2}kA_1^2$$

$$E_2 = \frac{1}{2}kA_2^2 = \frac{1}{2}k\left(\frac{A_1}{2}\right)^2 \neq E_1$$

二者能量不等。

第5章 振动与波

8. 选题目的 理解"拍"现象、拍频的计算。

解 当两个振动方向相同、频率相近的简谐振动合成时,其合振动的强弱作周期性变化,这种现象叫"拍"。

拍频 ν_b 应等于振动强弱变化的频率,即 $|A(t)|$ 的变化频率,它也就应是 $A^2(t)$ 的变化频率。

$$A^2(t) = 2A'\cos^2\left(\frac{\omega_1-\omega_2}{2}t\right)$$

而 $\cos^2\theta$ 的周期是 π,若以 T_b 表示振动强弱变化的时间周期,则应有

$$\frac{\omega_1-\omega_2}{2}T_b = \pi$$

由此得

$$|\nu_1-\nu_2|T_b = 1$$

或拍频

$$\nu_b = \frac{1}{T_b} = |\nu_1-\nu_2|$$

9. 选题目的 振幅矢量法求合成振动。

解 用旋转矢量图解法,如图 5.3 所示,先求 $x_2+x_3=x'$:
因为

$$|\phi_3-\phi_2| = 74°$$

又

$$A_2 = A_3$$

故

$$\phi' = -8° + (-37°) = -45°$$

可知 x' 与 x_1 反相。x' 的振幅

$$A' = A_2\cos37° + A_3\cos37° = 8$$
$$x' = 8\cos(\omega t - 45°)$$

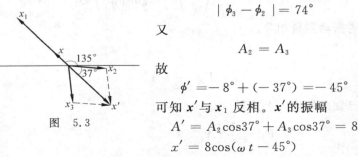

图 5.3

再求 $x_1+x'=x$:
因为

$$\phi_1 - \phi' = 135° - (-45°) = 180°$$

所以 x_1 与 x' 反相。合振动 x 的振幅
$$A = A_1 - A' = 10 - 8 = 2$$
合振动表达式为
$$x = 2\cos(\omega t + 135°)$$

10. **选题目的** 同频率、振动方向互相垂直的振动合成,合振动轨迹与 A_1, A_2 及 $(\phi_2 - \phi_1)$ 的关系。

解

合振动矢端所画的图形	A_1, A_2 的关系	$(\phi_2 - \phi_1)$ 的取值
直线段	任意	$0, \pi$
圆	$A_1 = A_2$	$\pm \dfrac{\pi}{2}$
长轴重合于 x 轴或 y 轴的椭圆	$A_1 \neq A_2$	$\pm \dfrac{\pi}{2}$
长轴不平行于 x 轴或 y 轴的椭圆	任意	$\neq 0, \pm \dfrac{\pi}{2}, \pi$
右旋的圆或椭圆	/	$0 < (\phi_2 - \phi_1) < \pi$
左旋的圆或椭圆	/	$-\pi < (\phi_2 - \phi_1) < 0$

计算题

1. **选题目的** 理解简谐振动概念。

解 小球自由下落时间
$$t_1 = \sqrt{\frac{2h}{g}}$$

因为小球与平板是弹性碰撞,回升时的小球初速与其下落的末速相等,从而小球回升到原高度 h 所需时间也是 t_1。由此得小球振动周期
$$T = 2t_1 = 2\sqrt{\frac{2h}{g}}$$

振动频率为

$$f = \frac{1}{T} = \frac{1}{2}\sqrt{\frac{g}{2h}}$$

小球振动不是谐振动,其 x-t 曲线如图 5.4 所示。

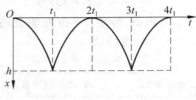

图 5.4

2. 选题目的 已知简谐振动的表达式画振幅矢量图及振动曲线。

解 由简谐振动表达式可求出

$$\omega = 8\pi \, \text{s}^{-1}$$

$$T = \frac{2\pi}{\omega} = \frac{1}{4}\text{s}$$

$$\nu = \frac{\omega}{2\pi} = 4\text{s}^{-1}$$

$$A = 0.2\text{cm}$$

$$\phi = \frac{\pi}{4}$$

(1) 振幅矢量图如图 5.5 所示。
(2) 振动曲线如图 5.6 所示。

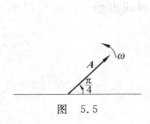

图 5.5

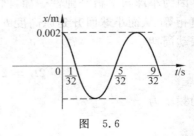

图 5.6

3. 选题目的 简谐振动的计算。

解 据已知可画出 $t=0$ 时振幅矢量图,如图 5.7 所示。由图可知

$$\phi = \frac{2}{3}\pi$$

$$x = 10.0\cos\left(\frac{\pi}{2}t + \frac{2}{3}\pi\right)$$

(1) $t=1.0$s 时,位移为

$$x = 10.0\cos\left(\frac{\pi}{2} \times 1.0 + \frac{2}{3}\pi\right) = -8.66 \text{cm}$$

(2) $t=1.0$s 时,物体受力为

$$F = ma = -m\omega^2 x = -m\omega^2 A\cos(\omega t + \phi)$$

$$= -10 \times \left(\frac{\pi}{2}\right)^2 \times 10 \cdot \cos\left(\frac{\pi}{2} \times 1.0 + \frac{2\pi}{3}\right)$$

$$= 2.14 \times 10^{-3} \text{N}$$

(3) 画出矢量图,如图 5.8 所示。设第一次到达 $x=5.0$cm 的时刻为 t_1,则由图 5.8 可知

$$\omega t_1 + \phi = \pi + \frac{2}{3}\pi$$

$$\omega t_1 = \pi + \frac{2}{3}\pi - \phi = \pi + \frac{2}{3}\pi - \frac{2}{3}\pi = \pi$$

$$t_1 = \frac{\pi}{\omega} = \frac{\pi}{\pi/2} = 2\text{s}$$

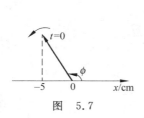

图 5.7

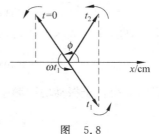

图 5.8

(4) 由图 5.8 知

$$\omega t_1 + \phi = \pi + \frac{2}{3}\pi$$

$$\omega t_2 + \phi = 2\pi + \frac{1}{3}\pi$$

$$\omega(t_2 - t_1) = 2\pi + \frac{1}{3}\pi - \left(\pi + \frac{2}{3}\pi\right) = \frac{2}{3}\pi$$

所以

$$t_2 - t_1 = \frac{\frac{2}{3}\pi}{\frac{\pi}{2}} = \frac{4}{3}\text{s}$$

4. **选题目的** 由初始条件求简谐振动表达式。

解 撤去外力后,振子作简谐振动,其振幅由初始能量决定,该能量等于外力做的功,即

$$F_0 l = \frac{1}{2}kA^2$$

则

$$A = \sqrt{\frac{2F_0 l}{k}} \qquad \text{①}$$

从撤去外力的瞬时开始计时,初位移为

$$x_0 = l = A\cos\phi_0 > 0 \qquad \text{②}$$

初速度为

$$v_0 = -A\omega\sin\phi_0 > 0 \qquad \text{③}$$

由①,②,③三式求出振动初相位为

$$\phi_0 = -\arccos\sqrt{\frac{kl}{2F_0}} \qquad \text{④}$$

据已知得振子振动的圆频率为

$$\omega = \sqrt{\frac{k}{m}} \qquad \text{⑤}$$

将①,④,⑤三式代入
$$x = A\cos(\omega t + \phi_0)$$
得位移表达式为
$$x = \sqrt{\frac{2F_0 l}{k}}\cos\left(\sqrt{\frac{k}{m}}t - \arccos\sqrt{\frac{kl}{2F_0}}\right)$$

5. 选题目的 已知振动曲线求初相位及相位。

解 解法一

（1）由题图可知 $t=0$ 时,
$$x = A\cos\phi = \frac{A}{2}$$
$$\cos\phi = \frac{1}{2}$$
$$\phi = \pm\frac{\pi}{3}$$

又 $t=0$ 时,
$$v = \frac{\mathrm{d}x}{\mathrm{d}t} = -\omega A\sin\phi$$

由图知
$$v > 0$$

所以
$$\sin\phi < 0$$

则有
$$\phi = -\frac{\pi}{3}$$
$$\omega = \frac{2\pi}{T}$$

故振动表达式为
$$x = A\cos\left(\frac{2\pi}{T}t - \frac{\pi}{3}\right)$$

(2) 由题图 a 点,
$$x = A$$
$$x = A\cos(\omega t + \phi) = A$$
$$\cos(\omega t + \phi) = 1$$

则 a 点的相位为
$$\omega t + \phi = 0$$

由题图 b 点,
$$x = 0$$
$$x = A\cos(\omega t + \phi) = 0$$
$$\cos(\omega t + \phi) = 0$$
$$\omega t + \phi = \pm \frac{\pi}{2}$$

又
$$v = \frac{\mathrm{d}x}{\mathrm{d}t} = -\omega A \sin(\omega t + \phi)$$

由题图知
$$v < 0$$

所以
$$\sin(\omega t + \phi) > 0$$

则 b 点的相位为
$$\omega t + \phi = \frac{\pi}{2}$$

(3) 设从 $t=0$ 到 a,b 两态所用的时间为 t_a, t_b。由(2)知 a 点相位为
$$\omega t_a + \phi = 0$$
$$t_a = \frac{-\phi}{\omega} = \frac{\pi}{3} \times \frac{T}{2\pi} = \frac{T}{6}$$

由(2)知 b 点相位为
$$\omega t_b + \phi = \frac{\pi}{2}$$

$$t_b = \frac{\frac{\pi}{2}-\phi}{\omega} = \frac{\frac{\pi}{2}+\frac{\pi}{3}}{\frac{2\pi}{T}} = \frac{5}{12}T$$

解法二 用旋转矢量法。由已知条件可画出 $t=0$ 时振幅矢量,同时可画出 t_a,t_b 时的振幅矢量图,如图 5.9 所示。

由图 5.9 可知

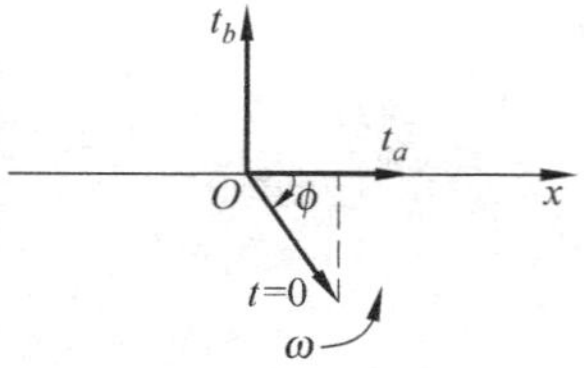

(1) $\phi = -\frac{\pi}{3}$

(2) $\omega t_a + \phi = 0$

$\omega t_b + \phi = \frac{\pi}{2}$

图 5.9

(3) 由(2)可知

$$t_a = \frac{\frac{\pi}{3}}{\omega} = \frac{\frac{\pi}{3}}{\frac{2\pi}{T}} = \frac{T}{6}$$

$$t_b = \frac{\left(\frac{\pi}{3}+\frac{\pi}{2}\right)}{\omega} = \frac{\frac{5\pi}{6}}{\frac{2\pi}{T}} = \frac{5T}{12}$$

比较上述两种方法可知,用旋转矢量法比较简便而且直观。

6. 选题目的 用动力学振动方程和能量法分别求简谐振动的周期。

解 解法一 用动力学振动方程法。选坐标如图 5.10 所示。

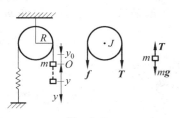

图 5.10

挂重物 m 后弹簧伸长 y_0，且
$$mg = ky_0 \qquad ①$$
选挂重物 m 后的平衡位置为坐标原点 O，物体向下运动到 y 处时，受力如图 5.10 所示，由牛顿第二定律得
$$mg - T = m\frac{d^2y}{dt^2} \qquad ②$$
对滑轮用转动定律
$$TR - fR = J\alpha \qquad ③$$
$$f = k(y_0 + y) \qquad ④$$
$$\frac{d^2y}{dt^2} = R\alpha \qquad ⑤$$
解上述方程得
$$\frac{d^2y}{dt^2} = -\frac{k}{\dfrac{J}{R^2} + m}y$$
或
$$\frac{d^2y}{dt^2} = \frac{-kR^2}{J + mR^2}y$$
这是简谐振动方程，由此得
$$\omega = \sqrt{\frac{kR^2}{J + mR^2}}$$
$$T = 2\pi\sqrt{\frac{J + mR^2}{kR^2}}$$

解法二 能量法。物体 m 经过位置 y 时，系统总能量为
$$\frac{1}{2}mv^2 + \frac{1}{2}J\omega^2 - mgy + \frac{1}{2}k(y + y_0)^2 = E$$
即
$$\frac{1}{2}\left(m + \frac{J}{R^2}\right)v^2 + \frac{1}{2}ky^2 = E - \frac{1}{2}ky_0^2$$
因为物体 m、滑轮、弹簧、地球组成的系统合外力的功为零，所以系

统能量守恒，E 为常数，则

$$\frac{1}{2}\left(m+\frac{J}{R^2}\right)v^2+\frac{1}{2}ky^2 = 常数$$

将上述能量式与无阻尼自由振动能量式

$$\frac{1}{2}mv^2+\frac{1}{2}ky^2 = 常数, \quad \omega=\sqrt{\frac{k}{m}}$$

对比可知物体 m 作简谐振动，而且

$$\omega=\sqrt{\frac{k}{m+\dfrac{J}{R^2}}}$$

振动周期为

$$T=2\pi\sqrt{\frac{mR^2+J}{kR^2}}$$

7. 选题目的 物体质量分散，不能视为质点也不能视为刚体的振动问题。

解 解法一 能量法。

设液面受到扰动后，振动过程没有机械能损失，可按无阻尼自由振动来解。

设液体密度为 ρ，管横截面为 S，液体总质量 $m=\rho SL$。取坐标 y，原点 O 在平衡液面位置，如题图，选平衡液面时液体势能为零。当左边液面向上位移 y 时，显然右边液面下降 y。和零势能状态相比，左边液面上升，液柱 y 重心位置为 $\frac{1}{2}y$，液体势能增加了

$$\Delta mg\left(\frac{1}{2}y\right)=\frac{1}{2}\rho Sygy=\frac{1}{2}\rho Sgy^2$$

右边液面下降，液柱 y 重心下降 $\frac{1}{2}y$，液体势能减少了

$$\Delta mg\left(-\frac{1}{2}y\right)=-\frac{1}{2}\rho Sygy=-\frac{1}{2}\rho Sgy^2$$

综上，液体的势能总共增加了

$$\frac{1}{2}\rho S g y^2 - \left(-\frac{1}{2}\rho S g y^2\right) = \rho S g y^2$$

这就是此时液体的势能,即

$$E_\text{p} = \rho S g y^2$$

液面升降振动的速度 $v = \dfrac{\text{d}y}{\text{d}t}$,由于液体不可压缩(总体积不变),可知此时各处液体的速度大小相同,液体的总动能为

$$E_\text{k} = \frac{1}{2}mv^2 = \frac{1}{2}m\left(\frac{\text{d}y}{\text{d}t}\right)^2$$

系统外力做功为零,能量守恒:

$$E_\text{p} + E_\text{k} = \rho S g y^2 + \frac{1}{2}m\left(\frac{\text{d}y}{\text{d}t}\right)^2 = E(\text{常数})$$

与无阻尼自由振动能量

$$E = \frac{1}{2}k x^2 + \frac{1}{2}m\left(\frac{\text{d}x}{\text{d}t}\right)^2$$

对比可得

$$k = 2\rho S g$$

则自由振动圆频率为

$$\omega = \sqrt{\frac{k}{m}} = \sqrt{\frac{2\rho S g}{\rho S L}} = \sqrt{\frac{2g}{L}}$$

上述结果说明 U 形管中液面微小振动是简谐振动,其圆频率 ω 在 L 给定后确定,它与 ρ 及 S 无关。

说明:此题中的液柱虽不能视为一质点,但只用一个坐标 y 就能确定液柱位置,因此它属于"一个自由度"的问题。可以等效为弹簧振子、单摆等简单系统,其振动频率相当于摆长为 $\dfrac{L}{2}$ 的单摆的频率。

解法二 动力学方程法。左边液面向上位移 y 时,比右边液面高 $2y$,如题图,这段液体的重力 $F = \rho S \cdot 2y \cdot g$,与 $\hat{\boldsymbol{y}}$ 反向,使整

个液柱产生加速度 $a=\dfrac{d^2 y}{dt^2}$，由牛顿第二定律知

$$F = ma$$

$$-2\rho g S y = m \dfrac{d^2 y}{dt^2}$$

这是简谐振动方程，由此得

$$\omega = \sqrt{\dfrac{2\rho S g}{m}} = \sqrt{\dfrac{2g}{L}}$$

8. 选题目的 LC 电路的谐振动方程。

解 （1）**解法一** 电路方程法。

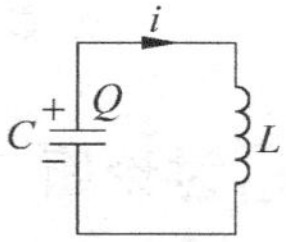

设电容器极板带电 $\pm Q$，回路电流 i 方向如图 5.11 所示，则由回路电压方程有

$$-V_C = -L\dfrac{di}{dt} \qquad ①$$

图 5.11

因为

$$V_C = \dfrac{Q}{C}; \quad i = -\dfrac{dQ}{dt}$$

代入方程①，则

$$\dfrac{d^2 Q}{dt^2} = -\dfrac{1}{LC} Q \qquad ②$$

②式是典型的谐振动方程。LC 电路中电荷随时间作简谐振动变化，其频率为 $\nu = \dfrac{1}{2\pi}\sqrt{\dfrac{1}{LC}}$。

解法二 能量法。因电阻不计，即回路中无电磁能量损耗，则有能量守恒，即

$$\dfrac{1}{2}Li^2 + \dfrac{Q^2}{2C} = 常量 \qquad ③$$

将③式对时间求导数，并利用 $i = -\dfrac{dQ}{dt}$，可得

$$\frac{d^2Q}{dt^2} = -\frac{1}{LC}Q$$

这与方程②相同。

(2) 对比

振子	x	k	m	v
电路	Q	$\dfrac{1}{C}$	L	i

5.2 机械波的产生与传播

讨论题

1. **选题目的** 已知某点振动，写出波的表达式。

解 比较某时刻 t 波线上两点振动的相位，可以画出这两点的振幅矢量图，如图 5.12 所示，B 点开始振动的时刻比 O 点晚 $\dfrac{x}{u}$，在图 5.12 中 $\boldsymbol{A}_B$ 在 $\boldsymbol{A}_O$ 的后面，t 时刻 B 的相位是 $\omega\left(t - \dfrac{x}{u}\right)$，这表示 t 时刻 B 点应重复 O 点 t 以前 $\dfrac{x}{u}$ 时刻的振动状态，因此 B 点的振动表达式应为 $\xi = A\cos\omega\left(t - \dfrac{x}{u}\right)$。

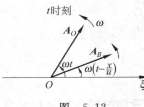

图 5.12

2. **选题目的** 理解波长的概念

解 由波的表达式 $\xi = A\cos\omega\left(t - \dfrac{x}{u}\right)$ 来分析，设 x_1 与 x_2 处两质点的相位差为 2π，即

$$\omega\left(t - \frac{x_1}{u}\right) - \omega\left(t - \frac{x_2}{u}\right) = 2\pi$$

$$\frac{\omega}{u}(x_2 - x_1) = 2\pi$$

这两点间的距离为波长 λ，

$$\lambda = x_2 - x_1 = \frac{2\pi}{\omega}u = Tu$$

由上述关系知(1),(2)两种说法是一致的,即波线上相位差为 2π 的两个振动质点间的距离为波长 λ,也就等于一周期内振动所传播的距离。

又相邻两个波峰 $\xi=A$ 与 $\xi'=A$ 的相位差等于 2π,因此相邻两个波峰间的距离等于波长 λ。同理相邻两个波谷($\xi=-A$, $\xi'=-A$)间的距离也等于波长 λ。

3. **选题目的**　描述波的传播的几个物理量。

解　(1) 不对。波源相对媒质不运动时,波动的周期与波源振动周期相同。

(2) 不对。波源振动速度 $v=\dfrac{\mathrm{d}\xi}{\mathrm{d}t}$,而波速 $u=\dfrac{\lambda}{T}$,二者是两个不同的概念。v 表示质点在平衡位置附近振动的快慢,而波速 u 是描述波的传播速度。

(3) 正确。

(4) 不对。在波传播方向上的任一质点的振动是由波源的振动通过弹性力作用带动相邻质元振动,依次沿波传播方向传出去,故该质元的相位一定比波源相位落后。

4. **选题目的**　波速与振动速度的区别。

解　波速是指波在媒质中传播的速度,它由媒质的特性决定,与波的种类有关。

横波波速

$$u_{\text{横}} = \sqrt{\frac{G}{\rho}}$$

纵波波速

$$u_{纵} = \sqrt{\frac{Y}{\rho}}$$

波速与波长、波频的关系为

$$u = \lambda\nu$$

振动速度是质点在平衡位置附近振动的速度,由下面的关系式求得:

$$v = \frac{d\xi}{dt} = -\omega A \sin(\omega t + \phi)$$

速度最大值为

$$v_{\max} = \omega A$$

取决于振动系统本身及振幅 A。

5. 选题目的 波的能量与振动能量的区别。

解 自由弹簧振子是孤立的振动系统,任一时刻系统机械能守恒,即 $E = E_k + E_p = \frac{1}{2}kA^2$。其中动能 $E_k = \frac{1}{2}m\omega^2 A^2 \sin^2(\omega t + \phi)$;势能 $E_p = \frac{1}{2}kA^2\cos^2(\omega t + \phi)$,振动过程中动能 E_k 与势能 E_p 相互转化;质点处于最大位移处,势能最大,动能为零;处于平衡位置处,势能为零,动能最大。

平面简谐波在弹性媒质中传播时,每一质元的动能 $\Delta W_k = \frac{1}{2}\rho\omega^2 A^2 (\Delta V)\sin^2\omega\left(t - \frac{x}{u}\right)$ 和弹性势能 $\Delta W_p = \frac{1}{2}\rho\omega^2 A^2 (\Delta V)\sin^2\omega\left(t - \frac{x}{u}\right)$ 是同相地随时间变化的,且在任意时刻都有相同的数值。质元的总机械能为 $\Delta W = \rho\omega^2 A^2 \cdot (\Delta V)\sin^2\omega\left(t - \frac{x}{u}\right)$,当质元从最大位移处回到平衡位置的过程中,它从前面相邻的一段媒质质元获得能量,其能量逐渐增加。当质元从平衡位置运动到最大位移处的过程中,它把自己的能量传给后面相邻

5.2 机械波的产生与传播

的一段质元,其能量逐渐减小。因此质元完成一"全振动"的过程是能量传播的过程。

6. **选题目的** 已知波形曲线求某点振动表达式。

解 由题图知

$$\omega = 2\pi\nu = 2\pi\frac{u}{\lambda} = \frac{\pi}{2}$$

设 $\xi = A\cos(\omega t + \phi)$,$t = 2\text{s}$ 时,$\xi_0 = 0$,则

$$\cos(\omega t + \phi) = 0$$

又 $\left.\dfrac{\mathrm{d}\xi}{\mathrm{d}t}\right|_{t=2} > 0$,即 $-\omega A\sin(\omega t + \phi) > 0$,所以

$$\sin(\omega t + \phi) < 0$$

综上

$$\omega t + \phi = \frac{3}{2}\pi$$

$$\phi = \frac{3}{2}\pi - \omega t = \frac{3}{2}\pi - \frac{\pi}{2} \times 2 = \frac{\pi}{2}$$

故

$$\xi = 0.50\cos\left(\frac{\pi}{2}t + \frac{\pi}{2}\right) \quad (\text{SI})$$

7. **选题目的** 波函数的表达式及振动表达式。

解 波动表达式为

$$\xi = A\cos\omega\left(t + \frac{l}{u} - \frac{x}{u}\right)$$

C 点 $x = 3l$,可求出 C 点振动表达式为

$$\xi_C = A\cos\omega\left(t - \frac{2l}{u}\right)$$

8. **选题目的** 理解多普勒效应。

解 当观察者朝向声源运动时,观察者在单位时间内接收到的完整波数增多,故 ν_R 增大。

当声源朝向观察者运动时,在声源运动前方波长变短,波的频

率增高,则 ν_R 增大。

9. 选题目的 理解多普勒效应。

解 (1)因声源相对于介质运动,故声源所发传向 B 的声波波长为

$$\lambda = \frac{u - v_1}{\nu}$$

波长变小。

(2)声源和接收器相对于介质同时都运动,则 B 车接收到的频率为

$$\nu_{BR} = \frac{u + v_2}{u - v_1}\nu$$

频率增大。

(3) B 车反射声波时,它相当于波源。B 相对于介质的速度为 v_2,故 B 车反射的声波波长为

$$\lambda_{反} = \frac{u - v_2}{\nu_{BR}} = \frac{(u - v_2)(u - v_1)}{(u + v_2)\nu}$$

(4) B 车为波源,A 车接收其反射波的频率为

$$\nu_{AR} = \frac{u + v_1}{u - v_2}\nu_{BR} = \frac{(u + v_1)(u + v_2)}{(u - v_2)(u - v_1)}\nu$$

计算题

1. 选题目的 已知波形曲线求某点振动表达式。

解 解法一 画波形曲线法。由题图知波长 $\lambda = 2\text{m}$,$u = 0.5\text{m/s}$ 沿 $-\hat{x}$ 传播,则频率

$$\nu = \frac{u}{\lambda} = \frac{0.5}{2} = \frac{1}{4}\text{Hz}$$

$$T = \frac{1}{\nu} = 4\text{s}$$

故

5.2 机械波的产生与传播

$$t = 2\text{s} = \frac{T}{2}$$

由此可知 $t=0$ 时的波形比题图 ($t=2\text{s}$) 的波形倒退 $\frac{\lambda}{2}$，如图 5.13 所示，由图知 $t=0$ 时原点 $x=0$ 处质元的位移 $\xi=0$，该质元过平衡位置，朝 $-\xi$ 向运动，因此 $\phi=\frac{\pi}{2}$，0 点振动表达式为

$$\xi_0 = 0.5\cos\left(\frac{\pi}{2}t + \frac{\pi}{2}\right) \quad (\text{SI})$$

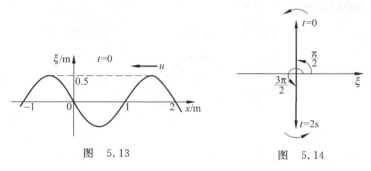

图 5.13   图 5.14

解法二 旋转矢量图法。由题图知 $t=2\text{s}$ 时，即 $t=\frac{T}{2}$ 时，0 点处质元振动位移 $\xi=0$，且向 ξ 的正向运动，画出此时的旋转矢量图，如图 5.14 所示，$\phi=\frac{3}{2}\pi$。又由波的传播特性可知，0 点质元在 $t=0$ 时的相位与 $t=\frac{T}{2}$ 时的相位差 π，所以，$t=0$ 时该质元的相位为 $\phi_0 = \frac{3}{2}\pi - \pi = \frac{\pi}{2}$。其振动表达式为

$$\xi_0 = 0.5\cos\left(\frac{\pi}{2}t + \frac{\pi}{2}\right)$$

$t=0$ 时的旋转矢量图如图 5.14 所示。

2. 选题目的 已知某点振动曲线求波形曲线。

解 （1）由题图波源的振动曲线可写出波源的振动表达式

$$\xi_0 = 2\times 10^{-2}\cos\left(\frac{\pi}{2}t - \frac{\pi}{2}\right) \quad \text{(SI)}$$

距波源 25m 处质点振动表达式为

$$\xi_{25} = 2\times 10^{-2}\cos\left(\frac{\pi}{2}t - \frac{\pi}{2} - \frac{25}{5}\times\frac{\pi}{2}\right)$$

$$= 2\times 10^{-2}\cos\left(\frac{\pi}{2}t - 3\pi\right) \quad \text{(SI)}$$

振动曲线如图 5.15 所示。

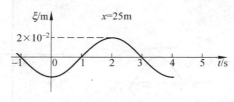

图 5.15

（2）$t=3$s 时波函数为

$$\xi = 2\times 10^{-2}\cos\left(\frac{\pi}{2}\times 3 - \frac{x}{5}\times\frac{\pi}{2} - \frac{\pi}{2}\right)$$

$$= 2\times 10^{-2}\cos\left(\pi - \frac{\pi}{10}x\right)$$

$t=3$s 的波形曲线如图 5.16 所示。

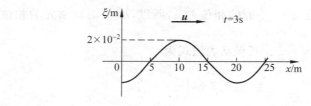

图 5.16

3. 选题目的　已知某点振动方程求入射波、反射波波函数表达式。

解　(1) 入射波的波函数为

$$\xi = A\cos\left(\omega t + \pi - \frac{2\pi}{\lambda}x\right)$$

(2) 因为 $\rho_1 u_1 < \rho_2 u_2$，波在该面反射时有半波损失，反射波的波函数为

$$\begin{aligned}\xi'_{反} &= A'\cos\left[\omega t + \pi - \frac{2\pi L}{\lambda} + \pi - \frac{2\pi}{\lambda}(L-x)\right] \\ &= A'\cos\left(\omega t - \frac{4\pi L}{\lambda} + \frac{2\pi x}{\lambda}\right) \quad (x \leqslant L)\end{aligned}$$

4. 选题目的　波的传播的计算。

解　(1) $t = 0.1$s 时，

$$\xi = 0.1\cos(6\pi \times 0.1 + 0.05\pi x)$$

波谷处

$$\xi = -0.1$$

即

$$\cos(0.6\pi + 0.05\pi x) = -1$$
$$0.6\pi + 0.05\pi x = (2m+1)\pi$$
$$x = \frac{2m + 1 - 0.6}{0.05} = 40m + 8$$

距原点最近的波谷 x 最小，则 $m = 0$，$x = 8$m。

(2) 从该波谷 $x = 8$m 到原点需时

$$\Delta t = \frac{8}{u} = 8\frac{k}{\omega} = 8 \times \frac{0.05\pi}{6\pi} = \frac{1}{15}\text{s}$$

该波谷通过原点的时刻是

$$t_1 = t + \Delta t = 0.1 + \frac{1}{15} = \frac{1}{6}\text{s}$$

5. 选题目的 已知振动曲线画波形曲线。

解 （1）据题图所给 $x=0$ 质点振动曲线画出 $x=\dfrac{\lambda}{4},\dfrac{2}{4}\lambda,\dfrac{3}{4}\lambda$，$\lambda$ 各质点的振动曲线，如图 5.17 所示。

（2）$t=T$ 时刻的波形曲线 ξ-x 图为图 5.17 所示最下面的图。

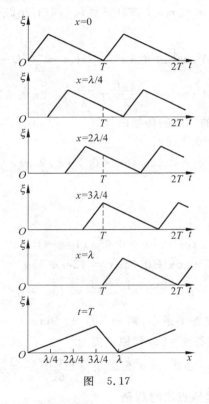

图 5.17

6. 选题目的 多普勒效应。

解 潜艇的速度为 v，潜艇作为观察者接收到发射波的频率

$$\nu' = \frac{u+v}{u}\nu$$

5.2 机械波的产生与传播

当超声波遇到潜艇反射时,潜艇成为波源,观察者接收反射波的频率

$$\nu'' = \frac{u}{u-v}\nu' = \frac{u(u+v)}{(u-v)u}\nu = \frac{u+v}{u-v}\nu$$

$$\Delta\nu = \nu'' - \nu = \left(\frac{u+v}{u-v} - 1\right)\nu = \frac{2\dfrac{v}{u}}{1-\dfrac{v}{u}}\nu$$

因为

$$v \ll u, \quad \left(1 - \frac{v}{u}\right)^{-1} \approx 1 + \frac{v}{u}$$

$$\Delta\nu = 2\frac{v}{u}\left(1 + \frac{v}{u}\right)\nu \approx \frac{2v}{u}\nu$$

所以潜艇运动速度为

$$v = \frac{u\,\Delta\nu}{2\nu}$$

*7. **选题目的**　了解光的多普勒效应。

解　设接收器 R 为 S 系,光源为 S' 系。

(1) 光源以速度 u 远离接收器 S' 系:ν_S 为光源发光频率,动量、能量为

$$p'_x = -\frac{E'}{c} \qquad ①$$

$$E' = h\nu_S \qquad ②$$

S 系:ν_R 为接收器接收光频率,能量为

$$E = h\nu_R \qquad ③$$

由相对论动量能量变换式

$$E = \gamma(E' + up'_x) \qquad ④$$

将①,②,③三式代入④式并化简得

$$\nu_R = \gamma\left(1 - \frac{u}{c}\right)\nu_S = \sqrt{\frac{c-u}{c+u}}\,\nu_S \qquad ⑤$$

则
$$\nu_R < \nu_S$$

(2) 因光源沿垂直于光源和接收器连线运动

S 系：
$$p_x = 0$$

代入
$$E' = \gamma(E - up_x)$$

得
$$E' = \gamma E \qquad ⑥$$

由②,③,⑥三式解得接收器接收光的频率
$$\nu_R = \frac{E}{h} = \frac{E'}{\gamma h} = \frac{\nu_S}{\gamma} = \sqrt{1 - \frac{u^2}{c^2}}\,\nu_S$$

可见此时
$$\nu_R < \nu_S$$

思考：将光的多普勒效应与机械波的进行对比。

5.3 波的叠加与干涉

讨论题

1. 选题目的　波的相干性概念的理解。

解　波的叠加是指两列或几列波可以保持各自的特点（频率、波长、振动方向、振幅等）同时通过同一媒质，在各自的传播过程中好像没有遇到其他波一样。所以在几列波相遇的区域内，任一点的振动就是各个波单独在该点引起的振动的合成。因此频率不同、振动方向不同、相位差不恒定的两列波同时通过同一媒质时，是能够叠加的。

当两列或几列波的频率相同、振动方向相同、相位差恒定，它们同时通过同一媒质时，在相遇的区域内叠加的结果，有的地方强度始终加强,另一些地方强度始终减弱,在空间形成一个稳定的分布,这叫波的干涉现象。可见干涉现象是波的叠加的一种特殊情况。判断两列或几列波是否相干,要用上述相干条件来分析。

2. **选题目的** 理解相干波的条件。

解 由题意知 S_1 左侧各点合成波强度是其中一个波强度的 4 倍,强度与振幅平方(A^2)成正比,即 $A^2 = 4A_1^2$。说明两波叠加后因干涉而加强,这就要求 S_2 的振动传到 S_1 时与 S_1 的振动同相,S_2 经过 $\frac{3}{4}\lambda$ 相当于相位改变

$$\frac{2\pi}{\lambda}l = \frac{2\pi}{\lambda} \times \frac{3}{4}\lambda = \frac{3}{2}\pi$$

故 S_2 比 S_1 的相位领先 $\frac{3}{2}\pi$。

3. **选题目的** 波的叠加。

解 两列波相遇时,媒质质点的合成谐振动是两个谐振动的合成。由于合成振动方向与两个分振动方向不同,可知这两个分振动方向不相同,频率相同,二者相位差为 0 或 π。

这种波的叠加不是干涉,因为虽然两列波的频率相同、相位差恒定,但振动方向不同。

4. **选题目的** 波干涉时的能量分布。

解 当两列波满足相干条件在空间相遇产生干涉时,有的点因干涉加强,合振幅为原来的两倍,能量为原来的四倍;另一些点因干涉减弱,合振幅为零,能量也为零,但总能量恒定,因此这不违背能量守恒定律。

5. **选题目的** 驻波的特征。

解 行波是振动在媒质中传播,波的传播过程有波形、相位及能量的传播。

驻波的特征如下:

(1) 波形驻定,位移恒为零的点是波节;位移恒最大处是波

腹。相邻两波节(或波腹)之间的距离等于 $\frac{\lambda}{2}$。没有波形的传播。

(2) 相位驻定,相邻两波节之间的质点的振动相位相同——同起同落;一个波节两侧的质点的振动相位相反——此起彼落。故没有相位的传播。

(3) 驻波的能量被限制在波节和波腹之间长度为 $\frac{\lambda}{4}$ 的小区段中,动能和势能相互转化,其总量守恒,因此能量没有传播。

6. **选题目的** 驻波的形成。

解 为了形成驻波且使 O 点为波节,则另一平面简谐波 t 时刻的波形图如图 5.18 所示。

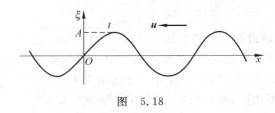

图 5.18

7. **选题目的** 理解行波与驻波图形及能量的特性及其区别。

解 (1) 题图(a)是某时刻行波波形图,P,Q 相距 $\frac{\lambda}{4}$,故相位差为 $\frac{\pi}{2}$。Q,N 相距 $\frac{3\lambda}{8}$,故相位差为 $\frac{3\pi}{4}$。

图(b)是驻波某时刻的波形图,P,Q 同在两个相邻的波节之间,其相位相同,故相位差为零。Q,N 在同一波节的两侧,其相位相反,故相位差为 π。

(2) 图(a)中 O 点处质元振动势能为零,动能最大,能量密度最大为 $w_{Oa} = \rho\omega^2 A_a^2$,$A_a$ 为该行波的振幅。

图(b)中 O 点是驻波波节,两列反向行波在该处质元都处于平衡位置,势能为零,动能最大,叠加后能量密度最大为 $w_{Ob} =$

$2\rho\omega^2 A_b^2$,A_b 为两列行波的振幅。

O 点能量密度之比为

$$w_{Oa} : w_{Ob} = \rho\omega^2 A_a^2 : 2\rho\omega^2 A_b^2$$

由题知两图中的最大幅度 $A_{\max}$ 相同,对图(a)$A_{\max}=A_a$,而对图(b)$A_{\max}=2A_b$,代入上式得

$$w_{Oa} : w_{Ob} = 2 : 1$$

图(a)中 N 点处质元的动能、势能均为零,其能量密度 $w_{Na}=0$。图(b)中两列行波在 N 点处质元的动能、势能均为零,故驻波能量密度 $w_{Nb}=0$。N 点的能量密度之比为

$$w_{Na} : w_{Nb} = 0 : 0$$

(3) 垂直于传播方向的单位面积上的能流称为该处的能流密度,$S=wu$。

图(a)O 点:

$$S_{Oa} = w_{Oa}u = \rho\omega^2 A_a^2 u = \rho\omega^2 A_{\max}^2 u$$

图(b)是驻波,能量只在相邻的波节和波腹之间的范围内转移,而不能通过波节或波腹转移出去,故在波节和波腹处能流密度恒为零。O 点为波节,则 $S_{Ob}=0$

计算题

1. **选题目的** 波的干涉的计算。

解 设 S_1,S_2 的初相位为 ϕ_1,ϕ_2。S_1,S_2 在 $x_1=9\mathrm{m}$ 处引起质点振动的相位差应等于 $(2k+1)\pi$,即

$$\left[\phi_2 - \frac{2\pi(d-x_1)}{\lambda}\right] - \left[\phi_1 - \frac{2\pi x_1}{\lambda}\right] = (2k+1)\pi$$

$$\phi_2 - \phi_1 - \frac{2\pi(d-2x_1)}{\lambda} = (2k+1)\pi \qquad ①$$

S_1,S_2 在 $x_2=12\mathrm{m}$ 处引起质点振动的相位差应等于 $(2k+3)\pi$,即

$$\phi_2 - \phi_1 - \frac{2\pi(d-2x_2)}{\lambda} = (2k+3)\pi \qquad ②$$

①-②得

$$\frac{4\pi(x_2-x_1)}{\lambda}=2\pi$$

$$\lambda=2(x_2-x_1)=2\times(12-9)=6\text{m}$$

将 $\lambda=6$m 代入①式得

$$\begin{aligned}\phi_2-\phi_1&=(2k+1)\pi+\frac{2\pi(d-2x_1)}{\lambda}\\&=(2k+1)\pi+\frac{2\pi(30-2\times 9)}{6}\\&=(2k+5)\pi\end{aligned}$$

当 $k=-2$ 时,相位差最小,即 $\phi_2-\phi_1=\pi$。

2. 选题目的 波的干涉及强度计算。

解 (1) 如题图,两相干波在 P 点相遇,其波程差

$$r_2-r_1\approx d\sin\theta\approx d\tan\theta=d\frac{x}{L}$$

干涉相长,$A=A_{\max}$: $\quad d\dfrac{x}{L}=\pm m\lambda, \quad m=0,1,2,\cdots$

$$x=\pm m\frac{\lambda L}{d}$$

干涉相消,$A=A_{\min}$: $\quad x=\pm(2m+1)\dfrac{\lambda L}{2d}, \quad m=0,1,2,\cdots$

(2) 相邻两个 $A_{\max}$ 点的间隔为

$$\Delta x=\frac{\lambda L}{d}$$

(3) P 点波的相对强度

$$\begin{aligned}I=A^2&=A_1^2+A_2^2+2A_1A_2\cos(\Delta\phi)\\&=I_1+I_2+2\sqrt{I_1I_2}\cos(\Delta\phi)\end{aligned}$$

$$\Delta\phi=\frac{2\pi}{\lambda}(r_2-r_1)\approx\frac{2\pi}{\lambda}d\sin\theta$$

5.3 波的叠加与干涉

$$I = I_1 + I_2 + 2\sqrt{I_1 I_2}\cos\left(2\pi\frac{d\sin\theta}{\lambda}\right)$$

3. 选题目的 驻波的计算。

解

解法一 波的叠加法。

设入射波的波函数为

$$\xi_1 = A\cos\left[2\pi\left(\nu t - \frac{x}{\lambda}\right) + \phi\right]$$

反射波的波函数是

$$\begin{aligned}\xi_2 &= A\cos\left[2\pi\left(\nu t - \frac{2\times\frac{3}{4}\lambda - x}{\lambda}\right) + \phi + \pi\right] \\ &= A\cos\left[2\pi\left(\nu t + \frac{x}{\lambda}\right) + \phi\right]\end{aligned}$$

入射波与反射波叠加形成驻波,其表达式为

$$\xi = \xi_1 + \xi_2 = 2A\cos 2\pi\frac{x}{\lambda}\cos(2\pi\nu t + \phi)$$

在 $t=0$ 时,$x=0$ 处质点位移 $\xi_0=0$,$\left.\frac{\partial\xi}{\partial t}\right|_{x=0} < 0$,代入上式可得

$$2A\cos 0\cos\phi = 0$$
$$2A(-2\pi\nu)\cos 0\sin\phi < 0$$

由上两式解得

$$\phi = \frac{\pi}{2}$$

因此,D 点处的合成振动表达式为

$$\begin{aligned}\xi &= 2A\cos 2\pi\frac{\frac{3}{4}\lambda - \frac{1}{6}\lambda}{\lambda}\cos\left(2\pi\nu t + \frac{\pi}{2}\right) \\ &= 2A\cos\frac{7}{6}\pi\cos\left(2\pi\nu t + \frac{\pi}{2}\right) \\ &= \sqrt{3}A\sin 2\pi\nu t\end{aligned}$$

解法二 利用驻波特征计算。由已知条件知,入射波与反射波叠加形成驻波,P 点为波节,则 O 点为波腹,且 $x=\dfrac{\lambda}{4}$ 处也是波节。因此 D 点与 O 点的振动相位相反。D 点的坐标 $x=\dfrac{3}{4}\lambda-\dfrac{1}{6}\lambda=\dfrac{7}{12}\lambda$,则 D 点振动的振幅为

$$\left|2A\cos 2\pi\,\frac{x}{\lambda}\right|=\left|2A\cos 2\pi\,\frac{\frac{7\lambda}{12}}{\lambda}\right|$$
$$=2A\left(\frac{\sqrt{3}}{2}\right)=\sqrt{3}A$$

D 点振动的初相位为 $\left(-\dfrac{\pi}{2}\right)$,合振动表达式为

$$\xi=\sqrt{3}A\sin 2\pi\nu t$$

4. 选题目的 波的干涉的计算。

解 由于在 B,C 处(见题图)反射的情况相同,所以两次测量不会由于反射引起不同效果,故可设波在 B,C 反射时都有半波损失。这样,在 B 点反射的波与直射波在 D 处加强:

$$\left[2\sqrt{H^2+\left(\frac{d}{2}\right)^2}+\frac{\lambda}{2}\right]-d=\pm m\lambda,\quad m=0,1,2,\cdots$$

在 C 点反射的波与直射波在 D 处相消:

$$\left[2\sqrt{(H+h)^2+\left(\frac{d}{2}\right)^2}+\frac{\lambda}{2}\right]-d=\pm(2m+1)\frac{\lambda}{2},$$
$$m=0,1,2,\cdots$$

以上两式相减:

$$2\sqrt{(H+h)^2+\left(\frac{d}{2}\right)^2}-2\sqrt{H^2+\left(\frac{d}{2}\right)^2}=\frac{\lambda}{2}$$

$$2(\sqrt{4(H+h)^2+d^2}-\sqrt{4(H^2+d^2)})=\lambda$$

5. 选题目的 波的干涉的计算。

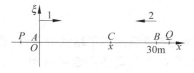

图 5.19

解 选坐标如图 5.19 所示,A 发出 1 波,向右传播,振幅为 A_0,其表达式为
$$\xi_1 = A_0\cos(\omega t - kx)$$
B 发出 2 波向左传播,设 B 比 A 领先 π,其表达式为
$$\xi_2 = A_0\cos[(\omega t + \pi) - k(l-x)]$$
两波在 C 点相遇是相干波,两波在 C 点引起的振动的相位差为
$$\Delta\phi = [\omega t + \pi - kl + kx] - [\omega t - kx] = \pi - lk + 2kx$$
因干涉而静止的条件是
$$\Delta\phi = \pm(2m+1)\pi, \quad m = 0,1,2,\cdots$$
$$\pi - lk + 2kx = \pm(2m+1)\pi \qquad ①$$
$$k = \frac{\omega}{u} = \frac{2\pi\nu}{u} = \frac{2\pi \times 100}{400} = \frac{\pi}{2} \text{ rad/m} \qquad ②$$
将②式代入①式求 x:
$$\pi - 30 \times \frac{\pi}{2} + 2 \times \frac{\pi}{2}x = \pm(2m+1)$$
$$x = \pm 15 \pm 2m$$
当 $m = 0,1,2,\cdots$ 时,
$$x = 15,17,19,21,23,25,27,29,13,11,9,7,5,$$
$$3,1(\text{单位为 m}) \text{ 共 15 个点静止}$$
讨论:在 AB 连线延长线上各点相干情况如何?
先看 P 点,A,B 两波在 P 点引起的振动:
$$\xi_1 = A_0\cos(\omega t - kx)$$

$$\xi_2 = A_0\cos[(\omega t + \pi) - k(x-l)]$$
$$\Delta\phi = \pi + lk = \pi + 30 \times \frac{\pi}{2} = 16\pi$$

所以在 AB 延长线上各点满足相干增强的条件，这些点振动加强。

再看 Q 点，A,B 两波在 Q 点引起的振动：
$$\xi_1' = A_0\cos(\omega t + kx)$$
$$\xi_2' = A_0\cos[\omega t + \pi + k(x+l)]$$
$$\Delta\phi = \pi + lk = 16\pi$$

所以在 BA 延长线上各点满足相干加强条件，振动也加强。

6. 选题目的　多普勒效应。

解　R 接收到拍音，这是波源 S 直接传向 R 处的波与波经反射面反射后传到 R 处两波叠加的结果形成拍。R 直接收到的波的频率为
$$\nu_1 = \nu_S$$

经反射后收到的反射波频率为
$$\nu_2 = \frac{V+v}{V-v}\nu_S$$

拍频
$$\nu_b = \nu_2 - \nu_1 = \frac{V+v}{V-v}\nu_S - \nu_S$$

故
$$\nu_S = \frac{V-v}{2v}\nu_b = \frac{340-0.2}{2\times 0.2}\times 4 = 3398\,\text{Hz}$$

7. 选题目的　驻波的计算。

解　(1) 入射波传播方向与反射波相反，由反射波的表达式
$$\xi_2 = A\cos 2\pi\left(\nu t - \frac{x}{\lambda}\right)$$

可以直接写出入射波的表达式
$$\xi_1 = A\cos\left[2\pi\left(\nu t + \frac{x}{\lambda}\right) + \pi\right]$$

5.3 波的叠加与干涉

(2) 以上 ξ_1 与 ξ_2 叠加形成驻波,其表达式为

$$\xi = \xi_1 + \xi_2 = 2A\cos\left(2\pi\frac{x}{\lambda} + \frac{\pi}{2}\right)\cos\left(2\pi\nu t + \frac{\pi}{2}\right)$$

8. 选题目的 由拍频求音叉的频率。掌握驻波的波形特征。

解 (1) 由音叉频率 ν 与标准声源频率 ν_0 产生 1.5Hz 的拍频有两种可能:$\nu - \nu_0 = 1.5$Hz 或 $\nu_0 - \nu = 1.5$Hz。音叉粘上橡皮泥后由于质量增加,其频率将减小。而题意为这时拍频增加,那么应属于 $\nu_0 - \nu = 1.5$Hz 的情况,则音叉固有频率为

$$\nu = \nu_0 - 1.5 = 250.0 - 1.5 = 248.5 \text{Hz} \qquad ①$$

(2) 产生共鸣时空气柱内形成驻波,管口处为波腹,水面处为波节。设波长为 λ,因相邻两波节间相距为 $\frac{\lambda}{2}$,则共鸣时空气柱的高度满足关系式

$$L_n = (2n+1)\frac{\lambda}{4}, \quad n \text{ 为整数}$$

由题知

$$L_1 = (2n+1)\frac{\lambda}{4} = 0.34 \text{m} \qquad ②$$

$$L_2 = [2(n+1)+1]\frac{\lambda}{4} = 1.03 \text{m} \qquad ③$$

由②,③两式解得

$$\lambda = 2(L_2 - L_1) = 2 \times (1.03 - 0.34) = 1.38 \text{m} \qquad ④$$

则声波在空气中的传播速度为

$$v = \lambda\nu = 1.38 \times 248.5 = 343 \text{m/s}$$

(3) 将④式代入②式得

$$n = 0$$

则求出两次共鸣时空气柱高度为

$$L_1 = \frac{\lambda}{4}$$

$$L_2 = \frac{3}{4}\lambda$$

由此画出管内空气柱中的驻波图形,如图 5.20(a),(b)所示。

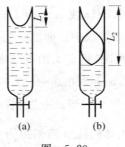

图 5.20

第6章 光 学

6.1 光的干涉

讨论题

1. **选题目的** 理解相干光的概念。

解 相干光的条件是频率相同、振动方向相同、有恒定的相位差。

利用普通光源获得相干光的方法是把光源上同一点发的光分成两部分,然后再使这两部分叠加起来。

两条平行的细灯丝是不相干的光源,因此用它做杨氏双缝实验中的 S_1 和 S_2 不能观察到干涉条纹。

当 S_1 和 S_2 缝后面分别放红色和绿色滤光片时,则透过的光的频率不同,是不相干的光源,不能观察到干涉条纹。

2. **选题目的** 理解相干光的概念。

解 相干叠加与非相干叠加都服从叠加原理。只是非相干叠加时各处的总光强都是原来分光强的代数和,$I = I_1 + I_2$。相干叠加时各处总光强决定于两分光振动的相位差 $\Delta\phi$ 而具有一确定的空间分布,$I = I_1 + I_2 + 2\sqrt{I_1 I_2}\cos\Delta\phi$。

3. **选题目的** 影响双缝干涉条纹分布的因素。

解 (1) 由杨氏双缝干涉实验知

$$\Delta x = \frac{D}{d}\lambda$$

若 D,d 已定,只有使单色光的波长 λ 增大,才能使屏上干涉条纹间距变宽。

若 λ 已定,可使屏向远处移(D 增大)或将双缝的缝间距 d 减小(但仍应满足 $d \gg \lambda$)。

(2) 因为在水中,光程差

$$\delta = n_水 d \sin\theta$$

干涉条纹间距为

$$\Delta x = \frac{D}{n_水 d}\lambda, \quad n_水 > 1$$

所以,放入水中时,屏上干涉条纹间距变小。

(3) 两条缝的宽度不等,虽然干涉条纹中心距不变,但原极小处的强度不再为零,条纹的可见度差。

(4) 将缝光源 S 加宽分析干涉条纹的变化,这是空间相干性的问题。可将缝光源看成由很多平行于缝的线光源组成,每一个线光源都产生一组干涉条纹。但由于各个线光源相对双缝的位置不同,它们产生的条纹必将错位,致使条纹模糊不清。当两边缘的线光源产生的干涉条纹错开一级时,整个观察屏上就是均匀的光强分布,即没有干涉条纹了。理论上给出光源的极限宽度是

$$b_0 = \frac{R}{d_0}\lambda$$

为了能观察到较清晰的干涉条纹,光源的实际宽度一般取 $b \leqslant \frac{b_0}{4}$。

4. 选题目的 理解光程、光程差的概念及其计算。

解 (1) 如题图,A 点在光源 S_1 和 S_2 的中垂线上,a,b 两光线的几何路程相等,光程差

$$\delta = (n-1)e$$

相位差

$$\Delta\phi = \frac{2\pi}{\lambda}(n-1)e$$

当 $\delta = \pm k\lambda$,即 $(n-1)e = \pm k\lambda$ 时为亮纹,$k=1,2,\cdots$

当 $\delta = \pm(2k+1)\dfrac{\lambda}{2}$,即 $(n-1)e = \pm(2k+1)\dfrac{\lambda}{2}$ 时为暗纹,$k=0,1,2,\cdots$

(2) a,b 两束光入射到透镜表面时是同相的,光线经过透镜没有附加光程差,所以

$$\Delta L = 0, \quad P \text{ 点是亮点}$$

(3) 从时间上理解光程的物理意义。设介质 n 中的光速为 u,真空中光速为 c。因 $u=\dfrac{c}{n}$,则光在介质中通过几何路程 r 所需时间为

$$\frac{r}{u} = \frac{r}{c/n} = \frac{nr}{c}$$

这说明光在介质 n 中通过几何路程 r 所需时间与光在真空中通过几何路程 nr 的时间是相同的。

5. **选题目的**　理解光程的概念。

解　因为光在不同媒质中传播速度不同,故它们在相同时间 Δt 内传播的路程不等。

因为

$$v = \lambda\nu$$
$$v_{空气} \neq v_{玻}$$
$$l_{空气} = v_{空气}\Delta t$$
$$l_{玻} = v_{玻}\Delta t$$

所以

$$l_{空气} \neq l_{玻}$$

光程

$$L = nl = n\lambda\nu\Delta t$$

又因为 $n\lambda = \lambda_0$,λ_0 为光在真空中波长,则 A 在空气中的光程

$$L_A = n_{空气}\lambda_{空气}\nu\Delta t = \lambda_0\nu\Delta t$$

B 在玻璃中的光程

$$L_B = n_{玻} \lambda_{玻} \nu \Delta t = \lambda_0 \nu \Delta t$$

故

$$L_A = L_B$$

6. 选题目的 膜厚对薄膜干涉的影响。

解 膜厚 e 太大,使光程差 δ 大于光源相干长度 δ_m,即

$$\delta > \delta_m = \frac{\lambda^2}{\Delta \lambda}$$

则两波列不能相遇,也就看不到干涉条纹。所以光的相干条件除讨论题 1 中所列的三条之外,还应附加一条,即两束相干光经历的光程差 δ 应小于光源相干长度 δ_m。

另外,若薄膜对光有吸收,则会使两束反射光的强度不等,这将影响干涉条纹明暗对比度,使条纹可见度变差,甚至有可能看不到条纹。

若膜厚太小,条纹间距增大,当膜厚 $e \ll \lambda$ 时,以致膜的上、下表面反射光的光程差 $\delta < \lambda$,也就看不到干涉现象了。

7. 选题目的 等厚干涉条纹计算。

解 由于三个滚珠直径不等(见图 6.1),上、下平玻璃间的空气膜是一个劈尖,故可观察到劈尖等厚干涉条纹。

图 6.1

(1)靠近 A 侧,将上面的平玻璃轻轻向下压,若发现干涉条纹变密,则表明劈尖夹角 α 增大,如图 6.1(a)所示,这说明 A 珠直径 d_A 最小,B 珠直径 d_B 次之,C 珠直径 d_C 最大。若发现干涉

6.1 光的干涉

条纹变疏,表明劈尖夹角 α 减小,如图 6.1(b)所示,这说明 $d_A > d_B > d_C$。

(2) 由劈尖等厚干涉计算及题图可知

$$|d_A - d_B| = 2 \times \frac{\lambda}{2} = \lambda$$

$$|d_B - d_C| = 1 \times \frac{\lambda}{2} = \frac{\lambda}{2}$$

$$|d_A - d_C| = 3 \times \frac{\lambda}{2} = \frac{3}{2}\lambda$$

计算题

1. 选题目的 双缝干涉条纹计算。

解 (1) 由杨氏双缝干涉知相邻两条纹在屏上的间距为

$$\Delta x = \frac{D}{d}\lambda$$

则中央明纹两侧的两条第 10 级明纹中心的间距等于

$$2 \times 10\Delta x = 2 \times 10 \frac{D}{d}\lambda$$

$$= \frac{2 \times 10 \times 2 \times 5500 \times 10^{-10}}{2 \times 10^{-4}}$$

$$= 0.11 \mathrm{m}$$

(2) 如图 6.2,P 点为零级明纹,应满足

$$(n-1)e + r_1 = r_2 \qquad ①$$

其中 $r_1 \gg e$。设未覆盖云母片时 P 点为第 k 级明纹,则应有

$$r_2 - r_1 = k\lambda \qquad ②$$

将②式代入①式得

$$(n-1)e = k\lambda$$

故

$$k = \frac{(n-1)e}{\lambda} = \frac{(1.58-1) \times 6.6 \times 10^{-6}}{5500 \times 10^{-10}} = 7$$

即零级明纹移到原第 7 级明纹处。

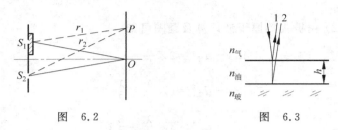

图 6.2　　　　　　　　　　　图 6.3

2. 选题目的　薄膜干涉的计算。

解　光线垂直入射,反射线也与膜面垂直(为便于分辨,图 6.3 没有画成垂直入射),计算从油膜上表面及下表面反射光 1 与 2 的光程差 δ,因为 $n_{气} < n_{油} < n_{玻}$,所以 1 与 2 两束光在界面上反射时都有半波损失。光程差

$$\delta = 2n_{油}h$$

当 1 和 2 两束反射光干涉相消时,应满足

对 λ_1:

$$\delta = 2n_{油}h = (2k_1+1)\frac{\lambda_1}{2} \qquad ①$$

对 λ_2:

$$\delta = 2n_{油}h = (2k_2+1)\frac{\lambda_2}{2} \qquad ②$$

题意指明在 λ_1 与 λ_2 之间没有反射相消情形,则应有

$$k_2 = k_1 - 1 \qquad ③$$

由①,②两式可得

$$k_1\lambda_1 + \frac{1}{2}\lambda_1 = k_2\lambda_2 + \frac{1}{2}\lambda_2 \qquad ④$$

将③式代入④式:

$$k_1\lambda_1 + \frac{1}{2}\lambda_1 = k_1\lambda_2 - \lambda_2 + \frac{1}{2}\lambda_2$$

所以
$$k_1 = \frac{\lambda_1 + \lambda_2}{2(\lambda_2 - \lambda_1)} = \frac{5000 + 7000}{2 \times (7000 - 5000)} = 3$$

将 k_1 代入①式可求得

$$h = \frac{k_1\lambda_1 + \frac{1}{2}\lambda_1}{2n_{\text{油}}} = \frac{\left(k_1 + \frac{1}{2}\right)\lambda_1}{2n_{\text{油}}} = \frac{\left(3 \times \frac{1}{2}\right) \times 5000}{2 \times 1.30} = 6731\text{Å}①$$

3. 选题目的 劈尖等厚干涉的应用。

解 （1）因显微镜看到的是倒像，由题图知干涉条纹实际向劈尖棱边处弯曲，这说明工件表面的缺陷是凹下的。例如，k 级条纹对应于空气膜厚为 l_k，如图 6.4 所示。若条纹向棱边处弯曲，说明在左侧某处的空气膜厚是 l_k，那么工件在该处必有凹陷。

（2）从劈尖上表面看，条纹弯曲部分宽度为 a，相邻条纹间距为 b（如图 6.4 所示），工件凹陷为 H，则由几何关系知

$$H = a\sin\theta$$
$$\sin\theta = \frac{\lambda}{2}\frac{1}{b}$$

所以
$$H = \frac{a}{b}\frac{\lambda}{2}$$

图 6.4

4. 选题目的 等厚干涉的应用。

解 由题意知，$R' \approx R_0$，在两球面间有一薄空气层，当光线 λ 垂直入射时形成的等厚条纹是一组同心圆。设第 N 圈干涉暗纹处的空气膜厚度 $e = e' - e_0$，由几何关系（见题图）知

$$\left(\frac{D}{2}\right)^2 + (R_0 - e_0)^2 = R_0^2$$

---

① $1\text{Å} = 10^{-10}\text{m}$。

即
$$\left(\frac{D}{2}\right)^2 + R_0^2 - 2R_0 e_0 + e_0^2 = R_0^2$$

因为
$$R_0 \gg e_0$$

所以
$$e_0 \approx \frac{\left(\frac{D}{2}\right)^2}{2R_0}$$

同理可得
$$e' = \frac{\left(\frac{D}{2}\right)^2}{2R'}$$

则
$$e = e' - e_0 \approx \left(\frac{D}{2}\right)^2 \left(\frac{1}{2R'} - \frac{1}{2R_0}\right)$$
$$= \frac{D^2}{8} \frac{R_0 - R'}{R' R_0} \approx \frac{D^2 (R_0 - R')}{8 R_0^2}$$

所以
$$\Delta R = R_0 - R' \approx \frac{8 R_0^2 e}{D^2}$$

再由等厚干涉暗纹条件：
$$2e + \frac{\lambda}{2} = (2N+1)\frac{\lambda}{2}$$

即
$$e = \frac{N\lambda}{2}$$

代入 ΔR 的表达式得
$$\Delta R = \frac{4\lambda N R_0^2}{D^2}$$

5. **选题目的** 等厚条纹分析。

解 由题意知在与圆柱轴线平行的各点处空气薄膜厚度相同,所以形成的等厚干涉条纹与圆柱轴线平行,如图 6.5 所示,条纹分布为中间疏两侧密,相邻两暗纹对应的空气膜厚度之差为 $\frac{\lambda}{2}$。在平玻璃与平凹透镜接触的两边处对应的是暗条纹,这一装置共可观察到 8 条暗纹。

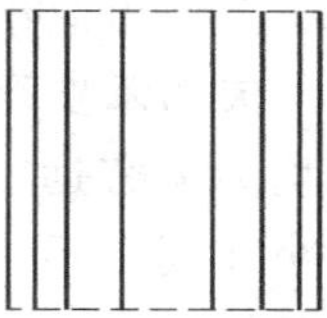

图 6.5

6. **选题目的** 牛顿环的计算。

解 由牛顿环的计算可知,对空气膜第 k 暗环半径为

$$r_k = \sqrt{\frac{kR\lambda}{n_2}}, \quad n_2 = 1.00$$

充液体后第 k 暗环半径为

$$r'_k = \sqrt{\frac{kR\lambda}{n'_2}}, \quad n'_2 = 1.33$$

则干涉环半径的相对改变量为

$$\frac{|r'_k - r_k|}{r_k} = \frac{\sqrt{kR\lambda}\left(1 - \frac{1}{\sqrt{n'_2}}\right)}{\sqrt{kR\lambda}} = 1 - \frac{1}{\sqrt{n'_2}}$$

$$= 1 - \sqrt{\frac{1}{1.33}} = 13.3\%$$

6.2 光的衍射

讨论题

1. **选题目的** 衍射与干涉的区别。

解 光在传播过程中遇到障碍物从而使光绕过障碍物而传播叫光的衍射。实质上说光的衍射是光的波阵面上无穷多个子波在空间场点的相干叠加。

衍射与干涉的区别在于参与叠加的光束不同。衍射是无穷多个子波的相干叠加,而干涉是有限光束的相干叠加。

夫郎禾费衍射是远场衍射,衍射障碍物与光源及屏幕的距离均为无穷远(或利用透镜把无穷远移到有限远处)。衍射图样很小或完全不与衍射物相像,在中央亮纹旁边有强度较弱的次级条纹。

观察夫郎禾费衍射的实验装置,如图 6.6 所示。点光源或缝光源放在准直透镜 L_1 的焦点上,L_1 的主光轴与单缝平面垂直,则有一组平行光垂直入射到单缝 G 上,入射光的波阵面与 G 平面平行。单缝上每个子波波源有相同的相位,每个子波波源向各个方向发出射线。具有相同方向的衍射光线通过透镜 L_2 后都会聚在屏 H 上的同一点 P。P 点光强仅由这一组平行光线相互干涉的结果来决定,而与其他方向的衍射光无关。这样,一组组具有不同衍射角 ϕ 的平行衍射光线分别会聚于屏上的不同点,构成衍射图样。

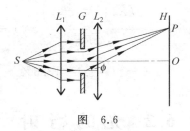

图 6.6

单缝衍射的明暗条件和双缝干涉的明暗条件从形式看来恰好相反,但由于公式的导出与物理含义均不相同,因此并不矛盾。干涉条纹明暗条件是用两束光的光程差来表示:

暗纹 $\qquad d\sin\phi = \pm(2k+1)\dfrac{\lambda}{2}, \quad k=0,1,2,\cdots$

明纹 $\qquad d\sin\phi = \pm k\lambda$, $k = 0, 1, 2, \cdots$

衍射是考虑波带上各子波的干涉，其明、暗条纹条件由单缝边缘光线的光程差决定：

明纹 $\qquad a\sin\phi = \pm(2k+1)\dfrac{\lambda}{2}$, $k = 1, 2, 3, \cdots$

中央明纹 $\qquad \phi = 0$

暗纹 $\qquad a\sin\phi = \pm k\lambda$, $k = 1, 2, 3, \cdots$

2. 选题目的 衍射现象与波长的关系。

解 从单缝衍射条件 $a\sin\theta = k\lambda$ 可知，当 k, a 一定时，衍射角 θ 由波长 λ 决定。

(1) 因为声波波长比光波波长大得多，即 $\lambda_{声} \gg \lambda_{光}$，所以，声波衍射比光波衍射更显著，即 $\theta_{声} > \theta_{光}$。

(2) 在可见光中红光波长 $\lambda_{红}$ 较大，故红光衍射较显著。

(3) 无线电波的波长可与建筑物线度相比，甚至更大，它比光波波长大得多，故无线电波的衍射显著，并可能绕过建筑物。

3. 选题目的 衍射现象与波长关系。

解 由 $\sin\theta = k\dfrac{\lambda}{a}$ 可知，当 $a \gg \lambda$ 时，各级衍射条纹的衍射角 θ 都很小，所有条纹几乎都与零级条纹集中在一起无法分辨。当 a 是 λ 的几万倍以上，光就显出直线传播，屏上现出单缝透过透镜形成的实像，这属几何光学范畴，故几何光学是波动光学在 $\dfrac{\lambda}{a} \to 0$ 时的极限情形。

当 $a < \lambda$ 时，即使对于一级暗纹来说，就有 $\sin\theta = \dfrac{\lambda}{a} > 1$，这是不可能的，所以连第一条暗纹也不出现，中央亮纹将延展到整个幕上。

4. 选题目的 理解半波带法处理单缝衍射问题。

解 按照半波带法，当单缝处的波阵面恰好分成偶数个半波带时,单缝衍射光强是极小。因为相邻两个半波带所对应光线的光程差是 $\frac{\lambda}{2}$,即相位差是 π,这一对相干光到达 P 点将相互抵消,光强为极小。

本题单缝处波阵面分成 4 个半波带,设其中第一个半波带对应的光线 1 到 P 点的振动相位是零,则第二个半波带对应的光线 2 到 P 点的振动相位就是 π,依此类推,第三、第四个半波带对应的光线 3、光线 4 到 P 点振动相位分别为 2π、3π。设光线 1,2,3,4 的振幅 A_1,A_2,A_3 和 A_4 大小相等。在 P 点合振动的振幅矢量 A 为

$$A = A_1 + A_2 + A_3 + A_4$$

矢量相加服从交换律,所以有

$$A = (A_1 + A_3) + (A_2 + A_4)$$

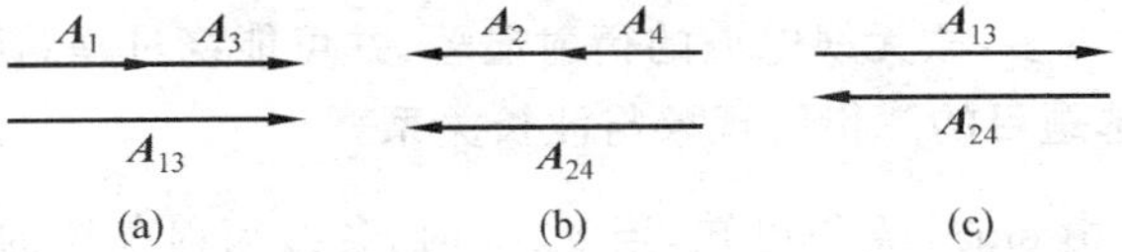

图 6.7

现用振幅矢量图来说明:A_1 与 A_3 相位差是 2π,合振幅为 A_{13},

$$A_{13} = A_1 + A_3 \quad (\text{图 6.7(a)})$$

A_2 与 A_4 相位差是 2π,合振幅为 A_{24},

$$A_{24} = A_2 + A_4 = -A_{13} \quad (\text{图 6.7(b)})$$

由图 6.7(a),(b) 知,虽然光线 1 与光线 3 是同相位,两光干涉加强;光线 2 与光线 4 是同相位,两光干涉也加强;但还必须将 A_{13} 和 A_{24} 再叠加,而 A_{13} 与 A_{24} 是反相的,所以 4 光线在 P 点相干叠加合振幅等于零,如图 6.7(c) 所示。即这 4 个半波带相应光线在 P

点相干叠加光强是极小。

5. **选题目的** 单缝衍射光强分布。

解 用半波带法并考虑有移相膜求衍射强度的极大、极小位置。衍射角 $\theta=0$ 时，单缝波阵面上各点的光到达 O 点的几何程差为零，上半缝处有移相膜使这里波阵面上的光有相位改变 π，从而上、下两半缝的光有附加相位差 π，故在 O 点为干涉相消，即光强为极小。

当衍射角满足 $a\sin\theta=\pm\lambda$ 时，单缝处的波阵面可分为两个半波带，对应的光到达 P 点光程差为 $\frac{\lambda}{2}$，而移相膜使上面半波带的光有附加程差 $\frac{\lambda}{2}$（或相位改变 π），从而使上、下两个半波带的光有相位差为 2π，它们在 P 点是相长干涉，光强为极大。

当衍射角满足 $a\sin\theta=\pm 2k\lambda(k=1,2,3,\cdots)$ 时，上、下半条缝的波阵面各自可分为偶数个半波带，各自的一对对相邻两个半波带所发的光之间的相位差为 π，在 P 点产生相消干涉，移相膜未起作用，故光强为极小。

当衍射角满足 $a\sin\theta=\pm(2k+1)\lambda(k=1,2,3,\cdots)$ 时，上、下半缝的波阵面各分为奇数个半波带，除了一对对相邻半波带的光产生相消干涉外，都各留下一个半波带，由于上半缝有移相膜，则一上、一下这两个半波带上的光之间相位差为 $2k\pi$，它们在 P 点产生相长干涉，有光强极大，但随 θ 角增大，每个半波带的面积变小，相应光强亦变小，故此时的极大光强远小于 $a\sin\theta=\pm\lambda$ 处的光强。定性画出光强分布，如图 6.8 所示。

6. **选题目的** 衍射现象与波长的关系。

解 对可见光波长约 5000Å 左右，人眼瞳孔孔径 $a\gg\lambda$，这是几何光学范畴，因此人眼看到物体的真实图像。

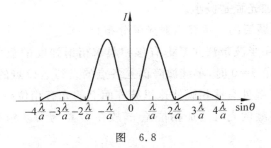

图 6.8

若可见光的波长是毫米波段,则人眼瞳孔孔径 a 与波长是同量级,那么通过瞳孔在视网膜上显现的是物体的衍射图样,而看不到物体的真实图像。

7. 选题目的 衍射花样与缝宽、缝间距的关系。

解 (1) d 增大则主极大条纹间距变密,a 不变则衍射包迹不变。

(2) d 不变则主极大条纹间距不变,a 增大则衍射包迹变窄,而条纹亮度增大。

(3) 只要双缝未移出透镜线度范围,则衍射花样不变。

8. 选题目的 光源 S 及单缝与透镜光轴相对位置对衍射花样的影响。

解 (1) 不会改变,因为光线是平行于光轴垂直入射到单缝上,对 L_2 来说平行于光轴的平行光都将汇聚在它的主焦点(O 点)上,故衍射图样的中央极大位置以及整个衍射图样都不变。

(2) 这时衍射图样将向下或向上平移。例如光源 S 移至光轴上方,如图 6.9 所示,则通过 L_1 后是一组斜向下的平行光,这是斜入射到单缝 G 的情形,平行光通过 L_2,其中央极大条纹中心在 L_2 焦平面的 O' 处,O' 在主焦点 O 的下方。衍射图样整体向下平移。

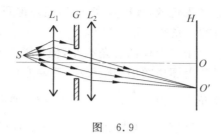

图 6.9

9. 选题目的 光栅衍射条纹及光强与缝数 N 的关系。

解 因为光栅衍射主极大条件为
$$d\sin\theta = k\lambda$$
双缝干涉极大条件为
$$d\sin\theta = k\lambda$$
二者形式一样,说明光栅衍射图样的主极大条纹中心角位置 θ 与双缝干涉明纹中心角位置 θ 相同,只是在光栅衍射图样中,在相邻两主极大条纹之间还有 $(N-1)$ 个极小,$(N-2)$ 个次极大,其光强远小于主极大光强,因而光栅衍射主极大条纹窄而亮。

由于缝数增大 N 倍,所以射入光栅的能流增大 N 倍,又因为通过各条缝的衍射光相干叠加,所以主极大光强比单缝大 N^2 倍,而其暗区扩大,这是一种能量的重新分布,能量更集中在亮纹处,并不违反能量守恒。

10. 选题目的 光栅光谱与色散的区别。

解 玻璃棱镜对白光的色散是由于 λ 不同的光在棱镜中传播速度不同,以致折射率不同而形成色散,折射率 $n=\dfrac{c}{v}=\dfrac{c}{\lambda\nu}$,$\lambda$ 越大折射率越小,偏折越小。所以在棱镜色散中红光偏折小,紫光偏折大。且棱镜色散只能得一级光谱。

光栅光谱是衍射形成的,当级次一定时,λ 越小衍射角 θ 就越小,所以紫光的衍射角比红光的衍射角小。且光栅衍射能得到多级光谱。零级条纹无色散,级次越高,光谱展得越开。

11. 选题目的　光学仪器分辨率。

解　天文望远镜对天体的视角很小,使得两个点物体经望远镜物镜所产生的衍射图样的中心距很小,若要能分辨清楚,就要求物镜的最小分辨角小。由 $\theta=1.22\dfrac{\lambda}{d}$ 可知,物镜直径 d 大,就使 θ 小,从而可提高望远镜的分辨本领。另外,物镜直径大,有助于收集更多的光能,使成像更为明亮。

计算题

1. 选题目的　单缝衍射与光栅衍射明纹公式的应用。

解　(1) 由单缝衍射明纹公式可知

$$a\sin\theta_1 = (2k+1)\frac{\lambda_1}{2} = \frac{3}{2}\lambda_1 \quad (\text{取 } k=1)$$

$$a\sin\theta_2 = (2k+1)\frac{\lambda_2}{2} = \frac{3}{2}\lambda_2 \quad (\text{取 } k=1)$$

$$\tan\theta_1 = \frac{x_1}{f}$$

$$\tan\theta_2 = \frac{x_2}{f}$$

由于 θ_1, θ_2 很小,则有

$$\sin\theta_1 \approx \tan\theta_1, \quad \sin\theta_2 \approx \tan\theta_2$$

所以

$$x_1 \approx f\frac{3}{2a}\lambda_1$$

$$x_2 \approx f\frac{3}{2a}\lambda_2$$

设两种光的第一级明纹的间距为 Δx,

$$\Delta x = x_2 - x_1 \approx f\frac{3}{2a}(\lambda_2 - \lambda_1)$$

$$=50\times\frac{3}{2\times 10^{-2}}\times(7600-4000)\times 10^{-8}$$

$$=0.27\text{cm}$$

(2) 由光栅衍射主极大的公式可知

$$d\sin\theta_1 = k\lambda_1 = \lambda_1 \quad (\text{取 } k=1)$$

$$d\sin\theta_2 = k\lambda_2 = \lambda_2 \quad (\text{取 } k=1)$$

θ_1, θ_2 很小，则有

$$\sin\theta \approx \tan\theta = \frac{x}{f}$$

同理，求得两种光的第一极主极大之间的距离

$$\Delta x = x_2 - x_1 = f\frac{\lambda_2-\lambda_1}{d}$$

$$=50\times\frac{(7600-4000)\times 10^{-8}}{1.0\times 10^{-3}} = 1.8\text{cm}$$

2. 选题目的　双缝干涉条纹及双缝衍射花样计算。

解　(1) 双缝干涉第 k 级亮纹条件：

$$d\sin\theta = k\lambda$$

第 k 级亮纹在屏上的位置

$$x_k = f\tan\theta \approx f\sin\theta = f\frac{k\lambda}{d}$$

相邻两亮纹的间距

$$\Delta x = x_{k+1} - x_k \approx f\frac{(k+1)\lambda}{d} - f\frac{k\lambda}{d} = \frac{f\lambda}{d}$$

$$=\frac{2.0\times 4800\times 10^{-10}}{0.40\times 10^{-3}} = 2.4\times 10^{-3}\text{m}$$

(2) **解法一**　单缝衍射第一级暗纹

$$a\sin\theta_1 = \lambda$$

单缝衍射的中央亮纹半宽度为

$$\Delta x_0 = f\tan\theta_1 \approx f\sin\theta_1 = f\frac{\lambda}{a}$$

$$=\frac{2.0\times 4800\times 10^{-10}}{0.080\times 10^{-3}}=1.2\times 10^{-2}\,\text{m}$$

则在单缝衍射中央亮纹的包迹内可能有主极大的数目为

$$\frac{2\Delta x_0}{\Delta x}+1=2\times\frac{1.2\times 10^{-2}}{2.4\times 10^{-3}}+1=11\,\text{条}$$

但因为

$$\frac{d}{a}=\frac{0.40}{0.080}=5$$

所以双缝衍射第 ± 5 级主极大缺级,在单缝衍射中央亮纹范围内,双缝干涉亮纹数目为

$$m=9$$

即 $k=0,\pm 1,\pm 2,\pm 3,\pm 4$ 各级亮纹。

解法二 由题意知

$$\frac{d}{a}=\frac{0.40}{0.080}=5$$

从而可知双缝衍射第 ± 5 级主极大为缺级。所以在单缝衍射中央亮纹范围内,只有 $k=0,\pm 1,\pm 2,\pm 3,\pm 4$ 级亮纹出现。因此在此范围内,双缝干涉亮纹的数目为 $m=9$。

3. **选题目的** 光栅衍射方程的应用。

解 由光栅衍射方程得

$$d\sin\phi_1=k_1\lambda_1$$
$$d\sin\phi_2=k_2\lambda_2$$

即

$$\frac{\sin\phi_1}{\sin\phi_2}=\frac{k_1\lambda_1}{k_2\lambda_2}=\frac{k_1\times 4400}{k_2\times 6600}=\frac{k_1}{k_2}\times\frac{2}{3}$$

当两谱线重合(即 $\phi_1=\phi_2$)时,

$$\frac{k_1}{k_2}\times\frac{2}{3}=\frac{\sin\phi_1}{\sin\phi_2}=1$$

解得

$$\frac{k_1}{k_2} = \frac{3}{2} = \frac{6}{4} = \frac{9}{6} = \cdots\cdots$$

当第二次重合时，

$$\frac{k_1}{k_2} = \frac{6}{4}$$

即 $k_1 = 6, k_2 = 4$。

由光栅方程可知

$$d\sin 60° = 6\lambda_1$$

$$d = \frac{6 \times 4400 \times 10^{-7}}{0.866} = 3.05 \times 10^{-3}\,\text{mm}$$

4. 选题目的　衍射图样的光强分布。

解　(1) 图 6.10(a)：两个主极大之间有一个极小，这是双缝衍射。

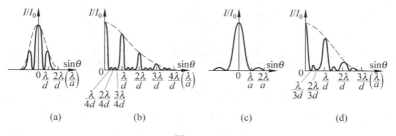

图　6.10

图 6.10(b)：在两个主极大之间有 3 个极小，并有 2 个次极大，这是四缝衍射。

图 6.10(c)：这是单缝衍射。

图 6.10(d)：在两个主极大之间有 2 个极小，有 1 个次极大，这是三缝衍射。

(2) 由单缝衍射包线可知，图 6.10(c) 对应的缝宽 a 最大，图 6.10(b) 对应的缝宽 a 最小。

(3) 图 6.10(a): $\frac{d}{a}=2$,则 $\pm 2,\pm 4,\pm 6,\cdots$ 为缺级,中央包线内有 3 个主极大。

图 6.10(b): $\frac{d}{a}=4$,则 $\pm 4,\pm 8,\pm 12,\cdots$ 为缺级,中央包线内有 7 个主极大。

图 6.10(c): 单缝衍射。

图 6.10(d): $\frac{d}{a}=3$,则 $\pm 3,\pm 6,\pm 9,\cdots$ 为缺级,中央包线内有 5 个主极大。

(4) 标出横坐标的分度值,图 6.10 所示。

(5) 对四缝衍射,零级主极大与一级主极大之间有 3 个极小。其振幅矢量图如图 6.11 所示。

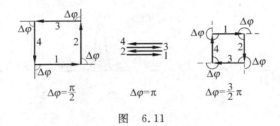

图 6.11

5. 选题目的 光栅衍射缺级分析与计算。

解 (1) 由光栅衍射主极大公式得

$$d=\frac{k\lambda}{\sin\theta}=\frac{2\times 6000\times 10^{-8}}{\sin 30°}=2.4\times 10^{-4}\,\text{cm}$$

(2) 由光栅公式知第三级主极大的衍射角 θ' 满足关系式

$$d\sin\theta' = 3\lambda \qquad ①$$

由于第三级缺级,对应于最小可能的 a,θ' 方向应是单缝衍射第一级暗纹的方向,即

$$a\sin\theta' = \lambda \qquad ②$$

比较①,②两式得

$$a = \frac{d}{3} = \frac{2.4 \times 10^{-4}}{3} = 0.8 \times 10^{-4} \text{cm}$$

(3) 由 $d\sin\theta = k\lambda$ 可知

$$k_{\max} = \frac{d\sin\frac{\pi}{2}}{\lambda} = \frac{2.4 \times 10^{-4} \times 1}{6000 \times 10^{-8}} = 4$$

因为第 3 级缺级,第 4 级在 $\theta = \frac{\pi}{2}$ 方向,在屏上也不可能显示,所以实际呈现 $k = 0, \pm 1, \pm 2$ 等各级主极大。

6. **选题目的** 在平行光斜入射时光栅衍射的计算。

解 斜入射时的光栅方程 $d\sin\theta - d\sin i = k\lambda$ ($k = 0, \pm 1, \pm 2, \cdots$),入射角 i 从光栅 G 的法线 $n-n$ 起,逆时针方向为正;衍射角 θ 从光栅 G 的法线 $n-n$ 起,逆时针方向为正(如图 6.12 所示)。

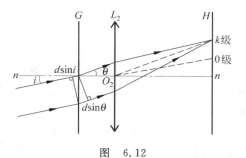

图 6.12

对应于 $i = 30°, \theta = 90°$,设 $k = k_{\max}$,则有

$$d\sin 90° - d\sin 30° = k_{1\max}\lambda$$

即

$$k_{1\max} = \frac{d}{\lambda}(\sin 90° - \sin 30°) = \frac{2.10 \times 10^{-6}}{5000 \times 10^{-10}}\left(1 - \frac{1}{2}\right) = 2.10$$

取整

$$k_{1\max} = 2$$

对应于 $i=30°, \theta=-90°$,设 $k=k_{2\max}$,则有
$$d\sin(-90°) - d\sin 30° = k_{2\max}\lambda$$
即
$$k_{2\max} = \frac{d}{\lambda}[\sin(-90°) - \sin 30°]$$
$$= \frac{2.10 \times 10^{-6}}{5000 \times 10^{-10}}\left(-1 - \frac{1}{2}\right) = -6.30$$

取整
$$k_{2\max} = -6$$

但因为 $\dfrac{d}{a} = \dfrac{2.10}{0.700} = 3$,所以第 -6、-3 级谱线缺级。

综上所述,能看到以下各级谱线:$-5,-4,-2,-1,0,1,2$ 共 7 条。

讨论:若 $i=0$ 是正入射,可求得
$$d\sin 90° = k_{\max}\lambda$$
$$k_{\max} = \frac{d}{\lambda} = \frac{2.1 \times 10^{-6}}{5000 \times 10^{-10}} = 4.2$$

取整得 $k_{\max} = 4$(能看到 $4,2,1,0,-1,-2,-4$ 级共 7 条)。

可见斜入射时 $|k_{2\max}| > k_{\max}$,谱线最大级次可以提高,这有利于提高分辨率。

7. 选题目的 光栅衍射角分辨本领的计算。

解 由光栅方程有
$$d\sin\theta = k\lambda$$
题意为 $k=2$,对 λ_1,其衍射角为
$$\sin\theta_1 = \frac{k\lambda_1}{d}$$
$$\theta_1 = \arcsin\left(\frac{k\lambda_1}{d}\right) = \arcsin\left(\frac{2 \times 5896}{\frac{1}{500} \times 10^7}\right) = 36.129°$$

对 λ_2，其衍射角为
$$\theta_2 = \arcsin\left(\frac{k\lambda_2}{d}\right) = \arcsin\left[\frac{2\times 5890}{\frac{1}{500}\times 10^7}\right] = 36.086°$$

所以
$$\delta\theta = \theta_1 - \theta_2 = 36.129° - 36.086° = 0.043°$$

8. **选题目的**　光学仪器分辨率。

解　(1) 人眼的最小分辨角为
$$\theta_0 = 1.22\frac{\lambda}{d} = \frac{1.22\times 5500\times 10^{-7}}{3}$$
$$= 2.24\times 10^{-4}\,\text{rad} \approx 0.013°$$

(2) 等号两横线在人眼处的张角为
$$\theta = \frac{\Delta x}{l} = \frac{2\times 10^{-3}}{10} = 2\times 10^{-4}\,\text{rad} < \theta_0$$

所以距黑板 10m 处的同学看不清楚。

6.3　光 的 偏 振

讨论题

1. **选题目的**　反射光、折射光的偏振态。

解　如图 6.13 所示。

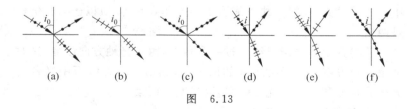

图　6.13

2. **选题目的**　布儒斯特定律的应用。

解　因为

$$i_0 = \arctan\frac{n_2}{n_1}$$

$$i_0' = \arctan\frac{n_1}{n_2}$$

由题意 $i_0 > i_0'$，则

$$n_2 > n_1$$

3. 选题目的 布儒斯特定律的应用。

解 用一束自然光入射到待测折射率 n 的介质表面上，调节入射角 θ，当测得反射光为线偏振光时，θ 应满足布儒斯特定律，即

$$\tan\theta = \frac{n}{n_{空气}} = n$$

只要测定 θ 角就可确定折射率 n，如图 6.14。

思考：若用一束光矢量在入射面内的线偏振光入射到不透明介质的表面上，怎样观测该介质的折射率？

4. 选题目的 光的双折射现象的理解。

解 若自然光不是沿着晶体的光轴方向或与光轴垂直方向入射，则通过方解石后有两束透射光。其中一束光符合折射定律，称为寻常光，另一束折射光不符合折射定律，称为非寻常光。这就是光的双折射现象。如果把方解石沿垂直光传播方向对截成两块后平移分开，那么由于光轴方向未变且入射光方向未变，在第一块方解石中的寻常光，在第二块方解石中仍是寻常光；第一块方解石中的非寻常光，在第二块方解石中仍是非寻常光，所以透射光仍然是两束。

若将其中一块绕光线转过一个角度，由于光轴方向改变，这时从第一块方解石中透射出来的两束光，在第二块方解石中又各自分成寻常光和非寻常光，从而透射光变为四束。

5. 选题目的 偏振光光强的计算。

解 如图 6.15，设线偏振光光矢量沿竖直方向，振幅为 A_0，令其经过两个偏振片 P_1，P_2 后，振动方向可转过 $90°$，即

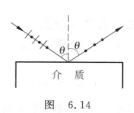

图 6.14

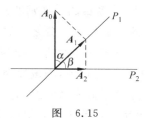

图 6.15

$$\alpha + \beta = 90°$$

由图可知

$$A_2 = A_1\cos\beta = A_0\cos\alpha\cos\beta = A_0\cos\alpha\sin\alpha = \frac{A_0}{2}\sin2\alpha$$

当 $\sin2\alpha = 1$ 时,$A_2 = \dfrac{A_0}{2}$ 为最大,则透射光强亦最大,这时必有

$$\alpha = \frac{\pi}{4}, \quad \beta = \frac{\pi}{4}$$

以上分析说明,要使线偏振光的振动方向旋转 90°,至少要两个偏振片。这两个偏振片的偏振化方向之夹角为 45°,其中之一的偏振化方向与 A_0 之夹角为 45°,这时透射光强最大。

6. 选题目的 偏振光光强的计算。

解 P_1, P_2 为正交的偏振片,C 为四分之一波片的光轴方向,如图 6.16,通过 P_2 的光矢量的振幅为

$$A_{2o} = A_{2e} = A_1\sin\alpha\cos\alpha$$

A_{2o}, A_{2e} 随 P_1 与 C 夹角 α 的改变而变化,故出射光光强亦随 α 改变而变化。当 $\alpha = 0, \dfrac{\pi}{2}$ 时,$A_{2o} = A_{2e} = 0$,此时为消光。当 $\alpha = \dfrac{\pi}{4}$ 时,A_{2o} 与 A_{2e} 为最大,则出射光光强最大。

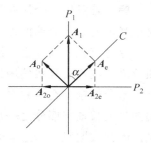

图 6.16

7. **选题目的** 区别波片与偏振片。

解 选用与二分之一波片和四分之一波片相应波长的光源，再用一已知偏振片得到线偏振光，对三种片分别观测，旋转未知片，若有消光现象，则该片为偏振片。

令线偏振光做光源，对二分之一波片，其出射的光仍是线偏振光，可用上述鉴定好的偏振片观测，发现有消光现象，且线偏振光的振动面转过 2α 角。

线偏振光通过四分之一波片时，一般出射光为椭圆偏振光（或圆偏振光），再用偏振片检验，有光强强弱变化（对圆偏振光则光强无变化）但无消光现象。

8. **选题目的** 区别自然光与圆偏振光。

解 选用与自然光和圆偏振光波长相应的四分之一波片。令光先通过四分之一波片，再用偏振片观察，当偏振片旋转时，透射光光强有变化的是圆偏振光，而光强不变的是自然光。这是因为圆偏振光通过四分之一波片后变为线偏振光，再用偏振片观察会有消光现象。自然光通过四分之一波片，将形成无穷多个无固定相位关系的各种椭圆偏振光，其组合后仍然是自然光，用偏振片观察光强无变化。

9. **选题目的** 鉴别椭圆偏振光与部分偏振光。

解 若只用一个检偏器观察到光强有一最大及一最小，那么这束光可能是部分偏振光或椭圆偏振光。

令光束先经四分之一波片再经检偏器时有消光，这说明光经四分之一波片后是线偏振光。

部分偏振光经四分之一波片不可能变成线偏振光，而当椭圆偏振光的长轴与四分之一波片的光轴方向平行时，将变成线偏振光。因此按题意分析这束光是椭圆偏振光。

计算题

1. 选题目的 马吕斯定律的应用。

解 光经过第一个偏振片光强为
$$I_1 = I_0$$
经过第二个偏振片后光强为
$$I_2 = I_0 \cos^2\alpha$$
经过三个偏振片后光强为
$$I_3 = I_0 \cos^2\alpha \cos^2\alpha$$
依此类推,经过 $N+1$ 个偏振片后的光强为
$$I_{N+1} = I_0 \cos^{2N}\alpha$$
由
$$\cos\alpha = \sqrt{1-\sin^2\alpha} \approx \sqrt{1-\alpha^2} \approx 1-\frac{\alpha^2}{2}$$
及
$$(1+x)^n = 1 + nx + \frac{n(n-1)}{2!}x^2 + \cdots$$
可以求得
$$I_{N+1} \approx I_0\left(1-\frac{\alpha^2}{2}\right)^{2N} \approx I_0\left(1-2N\frac{\alpha^2}{2}\right)$$
$$= I_0\left(1-\frac{\theta^2}{N}\right) \quad (因为 \theta = N\alpha)$$

2. 选题目的 马吕斯定律的应用。

解 设第三个偏振片的偏振化方向与第一个偏振片的偏振化方向夹角为 α,那么第三个偏振片与第二个偏振片的偏振化方向夹角为 $\frac{\pi}{2}-\alpha$,根据题意:

(1) 光经过第三个偏振片后的光强为
$$\frac{I_0}{2}\cos^2\alpha \cos^2\left(\frac{\pi}{2}-\alpha\right) = \frac{I_0}{8}$$

解上式得

$$\cos^2\alpha\sin^2\alpha = \frac{1}{4}$$

即

$$\sin 2\alpha = \frac{1}{2} \times 2$$

得

$$\alpha = 45°$$

(2)

$$\frac{I_0}{2}\cos^2\alpha\cos^2\left(\frac{\pi}{2} - \alpha\right) = 0$$

即

$$\sin 2\alpha = 0$$

所以

$$\alpha = 0 \quad 或 \quad \alpha = \frac{\pi}{2}$$

说明第三个偏振片的偏振化方向与第一个偏振片的偏振化方向一致,或与之夹角为 $\frac{\pi}{2}$。

3. **选题目的** 光在晶体中的双折射的分析。

解 由于石英的 $n_o < n_e$,所以光在石英中 $v_o > v_e$。如图 6.17 所示,在左半边 o 光振动方向为"·"(即垂直主平面),e 光振动方向为"↕"(即在主平面内)。这时 o 光、e 光只是传播速度不同,传播方向即光线方向是一致的。光传到右半边,由于晶体的光轴方向垂直于本纸面,原在左边的 o 光到右边变成 e 光,速度

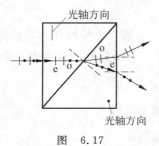

图 6.17

6.3 光 的 偏 振

减小;左边的 e 光到右边变成 o 光,速度增大。因此到右边的 e 光靠近法线折射,而右边的 o 光远离法线折射。

当两束光射出右边棱镜时,由于 $n_o>1$ 及 $n_e>1$,所以出射时都远离法线折射。光线示意图如图 6.17 所示。

4. 选题目的 偏振光光强计算。

解 设入射光束中自然光光强为 I_0,线偏振光光强为 I_1。自然光通过偏振片后光强为 $\dfrac{I_0}{2}$。线偏振光的振动方向与偏振片的偏振化方向平行时其光强不变,仍为 I_1,这时透射光光强最大:

$$I_{\max} = \frac{1}{2}I_0 + I_1 \qquad ①$$

当线偏振光振动方向与偏振片的偏振化方向垂直时,其光通不过,即光强为零,这时透射光光强最小:

$$I_{\min} = \frac{1}{2}I_0 \qquad ②$$

由题意知

$$I_{\max} = 5I_{\min} \qquad ③$$

将②,③两式代入①式求得

$$I_1 = I_{\max} - \frac{1}{2}I_0 = 5I_{\min} - I_{\min} = 4I_{\min}$$

所以

$$\frac{I_0}{I_1} = \frac{2I_{\min}}{4I_{\min}} = \frac{1}{2}$$

5. 选题目的 布儒斯特定律的应用。

解 设光从空气到水面的入射角为 i_1,到水中折射角为 r,水到介质面的入射角为 i_2。依题意,i_1 及 i_2 应为布儒斯特角,则由布儒斯特定律知

$$\tan i_1 = \frac{n_水}{n_{空气}} = n_水 \qquad ①$$

$$\tan i_2 = \frac{n_{介质}}{n_水} \quad ②$$

$$r = \frac{\pi}{2} - i_1 \quad ③$$

由图 6.18，在 $\triangle OAB$ 中有

$$\theta + \left(\frac{\pi}{2} + r\right) + \left(\frac{\pi}{2} - i_2\right) = \pi$$

则

$$\theta = i_2 - r \quad ④$$

将①，②，③三式代入④式得

$$\theta = i_2 - \left(\frac{\pi}{2} - i_1\right) = \arctan\frac{n_{介质}}{n_水} + \arctan n_水 - \frac{\pi}{2}$$

$$= \arctan\frac{1.681}{1.333} + \arctan 1.333 - \frac{\pi}{2} = 14.71°$$

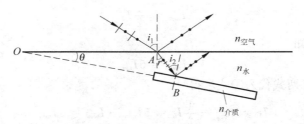

图 6.18

6. **选题目的** 马吕斯定律的应用。

解 设 I_0 为自然光光强，则混合光束光强为 $2I_0$；设 I_1，I_2 分别为穿过 P_1 和连续穿过 P_1，P_2 后的透射光强度。

（1）由题意知

$$I_1 = \frac{2I_0}{2} \quad ①$$

$$I_2 = \frac{2I_0}{4} \quad ②$$

又由马吕斯定律可得

$$I_1 = \frac{I_0}{2} + I_0 \cos^2\theta \quad \text{③}$$

$$I_2 = I_1 \cos^2\alpha \quad \text{④}$$

解①,③两式得

$$\frac{2I_0}{2} = \frac{I_0}{2} + I_0\cos^2\theta$$

$$\cos^2\theta = \frac{1}{2}$$

$$\theta = 45°$$

解②,④两式得

$$\frac{2I_0}{4} = I_1\cos^2\alpha = \frac{2I_0}{2}\cos^2\alpha$$

$$\cos^2\alpha = \frac{1}{2}$$

$$\alpha = 45°$$

(2) 由题意知

$$I_1 = \left(\frac{I_0}{2} + I_0\cos^2\theta\right)(1-0.05) \quad \text{⑤}$$

$$I_2 = I_1\cos^2\alpha(1-0.05) \quad \text{⑥}$$

解①,⑤两式得

$$0.95\left(\frac{I_0}{2} + I_0\cos^2\theta\right) = \frac{2I_0}{2}$$

$$\theta = \arccos\sqrt{\frac{1}{0.95} - 0.5} = 42.1°$$

解②,⑥两式得

$$\frac{2I_0}{2}\cos^2\alpha(1-0.05) = \frac{2I_0}{4}$$

$$\alpha = \arccos\sqrt{\frac{1}{2\times 0.95}} = 43.5°$$

7. **选题目的** 双缝干涉与偏振综合题。

解 （1）因为通过两缝的线偏振光的振动方向互相垂直，两光相遇是非相干叠加，不产生干涉条纹，叠加后为椭圆偏振光。

（2）通过两缝的线偏振光的振动方向平行，因而两光相遇满足相干条件，光程差计算仍与双缝干涉一样，所以干涉条纹位置、宽度未变，但因为自然光通过偏振片后光强减半，因而干涉条纹光强也减半。设自然光光强为 I_0，通过偏振片后光强为

$$I_1 = \frac{1}{2}I_0$$

亮纹中心光强为

$$I_亮 = 4I_1 = 2I_0$$

干涉条纹光强分布为

$$I = 2I_0 \cos^2 \frac{\Delta\phi}{2}$$

（3）在一缝后紧贴偏振片加一光轴与偏振片偏振化方向成 $\theta = 45°$ 角的二分之一波片后，出射的光仍为线偏振光，而其振动方向转过 $2\theta = \frac{\pi}{2}$ 角，这样通过两缝后的线偏振光的振动方向又互相平行，两光相遇能产生干涉条纹，且干涉条纹向有波片一侧平移。

8. **选题目的** 偏振光干涉。

解 据题意两偏振片正交，则偏振光干涉相消的条件是

$$(n_o - n_e)d = k\lambda \quad k = 0, 1, 2, \cdots$$

由此得

$$\lambda = \frac{(n_o - n_e)d}{k}$$

$$= \frac{(1.6584 - 1.4864) \times 0.025 \times 10^7}{k}$$

$$= \frac{4.3 \times 10^4}{k}$$

在 $4000\text{Å}<\lambda<7600\text{Å}$ 范围内干涉相消的光的波长 λ 如下：

k	6	7	8	9	10
$\lambda/\text{Å}$	7200	6100	5400	4800	4300

第7章 量子物理

讨论题

1. **选题目的** 明确光电效应的规律。

解 （1）增大光的强度，而不改变光的颜色，就是增多入射到金属表面的同种光子的数目，这会使逸出的光电子数增多。

（2）用强度相同的紫光代替原来的绿光就是增大了入射光的频率，从而增大了光子的能量。从爱因斯坦光电效应方程可以看出，逸出金属的电子的初动能要增大。

2. **选题目的** 明确产生康普顿效应的物理过程及观察条件。

解 在实验中通常用 X 光观察康普顿效应，这是因为 X 光的频率较高，其光子的能量远大于散射物质中的一个外层电子的束缚能量，故入射的 X 光光子与这电子的相互作用可以近似看作光子与自由电子的弹性碰撞。碰撞后，电子获得了入射光子的一部分能量，使散射的光子能量明显地减小，而波长明显地增大，即发生明显的康普顿效应。但对能量小到约 $\dfrac{1}{1000}$ 的可见光光子，原子的外层电子不能再看成是自由的，入射光子和电子的相互作用将涉及整个原子，因而光子能量的减小和散射光波长的变化都会非常小，而难于观测，所以实验中不用可见光来观察康普顿效应。

上述结论也可以从康普顿效应中的散射光波长改变值与散射角的关系看出。

由

$$\Delta\lambda = \frac{2h}{m_0 c}\sin^2\frac{\varphi}{2}$$

考虑波长改变值 $\Delta\lambda$ 最大的情况（即 $\varphi=\pi$），则有

$$\Delta\lambda = \frac{2h}{m_0 c} \approx 0.048 \text{Å}$$

对可见光中能量最大的紫光，它的波长为 $\lambda=4000\text{Å}$，如果它产生康普顿散射，则

$$\frac{\Delta\lambda}{\lambda} = \frac{0.048\text{Å}}{4000\text{Å}} \approx 10^{-5}$$

这表示此时散射光波长的相对改变非常小，因而难于观察到。

3. **选题目的** 光的量子性及原子的量子理论的综合练习。

解 (1) ②正确。

①不正确。因为光电效应不是光子与电子发生弹性碰撞的结果，而是电子吸收了光子的能量，是非弹性碰撞。

③康普顿散射中是光子与自由电子之间的二体碰撞，其总能量和总动量守恒。光电效应中由于是可见光，光子的能量与金属外层电子的束缚能是同一数量级，电子还受到离子的相互作用，电子与离子有动量交换，因此出射的电子不能反映光子动量的转移，即光子的动量除了转移给电子外，还有一部分动量转移给了离子（金属中的）。对于光子与电子来说动量不守恒。

(2) ③正确。因有：由 $n=3$ 到 $n=1$，$n=3$ 到 $n=2$，再由 $n=2$ 到 $n=1$，共三种跃迁，所以可发出三种波长的光。

4. **选题目的** 明确表征原子状态的四个量子数的取值关系。

解 当主量子数 $n=4$ 时，角量子数 l 取值为 $0,1,2,3$。轨道磁量子数 m_l 如下：

$l=0$ 时， $\qquad m_l=0$

$l=1$ 时， $\qquad m_l=0,\pm 1$

$l=2$ 时， $\qquad m_l=0,\pm 1,\pm 2$

$l=3$ 时， $\qquad m_l=0,\pm 1,\pm 2,\pm 3$

自旋磁量子数为

$$m_s = \pm \frac{1}{2}$$

状态总数为

$$2 \times (1+3+5+7) = 32 \text{ 个}$$

5. **选题目的** 黑体辐射规律的应用。

解 将被加热的钢铁视为黑体,根据维恩定律($\lambda_m T = $ 常数)可以看出,随着温度的升高,加热的钢铁发出光的波长要变短,即可以由暗红变到赤红、橙色,而最后成为黄白色。如果掌握了颜色变化与对应的温度变化之间的联系规律,就可以凭炼钢炉内的颜色估计出炉内的温度。

6. **选题目的** 由波函数求概率和平均值。

解 在球坐标系中,体积元 $dV = r^2 \sin\theta d\theta d\varphi dr$,在 $r \sim r+dr$ 范围内粒子出现的概率为

$$dW_r = r^2 \left(\int_0^\pi \int_0^{2\pi} \Psi^* \Psi \sin\theta d\theta d\varphi \right) dr$$

氢原子中电子的波函数为

$$\Psi(r,\theta,\varphi) = R_n(r) Y(\theta,\varphi)$$

则在距核 $r \sim r+dr$ 范围内找到电子的概率为

$$dW_r = r^2 \left(|R_n(r)|^2 \int_0^\pi \int_0^{2\pi} |Y|^2 \sin\theta d\theta d\varphi \right) dr$$

由归一化条件

$$\int_0^\pi \int_0^{2\pi} |Y|^2 \sin\theta d\theta d\varphi = 1$$

所以有

$$dW_r = r^2 |R_n(r)|^2 dr$$

由上式可以求电子的平均径向位置 $\bar{r}$,其表达式为

$$\bar{r} = \int_0^\infty r dW_r = \int_0^\infty r^3 |R_n(r)|^2 dr$$

7. 选题目的 理解不确定关系。

解 确定粒子动量精确度最高的波函数图线应是(a)图。由题所给的波函数图线可知(a)图表示的波函数确定粒子位置的不确定量最大(在所给的四图中比较)。因此由位置坐标和动量的不确定关系可知,(a)图表示的波函数确定粒子动量的不确定量最小,即精确度最高。

计算题

1. 选题目的 光电效应的计算。

解 (1) 入射光子的能量为

$$\varepsilon = h\nu = 6.63 \times 10^{-34} \times \frac{3 \times 10^8}{0.3 \times 10^{-6}}$$
$$= 6.63 \times 10^{-19} \text{J} = 4.14 \text{eV}$$

由于此种光子能量小于铂的逸出功(8eV),所以不能产生光电效应。

(2) $\nu_0 = \dfrac{A}{h} = \dfrac{h\nu - E_k}{h} = \dfrac{c}{\lambda} - \dfrac{mv^2}{2h}$

$= \dfrac{3 \times 10^8}{4 \times 10^3 \times 10^{-10}} - \dfrac{9.11 \times 10^{-31} \times (5 \times 10^5)^2}{2 \times 6.63 \times 10^{-34}}$

$= 5.78 \times 10^{14} / \text{s}$

2. 选题目的 光电效应的计算。

解 截止电压 U_c 和逸出电子的最大动能 $\dfrac{1}{2}mv^2$ 有下述关系:

$$eU_c = \frac{1}{2}mv^2$$

由爱因斯坦方程

$$\frac{1}{2}mv^2 = h\nu - A$$

则有

$$eU_c = h\nu - A$$

而

$$U_c = \frac{h\nu}{e} - \frac{A}{e} = \frac{6.63\times 10^{-34}\times 3\times 10^8}{2\times 10^{-7}\times 1.6\times 10^{-19}} - \frac{4.47e}{e} = 1.74\text{V}$$

3. 选题目的　了解在康普顿效应中入射光与散射光的能量关系。

解　设入射光波长为 λ，散射光波长为 λ'，则光子被散射时所损失的能量与散射前能量的比为

$$\gamma = \frac{\varepsilon - \varepsilon'}{\varepsilon} = \frac{\nu - \nu'}{\nu} = \left(\frac{1}{\lambda} - \frac{1}{\lambda'}\right)\bigg/\frac{1}{\lambda}$$
$$= \frac{\lambda' - \lambda}{\lambda'} = \frac{\Delta\lambda}{\lambda + \Delta\lambda}$$

由康普顿效应公式得，$\varphi = 90°$ 时

$$\Delta\lambda = \frac{h}{m_0 c}\times(1 - \cos 90°) = 2.43\times 10^{-12}\text{m}$$

所以

$$\gamma = \frac{2.43\times 10^{-12}}{\lambda + 2.43\times 10^{-12}}$$

将已知 λ 代入上式可得下列结果：

(1) $\lambda = 3\text{cm} = 3\times 10^{-2}\text{m}$ 时，$\gamma = 8.10\times 10^{-9}\%$；
(2) $\lambda = 5000\text{Å} = 5\times 10^{-7}\text{m}$ 时，$\gamma = 4.90\times 10^{-4}\%$；
(3) $\lambda = 1.0\text{Å} = 1.00\times 10^{-10}\text{m}$ 时，$\gamma = 2.40\%$；
(4) $\lambda = 0.01\text{Å} = 1\times 10^{-12}\text{m}$ 时，$\gamma = 71.0\%$。

由以上计算结果可以清楚地看到入射光的波长愈短，散射时能量损失就愈大，则入射光与散射光的波长差别就愈明显，康普顿效应也就愈明显。

4. 选题目的　德布罗意波长的计算。

解　质子越过电压 U 后，其速度为

$$v = \sqrt{\frac{2eU}{m}}$$

相应的德布罗意波长为

$$\lambda = \frac{h}{mv} = \frac{h}{\sqrt{2meU}}$$

$$= \frac{6.63 \times 10^{-34}}{(2 \times 1.67 \times 10^{-27} \times 1.6 \times 10^{-19} \times 10^4)^{\frac{1}{2}}}$$

$$= 2.87 \times 10^{-13} \text{ m}$$

通过圆孔后形成的中央衍射斑的角半径为

$$\theta = 1.22 \frac{\lambda}{D} = 1.22 \times \frac{2.87 \times 10^{-13}}{0.001 \times 10^{-3}} = 3.50 \times 10^{-7}$$

铅丸的德布罗意波长为

$$\lambda = \frac{h}{mv} = \frac{6.63 \times 10^{-34}}{20 \times 10^{-3} \times 30} = 1.11 \times 10^{-33} \text{ m}$$

通过圆孔后形成的中央衍射斑的角半径为

$$\theta = 1.22 \frac{\lambda}{D} = 1.22 \times \frac{1.11 \times 10^{-33}}{4 \times 10^{-2}} = 3.38 \times 10^{-32}$$

5. **选题目的**　不确定性关系的应用。

解　将粒子的位置不确定量

$$\Delta x = \lambda = \frac{h}{mv}$$

代入不确定性关系式

$$\Delta x \cdot \Delta p \geqslant h$$

可得

$$\Delta p \geqslant mv$$

在粒子速度 v 较小的情况下，粒子的质量一定，所以有

$$\Delta p = \Delta(mv) = m\Delta v$$

代入上式，即可得

$$\Delta v \geqslant v$$

6. **选题目的**　氢原子光谱规律的应用。

解　氢原子光谱的谱系的波长由下式给出：

$$\frac{1}{\lambda} = (1.097 \times 10^{-3}) \times \left(\frac{1}{n_f^2} - \frac{1}{n_i^2}\right)$$

取 $n_f = 2$(巴耳末系),其中 $n_i = 3$ 所对应的波长最长,可从下式求出：

$$\frac{1}{\lambda_{max}} = (1.097 \times 10^{-3}) \times \left(\frac{1}{2^2} - \frac{1}{3^2}\right)$$

$$\lambda_{max} = 6563 \text{Å}$$

取 $n_i = \infty$ 相对应波长最短,为

$$\frac{1}{\lambda_{min}} = (1.097 \times 10^{-3}) \times \left(\frac{1}{2^2} - \frac{1}{\infty^2}\right)$$

$$\lambda_{min} = 3646 \text{Å}$$

因此在巴耳末系中,有些谱线位于可见光区,为了确定其波长,设 $\lambda = 3800$Å,则可得出相应的 n_i,即

$$\frac{1}{3.8 \times 10^3} = (1.097 \times 10^{-3}) \times \left(\frac{1}{2^2} - \frac{1}{n_i^2}\right)$$

$$n_i = 9.1$$

可见,在巴耳末系中,可见光区的谱线由下式给出：

$$\frac{1}{\lambda} = (1.097 \times 10^{-3}) \times \left(\frac{1}{2^2} - \frac{1}{n_i^2}\right) \quad n_i = 3,4,5,\cdots 9$$

取 $n_f = 3$(帕邢系),最短波长为

$$\frac{1}{\lambda_{min}} = (1.097 \times 10^{-3}) \times \left(\frac{1}{3^2} - \frac{1}{\infty^2}\right)$$

$$\lambda_{min} = 8200 \text{Å}$$

这已超出可见光区,其他线更是位于可见光区域之外了。

7. **选题目的** 氢光谱波数公式的应用。

解 波长为 656.5nm 的谱线在可见光区,该谱线为巴耳末系,其末态量子数 $n_l = 2$。

由波数公式

$$\bar{\nu} = \frac{1}{\lambda} = R\left(\frac{1}{2^2} - \frac{1}{n_h^2}\right)$$

第7章 量子物理

可求 n_h,即

$$n_h = \left(\frac{1}{2^2} - \frac{1}{\lambda R}\right)^{-\frac{1}{2}}$$

将 $R = 1.097 \times 10^7 \text{m}^{-1}$, $\lambda = 656.5 \text{nm}$ 代入上式,得

$$n_h = 3$$

由此可求出始态能量为

$$E_3 = \frac{E_1}{3^2} = \frac{-13.6}{9} = -1.5 \text{eV}$$

终态能量为

$$E_2 = \frac{E_1}{2^2} = \frac{-13.6}{4} = -3.4 \text{eV}$$

8. 选题目的 普朗克黑体辐射公式的应用计算。

解 由普朗克黑体辐射公式给出的黑体单色辐射本领为

$$M_\lambda = \frac{2\pi c^2 h}{\lambda^5} \frac{1}{e^{\frac{hc}{\lambda kT}} - 1}$$

根据光的粒子性可知从小孔辐射出的光子数为

$$n = \frac{M_\lambda}{h\nu} A \Delta\lambda$$

此式中 $A = \pi r^2$ 为小孔的面积,$\Delta\lambda = (5010\text{Å} - 5000\text{Å}) = 10\text{Å}$,$\lambda = \frac{\lambda_1 + \lambda_2}{2} = \frac{5000 + 5010}{2} = 5005\text{Å}$。已知 $T = 7500\text{K}$。将以上数字代入 M_λ 与 n 的表示式中,则可得

$$n = 1.30 \times 10^{15} \text{ 个}$$

9. 选题目的 斯忒藩-玻耳兹曼定律的应用计算。

解 斯忒藩-玻耳兹曼定律给出

$$M = \sigma T^4$$

设恒星半径为 R,温度为 T,则其辐射的总功率为 $M 4\pi R^2$,即 $\sigma T^4 4\pi R^2$。

在地球上,接收到的总功率为 $M' 4\pi R'^2$(R' 为恒星离地球的

距离)。

上述两个总功率是相等的,所以有
$$\sigma T^4 4\pi R^2 = M' 4\pi R'^2$$
则
$$R = \left(\frac{R'^2 M'}{\sigma T^4}\right)^{\frac{1}{2}} = \left[\frac{(4.3 \times 10^{17})^2 \times 1.2 \times 10^{-8}}{5.67 \times 10^{-8} \times 5200^4}\right]^{\frac{1}{2}} = 7.26 \times 10^9 \text{ m}$$
比太阳约大 10 倍。

10. **选题目的** 一维粒子波函数的应用。

解 (1) 由波函数归一化条件知
$$\int_0^\infty |\psi|^2 \mathrm{d}x = 1$$
将 $\psi(x) = Ax\mathrm{e}^{-\lambda x}$ 代入上式,有
$$\int_0^\infty A^2 x^2 \mathrm{e}^{-2\lambda x} \mathrm{d}x = \frac{2A^2}{(2\lambda)^3} = \frac{A^2}{4\lambda^3} = 1$$
解得归一化因子
$$A = 2\sqrt{\lambda^3}$$

(2) 粒子的概率密度为
$$\rho = |\psi|^2 = 4\lambda^3 x^2 \mathrm{e}^{-2\lambda x}, \quad x \geqslant 0$$
令
$$\frac{\mathrm{d}\rho}{\mathrm{d}x} = 0$$
即
$$4\lambda^3 (2x\mathrm{e}^{-2\lambda x} - 2\lambda x^2 \mathrm{e}^{-2\lambda x}) = 0$$
$$4\lambda^3 \times 2x\mathrm{e}^{-2\lambda x}(1 - \lambda x) = 0$$
得
$$x(1 - \lambda x) = 0$$
有两个极值:
$$x = 0 \text{ 为概率极小位置}, \rho = 0$$
$$x = \frac{1}{\lambda} \text{ 为发现粒子概率最大位置}$$

(3) 用波函数可求粒子的平均位置坐标,即
$$\bar{x} = \int_0^\infty |\psi|^2 x \mathrm{d}x = \int_0^\infty 4\lambda^3 x^3 \mathrm{e}^{-2\lambda x} \mathrm{d}x = \frac{3!}{(2\lambda)^4} \times 4\lambda^3$$
解得粒子的平均位置坐标为
$$\bar{x} = \frac{3}{2\lambda}$$

11. 选题目的 求解一维无限深方势阱中粒子的波函数。

解 在势阱中薛定谔方程为
$$\frac{\mathrm{d}^2 \psi}{\mathrm{d}x^2} + \frac{2mE}{\hbar^2}\psi = 0, \quad 0 \leqslant x \leqslant a$$
令
$$k^2 = \frac{2mE}{\hbar^2}$$
可得上述方程的一般解是
$$\psi(x) = A\sin kx + B\cos kx$$
此解应满足标准条件,在 $x=0$ 和 $x=a$ 处 $\psi(x)$ 是连续的,由于在阱外 $\psi(x)=0$,所以有
$$\psi(0) = B = 0$$
$$\psi(a) = A\sin ka = 0$$
则解出
$$k = \frac{n\pi}{a}$$
波函数为
$$\psi(x) = A\sin \frac{n\pi}{a}x$$
再由归一化条件
$$\int_0^\infty |\psi|^2 \mathrm{d}x = 1$$
得
$$\int_0^a A^2 \sin^2\left(\frac{n\pi}{a}x\right)\mathrm{d}x = \frac{A^2 a}{2} = 1$$

即
$$A = \sqrt{\frac{2}{a}}$$
所以，势阱中粒子的波函数为
$$\psi(x) = \sqrt{\frac{2}{a}} \sin \frac{n\pi x}{a}, \quad n = 1, 2, 3, \cdots$$

12. 选题目的　理解氢原子的角动量及其空间量子化。

解　氢原子在 $n=4, l=3$ 状态时，能量为
$$E_n = \frac{E_1}{n^2} = \frac{-13.6}{4^2} = -0.85 \text{eV}$$
$l=3$ 时，轨道角动量为
$$L = \sqrt{l(l+1)}\hbar = \sqrt{12}\hbar$$
电子的轨道磁量子数为
$$m_l = 0, \pm 1, \pm 2, \pm 3$$
轨道角动量在空间 Z 方向的投影为
$$L_Z = 0, \pm \hbar, \pm 2\hbar, \pm 3\hbar$$
角动量空间量子化的示意图如图 7.1 所示，它相对 Z 轴旋转对称。

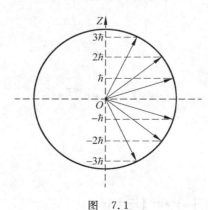

图 7.1